全国专业技术人员新职业培训教程

人工智能工程技术人员 初级

计算机视觉产品实现

人力资源社会保障部专业技术人员管理司　组织编写

中国人事出版社

图书在版编目（CIP）数据

人工智能工程技术人员：初级．计算机视觉产品实现 / 人力资源社会保障部专业技术人员管理司组织编写．－－北京：中国人事出版社，2023

全国专业技术人员新职业培训教程

ISBN 978-7-5129-1803-0

Ⅰ.①人… Ⅱ.①人… Ⅲ.①人工智能-应用-技术培训-教材②计算机视觉-技术培训-教材 Ⅳ.①TP18②TP302.7

中国国家版本馆 CIP 数据核字（2023）第 074807 号

中国人事出版社出版发行

（北京市惠新东街 1 号　邮政编码：100029）

＊

保定市中画美凯印刷有限公司印刷装订　　新华书店经销

787 毫米 ×1092 毫米　16 开本　18.25 印张　275 千字

2023 年 6 月第 1 版　　2023 年 6 月第 1 次印刷

定价：48.00 元

营销中心电话：400-606-6496

出版社网址：http://www.class.com.cn

版权专有　　侵权必究

如有印装差错，请与本社联系调换：（010）81211666

我社将与版权执法机关配合，大力打击盗印、销售和使用盗版图书活动，敬请广大读者协助举报，经查实将给予举报者奖励。

举报电话：（010）64954652

本书编委会

指导委员会

主　　任：杨建军

副 主 任：吕卫锋

委　　员：龚怡宏　闵华清　陶建华

编审委员会

总 编 审：孙文龙

副总编审：吴东亚

主　　编：夏　东

副 主 编：张　馨　卢瑞炜

编写人员：吕晓鹏　钱鹏江　冷子昂　戚　湧　刘祥龙　史晓蒙　连建国
　　　　　刘春红　魏健康　姚　健　范　超　蒋亦樟　周凤宇　任雨龙
　　　　　魏林铎　宗显惠　贾怡炜　马雨晴　杨晴虹

主审人员：戴忠建　陶建华　常　鹏　张治斌

出版说明

当今世界正经历百年未有之大变局，我国正处于实现中华民族伟大复兴关键时期。在全球经济低迷，我国加快形成以国内大循环为主体、国内国际双循环相互促进的新发展格局背景下，数字经济发挥着提振经济的重要作用。党的十九届五中全会提出，要发展战略性新兴产业，推动互联网、大数据、人工智能等同各产业深度融合，推动先进制造业集群发展，构建一批各具特色、优势互补、结构合理的战略性新兴产业增长引擎。"十四五"期间，数字经济将继续快速发展、全面发力，成为我国推动高质量发展的核心动力。

近年来，人工智能、物联网、大数据、云计算、数字化管理、智能制造、工业互联网、虚拟现实、区块链、集成电路等数字技术领域新职业不断涌现，这些新职业从业人员通过不断学习与探索，将推动科技创新、释放巨大能量，推动人们生产生活方式智能化、智慧化、数字化，推动传统产业转型升级，为经济高质量发展注入强劲活力。我国在技术、消费与应用领域具备数字经济创新领先优势，但还存在数字技术人才供给缺口较大、关键核心技术领域自主创新能力不足、数字经济与实体经济融合的深度和广度不够等问题。发展数字经济，推进数字产业化和产业数字化，推动数字经济和实体经济深度融合，急需培育壮大数字技术工程师队伍。

人力资源社会保障部会同有关行业主管部门将陆续制定颁布数字技术领域国家职业标准，坚持以职业活动为导向、以专业能力为核心，遵循人才成长规律，对从业人员的理论知识和专业能力提出综合性引导性培养标准，为加快培育数字技术人才提供基本依据。根据《人力资源社会保障部办公厅关于加强新职业培训工作的通知》(人社厅发〔2021〕28号)要求,为提高新职业培训的针对性、有效性,进一步发挥新职业培训促进更好就业的作用,人力资源社会保障部专业技术人员管理司组织相关领域的专家学者编写了全国专业技术人员新职业培训教程,供相关领域开展新职业培训使用。

本系列教程依据相应国家职业标准和培训大纲编写,划分初级、中级、高级三个等级,有的职业划分若干职业方向。教程紧贴数字技术人员职业活动特点,定位于全国平均水平,且是相关数字技术人员经过继续教育或岗位实践能够达到的水平,突出该职业领域的核心理论知识、主流技术及未来发展要求,为教学活动和培训考核提供规范和引导,将帮助广大有意或正在从事数字技术职业人员改善知识结构、掌握数字技术、提升创新能力。

希望本系列教程的出版,能够在加强数字技术人才队伍建设、推动数字经济快速发展中发挥支持作用。

目 录

第一章　计算机视觉工程基础……………………… 001
第一节　计算机视觉基础…………………………… 003
第二节　卷积神经网络基础………………………… 012
第三节　计算机视觉的典型应用…………………… 030
第四节　计算机视觉的职业发展…………………… 039

第二章　计算机视觉需求分析……………………… 043
第一节　计算机视觉技术体系基本架构和主要
　　　　技术规范……………………………………… 045
第二节　计算机视觉算法的训练、推理、部署
　　　　方法和流程…………………………………… 062
第三节　计算机视觉场景需求设计分析和需求
　　　　文档的撰写规范……………………………… 077

第三章　计算机视觉产品设计……………………… 085
第一节　计算机视觉场景的主要环节和技术规范… 087
第二节　计算机视觉工具的使用方法和算法
　　　　开发流程……………………………………… 103
第三节　计算机视觉基础算法……………………… 123

第四章　计算机视觉产品验证……………………139

第一节　计算机视觉人工智能场景的主要
　　　　环节和验证方法……………………141
第二节　计算机视觉应用的主要组件和使用流程…144
第三节　计算机视觉应用主要组件的功能验证
　　　　方法和性能验证方法…………………147
第四节　计算机视觉算法和模型的精测验证方法…165

第五章　计算机视觉产品交付……………………171

第一节　计算机视觉场景的主要环节和交付方法…173
第二节　计算机视觉的主要组件和安装、配置、
　　　　调试的方法……………………………184
第三节　计算机视觉的产品交付文档的规范和
　　　　撰写要求………………………………206

第六章　计算机视觉产品运维……………………221

第一节　计算机视觉产品的操作与运维技术………223
第二节　计算机视觉产品的专有硬件知识…………236
第三节　计算机视觉产品的部署升级方法…………249
第四节　计算机视觉产品的日常巡查规范…………260

参考文献………………………………………………279

后记……………………………………………………281

第一章
计算机视觉工程基础

计算机视觉工程是深度学习技术应用和发展的重要领域，该领域的主要目标是让计算机和系统从图像、视频，以及其他视觉相关输入中提取到对人类发展有益的信息。计算机视觉工程让计算机能够像人类一样，学会观察、思考，是人工智能不可缺少的重要组成部分。本章将从经典图像处理和卷积神经网络两个角度，介绍计算机视觉工程的基础知识、典型应用和计算机视觉方向的职业发展。

- **职业功能：** 计算机视觉工程的基础知识。
- **工作内容：** 计算机视觉工程涉及图像分类，图像生成，图像目标检测，图像语义分割等多种应用场景。
- **专业能力要求：** 能够掌握相应的基础知识，了解计算机视觉工程典型应用，了解计算机视觉的职业发展方向。
- **相关知识要求：** 了解经典图像处理的相关知识，包括经典的图像特征算子：边缘特征、颜色特征、纹理特征、角点特征、尺度不变特征等相关概念；了解卷积神经网络的相关知识，包括卷积神经网络的基本组成和相关概念：卷积层、激活函数、池化层、softmax 分类层等基础知识；了解卷积神经网络的主要特点；了解计算机视觉工程的典型应用；了解计算机视觉工程的职业发展方向。

第一节 计算机视觉基础

考核知识点及能力要求：

- 了解计算机视觉的发展历程；
- 了解经典图像处理的相关概念和图像滤波的基本原理；了解常见的图像特征算子，包括边缘特征、颜色特征、纹理特征、角点特征、尺度不变特征等提取算法和主要特点。

一、计算机视觉发展历程

计算机视觉（computer vision，CV）研究如何利用计算机代替人眼实现图像的处理和分析，从而完成目标的检测、识别和跟踪等机器视觉任务。计算机视觉概念的提出可以追溯至20世纪50年代末，通过猫的视觉实验，神经生理学家大卫·休伯尔（David Hubel）和托斯坦·维厄瑟尔（Torsten Wiesel）发现了生物视觉系统中的信息分层处理机制，奠定了计算机视觉技术的基础。在这之后，计算机视觉领域逐步发展，越来越多的计算机视觉理论框架被提出。到了20世纪90年代，随着统计学等理论在人工智能领域的广泛应用，研究人员尝试利用统计学手段来提取图像特征，提出了图像梯度、角点、边缘等特征描述算子，此后，大量经典图像特征提取算法不断涌现。2010年，卷积神经网络在ImageNet等大型数据集上取得成功，使得深度学习在视觉任务上得到广泛应用，计算机视觉领域由此进入新的纪元。

二、经典图像处理技术

（一）概述介绍

经典图像处理技术是计算机视觉中的关键基础之一，其利用图像特征算子完成图像信号与数字特征的转换，应用范围广泛。根据所提取的图像特征尺度，经典的图像特征算子包括全局特征描述符和局部特征描述符。常见的全局特征包括边缘特征、颜色特征及纹理特征等，能够直观地描述图像的整体属性，特征维度多；常见的局部特征包括角点特征及尺度不变特征等，能够在图像重叠遮挡时保持良好的匹配特性。为更好地帮助读者理解经典图像处理技术，在本节的后续内容中，将介绍图像滤波的基本原理和常见的图像滤波器，介绍边缘特征、颜色特征等经典图像特征算子，并对其基本原理、提取流程和主要特点进行阐述。

（二）图像滤波

图像滤波是图像信号处理中一种常见的操作，其利用滤波器（filter）对图像像素进行计算，能够达到图像平滑去噪（低通滤波）或图像边缘检测（高通滤波）的效果。如图 1-1 所示，滤波器即一组固定的权重，矩阵框中的数值即为权重数值。滤波器的通道数应与输入图像数据体的通道数保持一致。对照如图 1-1 所示的滤波器的两种基本形式举例来说，当输入的是一张大小为 32×32 的单通道灰度图像时，对应的滤波器可以采用左侧所示的二维形式，其通道数为 1；而当输入是一张大小为 32×32×3 的彩色图像时（其中 3 表示颜色通道数），必须采用通道数同样为 3 的滤波器，如图 1-1（b）所示形式。

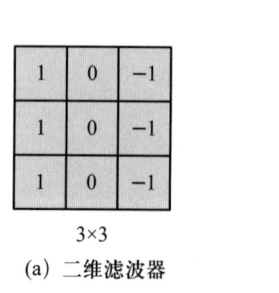
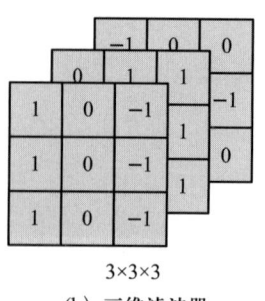

(a) 二维滤波器　　　(b) 三维滤波器

图 1-1　滤波器

结合上述知识点，以二维滤波器为例，我们给出一个如图 1-2 所示的滤波操作，进一步解释滤波的具体计算过程。

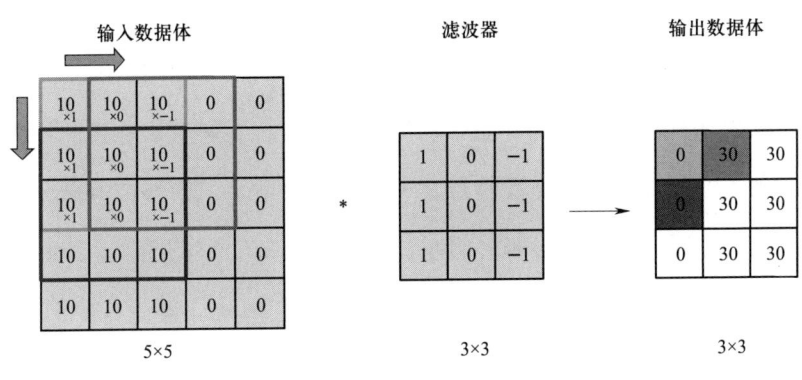

图 1-2　滤波操作

图中左侧是一个大小为 5×5 二维输入数据体（如一张灰度图像）；对应地，我们选择的是一个大小为 3×3 的二维滤波器；两者间的"*"号表示滤波操作；而最终的输出数据体将是一个 3×3 的矩阵。下面将阐述具体的计算过程。

为了计算得到输出数据体中的第一个元素（第一行第一列区域对应的元素），我们将滤波器覆盖在输入数据体的对应位置（左上角九个元素对应区域），然后进行逐元素乘法并累加（每次操作包含 9 个元素对）。其计算过程（按行）的公式为：

$$10\times1+10\times0+10\times(-1)+10\times1+10\times0+10\times(-1)+10\times1+10\times0+10\times(-1)=0$$

$$(1-1)$$

接下来，为了计算得到输出数据体中的第二个元素，我们将覆盖在输入数据体上的滤波器向右平移一格，然后执行相同的逐元素乘法累加操作，得到第二个元素 30，同理可以得到第三个元素为 30。而对于输出数据体中的第四个元素，我们可以通过将滤波器从左上角九个元素区域位置向下移动一格，接着用同样的方法计算得到其数值为 0。以此类推，我们可以得到输出数据体中的所有位置的值。

常见的图像滤波器包括均值滤波器、中值滤波器、高斯滤波器等，能够平滑图像、去除噪声。其中均值滤波器对某像素和其邻近像素求和取平均值，以平均值替换该像素值，这种线性方法能够有效去除高斯噪声，但在椒盐噪声上效果较差。而中值滤波器采用非线性方法，以某像素领域内的像素中值替换该像素值，能够有效消除斑点噪声和椒盐噪声。高斯滤波器根据高斯分布构造滤波算子,能够有效抑制服从高斯分布的噪声,从而实现图像的模糊化。可见,滤波操作功能强大,是图像信号处理中必不可少的工具。

(三)边缘特征

图像边缘特征反映着图像局部像素灰度值的突变,能够代表颜色、纹理、轮廓等信息变化,是图像分割识别的重要特征之一。利用一阶、二阶导数等微分算子,使图像中每个像素的边缘方向和幅度被计算求得,共同组成完整的图像边缘特征。常见的图像边缘检测算法包括索贝尔(Sobel)算子、坎尼(Canny)算子、罗伯茨(Roberts)算子、普威特(Prewitt)算子及拉普拉斯(Laplacian)算子等,下面将选择其中最常用的两种算子进行阐述,并在最后比较说明各个边缘算子的特点。

1. Sobel 算子

作为最常用的边缘检测算子,Sobel 算子定义了多个方向的滤波器(也称为算子模板)来计算每个图像像素的一阶梯度,利用离散差分运算求解图像边缘特征。常用的 Sobel 算子模板有两种,分别用于检测垂直方向和水平方向的边缘。滤波器在图像上不断移动,对于图像中的每个像素,每次滤波操作等价于求解其上下左右四个邻近像素的灰度值加权差,计算公式如下:

$$\boldsymbol{G}_x = \begin{bmatrix} -1 & 0 & +1 \\ -2 & 0 & +2 \\ -1 & 0 & +1 \end{bmatrix} * A \quad \text{and} \quad \boldsymbol{G}_y = \begin{bmatrix} -1 & -2 & -1 \\ 0 & 0 & 0 \\ +1 & +2 & +1 \end{bmatrix} * A \quad (1-2)$$

其中 A 为输入图像,$\boldsymbol{G}_x$ 检测垂直方向(x 方向)的边缘,$\boldsymbol{G}_y$ 检测水平方向(y 方向)的边缘,"*"表示滤波操作。横向和纵向的边缘可以通过公式 1-3 求解梯度大小:

$$G = \sqrt{G_x^2 + G_y^2} \quad (1-3)$$

则计算梯度方向的公式为:

$$\theta = \tan^{-1}\left(\frac{G_y}{G_x}\right) \quad (1-4)$$

2. Canny 算子

1986 年,约翰·坎尼(John F. Canny)首先提出了 Canny 边缘检测计算理论和算法流程,并定义了边缘检测的三个标准:低误差率、高定位性和最小响应,以保证检测效果的可靠性。基于上述三个边缘检测的标准条件，坎尼设计了一种多阶段边缘检测算法流程，旨在通过 Canny 算子找到图像中灰度值变化最明显的位置，实现最优的边缘检测。Canny 边缘检测算法的流程如下：

（1）高斯滤波去噪：为防止图像噪声对边缘检测结果造成负面影响，首先采用高斯滤波器对图像进行预处理，达到平滑图像效果。

（2）计算图像梯度：与 Sobel 算子相似，仍采用水平、竖直、左上右下对角和左下右上对角四个梯度算子对平滑图像进行梯度计算，求得每个像素的梯度方向和幅值。

（3）非极大值抑制：为过滤冗余的梯度值，对每个像素进行非极大值抑制操作，保留梯度幅值的极大值，从而提取清晰的边界。对于梯度方向，选择 $\{0°, 45°, 90°, 135°, 180°, 225°, 270°, 315°\}$ 集合中的一个方向作为近似结果；对于某像素点的梯度幅值，对比其梯度正负方向的像素，如果满足该像素点梯度幅值最大的条件，则保留该点梯度，否则进行抑制，即将该点梯度置零。

（4）双阈值处理：为消除非极大值抑制后仍存在的噪声，Canny 算法通过双阈值技术来进一步确定潜在边界。具体来说，对于给定的阈值上界和阈值下界（也可以是人为设置的），判断每个像素点的梯度值范围，对于像素梯度高于阈值上界的情况，保留该边界并标记该像素为强边界；对于像素梯度低于阈值下界的情况，消除该边界；对于像素梯度位于两者之间的情况，标记该像素为弱边界，等待下一步处理。

（5）滞后技术：对于上述被标记为弱边界的像素，判断其是否与强边界相连，如果相连则保留该边界，否则消除该边界。

对比上述边缘算子可知，Sobel 算子对边缘的定位不够精确，检测得到的边缘线条较粗，但方法简单高效，常用在噪声较多、灰度渐变的图像中检测边缘。而 Canny 算子对边缘的定位更加精准，检测效果与实际边缘更为接近，但容易把噪点误判为边缘。

（四）颜色特征

颜色特征是一种能反映图像物体表面性质的全局特征，往往和图像中的物体、场景等具有强相关性，即同一物体一般情况下会具有相同的颜色特征，而不同物体则一般不同。此外，颜色特征鲜少依赖图像尺寸、视角、方向等其他因素，较边缘等其他视觉特征更具有鲁棒性，因此在图像检索中被广泛使用。常见的颜色特征描述方法主要包括颜色直方图、颜色集、颜色矩等,下面将对各个颜色特征分别进行介绍。

1. 颜色直方图

直方图是数学中常用的统计方法,颜色直方图用来统计一个图像中各种色彩所占的比例。在统计时,将颜色空间划分为不同的小区间作为直方图的项,通过计算图像中每种颜色落在各小区间的像素数量,求得直方图中每个项的值,从而完成直方图的创建。常见的颜色空间有:RGB 空间、HSV 空间、LUV 空间等。其中 RGB 空间是人们在日常生活中最常使用的颜色空间描述,但事实上这种空间并不符合人们对颜色相似性的主观认识。因此,在颜色直方图方法中,往往采用色调、饱和度和明度这三个分量表示的 HSV 颜色空间。

2. 颜色集

颜色集方法的提出解决了颜色直方图检索速度慢的问题。该方法首先将 RGB 空间中的图像转换到 HSV 空间中,通过自动色彩分割技术将该空间划分为多个区域,并在每个量化空间中选其中一个分量来作为该区域的索引。之后,采用二分查找法来进行图像检索,大幅提高了效率。

3. 颜色矩

颜色矩引入统计学中的重要统计量——矩,通过一阶矩、二阶矩、三阶矩来描述图像的颜色分布,从而提取图像的颜色特征。其中一、二、三阶矩分别代表颜色分布的均值、方差及偏移度,足以描述图像的全局颜色分布。此外,由于颜色矩的维度较少,所以其常与其他特征联合描述图像。

比较上述三种颜色特征可知,颜色直方图仅关心图像中不同色彩占比,因此常用于描述难以自动分割的图像和无须考虑位置的图像。颜色集相较于颜色直方图,在图像检索的速度上有着极大的优势,因此这种方法在大规模图像上有着得天独厚的优势。颜色矩相较于前两种,不需要对颜色空间进行量化,特征维数较低,但其检索速度较慢,一般用于小规模图像的检索。

(五)纹理特征

一般来说,在图像中反复出现的局部模式和排列规则被称为图像的纹理。纹理特征作为图像特征中较难描述的特征,蕴含着丰富的视觉信息,可以从更细的粒度去表征图像,因此具有很高的研究、应用价值。它常被应用于图像纹理缺陷检测、医学图像分析、档案文件图像处理等领域。根据纹理特征提取方法,纹理特征可以分为统计方法、结构方法、模型方法和信号处理方法4种,接下来将展开具体阐述。

1. 统计方法

该类方法主要利用像素和其邻域的灰度属性,来得到纹理的统计特性。1973年,哈拉利克(Haralick)提出空间灰度共生矩阵(gray-level co-occurrence matrix,GLCM),成为统计方法中应用最广泛的纹理特征提取方法。灰度共生矩阵统计图像中具有某种空间位置关系的像素对之间的灰度关系,数据量大,反映了图像灰度的空间相关特性。在求得灰度共生矩阵的基础上,采用统计量来作为纹理分类特征,常见的统计量包含能量、熵、对比度等14种。GLCM在提取纹理特征上有着很好的提取鉴别能力、鲁棒性,但其也存在计算量大、耗时多、应用受限的缺点。此外,常用的统计方法还有半方差图,其基于变差函数,能够较好地反映图像的随机性和结构性,对人造纹理、自然纹理都能够达到较好的提取效果。

2. 结构方法

图像纹理的基本要素称为纹理基元,通过纹理基元的类型、数量以及基元的重复空间组织结构、排列规则等属性,可以对图像纹理进行描述。可见,结构方法关注纹理基元重复的规律性和结构性。例如,句法纹理描述方法,其将纹理基元在空间上的重复性、结构性与形式语言的结果相联系,形成有语法表示的语言,通过对相应的纹理描述词汇做句法分析,即可识别其纹理的类型。而句法分析方法包括形状链语法、图语法等,这里不再展开描述。

3. 模型方法

模型方法是基于图像模型构建的纹理分析方法。该模型不仅可以描述纹理,还可以合成纹理。模型参数捕获了纹理的基本感知质量,因而可以通过模型对参数进行估计,从而提取图像的纹理特征。模型方法可以进一步划分为随机场模型方法和分形模型方法两大分支,下文将分别介绍各分支的代表模型即马尔可夫随机场和分数布朗运动模型。

马尔可夫随机场(Markov random field,MRF)是模型方法中广为流行的方法之一。

它能够捕获图像中局部上下文信息。该模型假设图像中每个像素的强度只取决于邻域像素的分布，可以表达空间上相邻像素（随机变量）间的相互作用。MRF 模型已应用于各种图像处理应用，如纹理合成、纹理分类、图像分割、图像恢复和图像压缩。分数布朗运动模型将自然表面的粗糙度、亮度解释为随机游走的结果，从而描述纹理特征。考虑到纹理粗糙度存在一定统计学上的变化，相应的扩展分数布朗运动方法被进一步提出。其中较为常用的扩展自相似模型引入了多尺度的赫斯特（Hurst）参数，实现了纹理特征提取在不同尺度下的鲁棒性。

4. 信号处理方法

常见的信号处理方法包括空间域滤波器、傅里叶域滤波器、加博尔（Gabor）滤波器等。通过模拟人类视觉系统中的前注意纹理感知，空间域滤波器能够直接捕获图像纹理属性。将空间域转化为频率域，傅里叶域滤波器在傅里叶域内对图像纹理进行频率分析。Gabor 滤波器通常以"组"的形式出现，每个滤波器仅允许其对应频率带宽的纹理特征通过，从而在频域不同方向、尺度上提取纹理特征。此外，还有小波模型等其他信号处理方法，这些方法的核心思想是利用滤波器对纹理特征进行滤波操作，并从过滤后的图像中统计特征，以用于分类或分割任务。

（六）角点特征

通常定义两条曲线的交点为角点，也称作曲线的曲率局部极大值点。常见的角点特征检测算法有：莫拉维克（Moravec）角点检测算法、哈里斯（Harris）角点检测算法以及 SUSAN 角点检测算法等。Moravec 角点检测算法是最早的角点检测算法之一，它将角点定义为自相似性较低的点。对于图像中的每个像素，该算法检测以该像素为中心的一块区域与附近区域的相似程度，即计算两个区域相应像素间的平方差之和，值越大则相似性越低，意味着该点越有可能是角点。在此基础上，哈里斯和史蒂芬斯提出了 Harris 角点检测算法，构造协方差矩阵并计算每个像素的 Harris 响应值，与给定阈值比较以提取角点特征。Harris 角点检测算子的优点是具有旋转不变性，且对亮度和对比度的变化不敏感。为了同时检测边缘和角点，最小同质核（smallest univalue segment assimilating nucleus，SUSAN）角点检测算法采用圆形模板，通过计算模板覆盖区域内每个像素与核像素的灰度值之差，求得 SUSAN 响应值，最后通过非极大化抑制的方法筛选角点。SUSAN 角点检测算法的优势在于对噪声抗性较好，效率较高，但存在精度较差、X 形角点无法检测、对模糊图片不好处理的缺陷。

（七）尺度不变特征

尺度不变特征是具有尺度不变性的局部特征描述子的统称。以尺度不变特征变换（scale-invariant feature transform，SIFT）算法为代表，为提取具有位置、尺度、旋转不变性的图像特征，SIFT 算法流程如下：

（1）尺度空间极值检测。SIFT 算法首先检测关键点。关键点是某类不会因图像位置、缩放、旋转、光照等变换而消失的点，如角点、边缘点、明暗差异点。该算法使用高斯滤波器在不同尺度下进行滤波卷积操作，用高斯差分算子获取不同尺度下的高斯差分图像，构成高斯金字塔，此后将高斯金字塔中的局部最小值/最大值标识为关键点。

（2）关键点定位。在尺度空间极值检测步骤中，会产生过多的关键点候选项，包含一些不稳定的候选关键点。因此，对附近数据执行详细拟合，以获得准确的位置、比例和主曲率之比。该算法通常会采用泰勒展开等方法对候选点进行精准定位，并筛去一些低对比度的关键点、边缘效应的关键点。

（3）方向参数指定。为使描述子具有旋转不变性，该算法采用局部图像的梯度方向为每个关键点分配一个或多个方向。具体地，针对高斯金字塔中获取的关键点，采集其所在尺度下的 3σ 邻域的梯度特征，分配相应的方向。在以关键点为原点的邻域内统计其中各像素的梯度和方向，确认关键点的主方向，并保留可能的辅方向，构成梯度直方图。

（4）关键点描述。经过前三步的处理，每个关键点都存在位置、方向、尺度三元素。利用每个关键点构建描述符，生成 128 维梯度特征向量以描述关键点信息，并对其归一化，以保证特征的光照不变性。

（5）关键点匹配。在对两个图像进行特征匹配时，分别建立两个图像的关键点描述子集合，采用多维二叉树实现关键点的搜索匹配。

此外，基于 SIFT 算法，一种新的加速稳健特征（speeded-up robust features，SURF）被提出。对比 SIFT 算法，SURF 不进行降采样，而是通过改变滤波器的大小来构建不同尺度上的特征图，节约了构建高斯金字塔的时间。SURF 使用海森（Hessian）矩阵对图像变换，将极值检测改为计算 Hessian 矩阵行列式，通过进一步优化求得 Hessian 矩阵行列式近似值。同时，SURF 将直方图统计改为哈尔小波变换，特征向量维度降至 64 维，使得 SURF 在效果与 SIFT 相近的情况下，速度提升三倍。

第二节　卷积神经网络基础

考核知识点及能力要求：

● 了解卷积神经网络的相关概念和基本组成，包括卷积层、激活函数、池化层、softmax 分类层等基础知识；

● 了解卷积神经网络的主要特点。

一、卷积神经网络概述

在结构上，卷积神经网络一般由一个或多个卷积层、池化层以及全连接层组成，本章节主要介绍卷积层、池化层、分类层的作用和特点。在读者对卷积神经网络的组成以及其中的基本概念有一定了解后，本节将介绍一些经典的网络架构以帮助大家更深入地理解卷积神经网络的设计和组成。

二、卷积层

（一）概述介绍

首先介绍卷积层的工作原理。卷积层的基本作用是执行卷积操作提取底层到高层的特征，同时发掘出输入数据（图片）的局部关联性质和空间不变性质。卷积层由一系列参数可学习的滤波器集合构成（滤波器原理可以回顾上一节相关内容）。在尺寸上，每个滤波器的宽度和高度都比较小，但通道数（也称深度）和输入数据相同。对于卷积神经网络第一层而言，一个典型的滤波器的尺寸是 $5 \times 5 \times 3$（宽度和高度都是 5 像素，通道数是 3，这是因为输入的彩色图像通常具有 3 个颜色通道）。在正向传播的时候，每个滤波器都会在输入数据的宽度和高度上按一定间隔进行滑动（即卷积操作），滑动至某处便计算整个滤波器和它当前所覆盖的输入数据区域的内积。当滤波器滑过整张图片后，会生成一个二维的特征图（feature map），特征图显示了滤波器在图像中每个空间位置处的响应。在一个训练好的网络中，滤波器每当"看到"它期望类型的视觉特征时就会被激活，具体的视觉特征可能是低层网络中的边界或者颜色斑点，也可能是更高层网络中的蜂巢状、车轮状等图案。接着将这些特征图在不同通道上层叠加就得到了输出数据体。

在卷积神经网络中，从前往后不同卷积层所提取的特征会逐渐复杂化。一般来说，卷积神经网络的第一个卷积层的滤波器检测到的是低阶特征，如边、角、曲线等。第二个卷积层的输入实际上是第一层的输出，即滤波器特征图。这一层的滤波器往往被用来检测低阶特征的组合情况，如半圆、四边形等。如此累积递进，能够检测到更复杂、更抽象的特征。实际上，这与人类大脑处理视觉信息时所遵循的从低阶特征到高阶特征的模式是一致的。在很大程度上，构建卷积神经网络的任务就在于构建这些滤波器，通过改变这些滤波器的权重值，使得这些滤波器对特定的特征有高的激活值，从而识别特定的特征，以达到 CNN 网络分类、检测等目的。

上述内容从卷积操作的直观解释出发，给出了卷积层的基本定义；除此之外，深度学习领域也常常使用大脑和生物神经元来比喻解释其结构和原理。举例来说，卷积层生成的单张二维特征图中的每个数据项都可以被看作是某个神经元的输出，而该神经元只观察输入数据中的一小部分，并且和周围的所有神经元共享参数（单张二维特征图中的每个数字都是使用同一个滤波器得到的结果）。在本节的后续内容中，为更形象地介绍卷积神经网络，也会基于神经元这一术语对一些概念进行阐述。

(二)卷积操作

根据上述知识,上一节中如图 1-2 所示的滤波操作可以视为二维卷积操作。为帮助读者进一步理解卷积操作,这里我们以三维滤波器为例,即当输入数据体是三维时,我们需要进行三维卷积操作。三维卷积和二维卷积的区别在于,输入数据体和滤波器的通道数不为 1(但两者的通道数始终一致)。如图 1-3 所示,左侧的输入数据体尺寸为 5×5×3(如一张 3 通道的彩色图像),滤波器的尺寸为 3×3×3,而输出数据体尺寸与二维卷积操作中的例子一样,依然是 3×3。下面将阐述具体的计算过程。

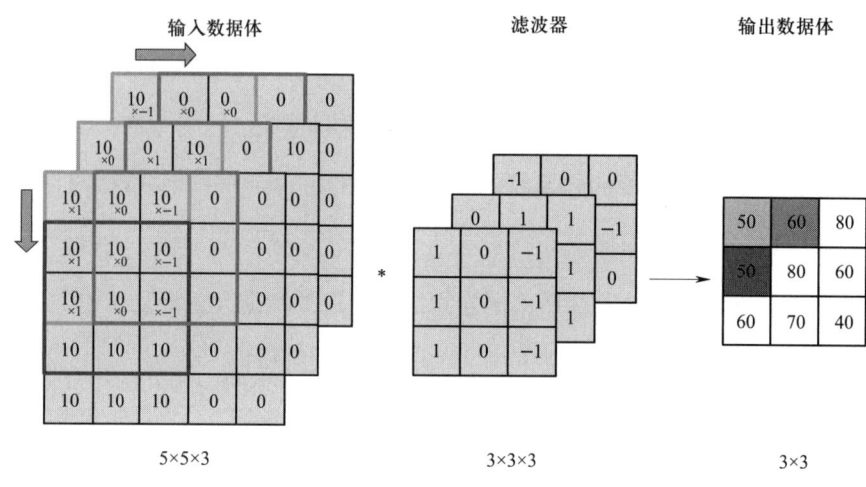

图 1-3 三维卷积操作

与二维卷积操作一致,对拥有 3 个通道的输入数据体和滤波器进行三维卷积操作时,同样是把滤波器覆盖在输入数据体的特定位置,然后执行逐元素乘法并求和,从而得到最终的输出数据体。"如图 1-3 所示,把 3×3×3 的滤波器覆盖在输入数据体左上角 3×3×3 的小立方体上,进行逐元素乘法并求和,得到输出数据体左上角的第 1 个元素。"与如图 1-2 所示的二维卷积操作的不同之处在于此处的三维卷积操作有 27 个元素对,而二维卷积操作只有 9 个元素对。

(三)超参数

通道(channel):输出数据体的通道数量(也称深度,depth)是一个超参数,即所使用的滤波器的数量。前面提到当滤波器"看到"输入数据中期望的特征时会被激活,而每个滤波器所期望的特征是不同的。举例来说,对于第一个卷积层中的滤波器,输入的是原始图像，那么在深度维度上的不同滤波器将可能被不同方向的边界或者是颜色斑点激活。

步长（stride）：在滑动滤波器的时候，平移的距离称为步长。当步长为 k 时，滤波器每次平移 k 个像素（常用的步长为 1 或者 2）。设置步长滑动滤波器会使输出数据体在空间尺寸上变小，步长越大，输出数据体的尺寸越小。

填充（padding）：在输入数据体边缘处填补特定元素的做法称为填充。其中最常用的是使用 0 元素进行填充，即零填充。填充的尺寸（即元素的数量）是一个超参数。填充有一个良好性质，即可以控制输出数据体的空间尺寸（最常用于控制输出数据体的空间尺寸和输入数据体相同，以保留尽可能多的原始输入信息）。

输出数据体在空间上的尺寸可以通过输入数据体尺寸 W，卷积层中滤波器尺寸 F，步长 S 和零填充的数量 P 来计算。这里假设输入数据的高度和宽度相等，则输出数据体的宽度和高度为（$W-F+2P$）/S+1。如图 1-4 所示，输入数据体尺寸为 5×5，滤波器尺寸为 3×3，当步长为 1 且不进行零填充时，（5-3+2×0）/1+1=3，得到一个 3×3 的输出数据体；如果步长为 2，零填充尺寸为 1，（5-3+2×1）/2+1=3，得到的也是一个 3×3 的输出。

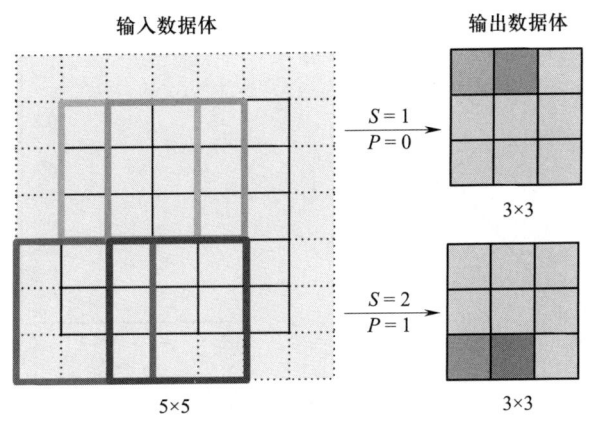

图 1-4　输出数据体尺寸计算

需要注意的是，在网络的设计中上述这些空间排列的超参数之间是相互限制的。例如当其他超参数固定时，一般需要选择合适的步长和零填充数量来保证输出数据体的尺寸为整数；当公式（$W-F+2P$）/S+1 的计算结果不为整数时，通常采用向下取整的方式来使得输出数据体的尺寸为整数。另一方面，常常需要保证输入和输出数据体具有相同的高度和宽度。为此，当步长 $S=1$ 时，对应零填充的值是 $P=(F-1)/2$。

真实案例：Alex Net 网络构架赢得了 2012 年 ImageNet 竞赛的冠军，其输入图像的尺寸是 $227×227×3$。在第一个卷积层，滤波器尺寸 $F=11$，滤波器数量 $K=96$，步长 $S=4$，不使用零填充 $P=0$。则代入公式得 $(227-11)/4+1=55$，故卷积层的输出数据体尺寸为 $55×55×96$。有趣的是，原论文中提到，输入图像的尺寸是 $224×224$，但是 $(224-11)/4+1=54.5$ 不是整数。这个"错误"的由来在卷积神经网络的历史上引发了诸多猜想。其中一种猜测是作者亚历克斯（Alex）忘记在论文中指出自己使用了尺寸为 3 的零填充。

三、ReLU 激活函数

激活函数作为神经网络的重要组成，常通过加入非线性因素的方式，来弥补线性模型表达能力不足的缺点。Alex Net 网络架构提出的使用 ReLU（the rectified linear unit）非线性激活函数来代替传统的激活函数，可谓是深度学习的一大进步。ReLU 已成为当前深度学习领域最常用的激活函数。ReLU 的表达式为 $f(x)=\max(0, x)$，其图形如图 1-5 所示。

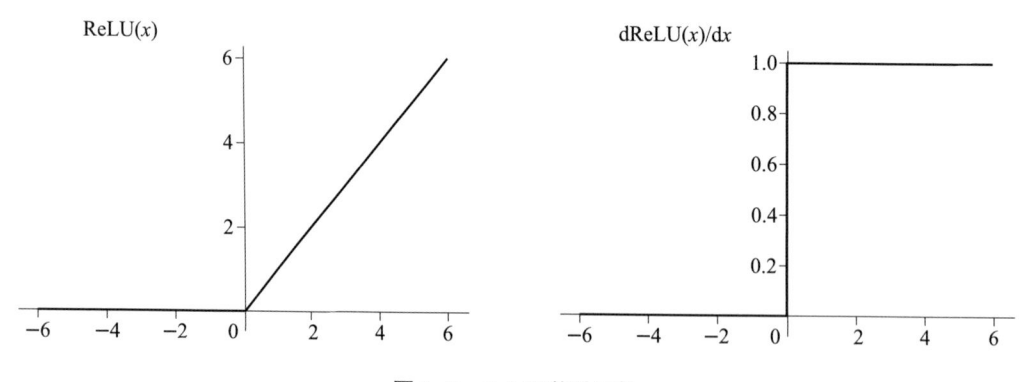

图 1-5　ReLU 激活函数

相比传统的 Sigmoid 和 Tanh 激活函数，ReLU 激活函数的优点主要在于：

（1）梯度不饱和。Sigmoid 激活函数的导数只有在 0 附近的区域有比较好的激活性，在正负饱和区的梯度都接近 0，因此会造成梯度弥散的问题。而 $x>0$ 时，ReLU 函数的导数直接为 1，即大于 0 的部分梯度为常数，所以不会产生梯度弥散现象。因此在反向传播过程中，神经网络前几层的参数也可以很快得到更新。

（2）稀疏激活性。ReLU 函数在负半区的导数值为 0。一旦神经元激活值进入负半区，那么其梯度就会为 0，因此这个神经元不会经历训练，即稀疏激活性。

（3）计算速度快。正向传播过程中，Sigmoid 和 Tanh 函数计算激活值时需要计算指数，而 ReLU 函数仅需要根据阈值进行判断。如果 $x<0$, $f(x)=0$；如果 $x>0$, $f(x)=x$。如此可以大幅加快正向传播的计算速度。因此，ReLU 激活函数可以极大地加快收敛速度。

四、池化层

一般情况下，在连续的卷积层之间会周期性地插入一个池化层（也称汇聚层），其处理输入数据的准则被称为池化函数。池化函数在计算某一位置的输出时，会计算该位置相邻区域所输出的某种总体统计特征，作为网络在该位置的输出。池化层的作用是逐渐降低数据体的空间尺寸，从而减少网络中参数的数量以及耗费的计算资源，同时也能有效控制过拟合。

池化操作对输入数据体的每一个深度切片进行独立操作，改变它的宽度和高度尺寸。以最大池化（max pooling）为例，池化层使用最大化（max）操作，即用一定区域内输入的最大值作为该区域的输出。最大池化最常用的形式是使用尺寸为 2×2 的滤波器、步长为 2 来对每个深度切片进行降采样，每个 max 操作是从 4 个数字中取最大值（也就是在深度切片中某个 2×2 的区域），这样可以将其中 75% 的激活信息都过滤掉，而保持数据体通道数不变。

除了最大池化，池化层还可以使用其他函数，如平均池化（average/mean pooling）和 L-2 范数池化（L2-norm pooling）。平均池化在历史上比较常用，但如今已很少使用了。主要原因是在实践中发现，最大池化的效果比平均池化要好。此外，在池化层很少使用填充。

如图 1-6 所示，左侧输入数据体尺寸为 224×224×64，采用的池化滤波器尺寸为 2、步长为 2，经过池化操作被降采样到了 112×112×64，通道数不变。右侧图中，采用的是滤波器尺寸为 2、步长为 2 的最大池化操作，即无重叠的从相邻 4 个数字中选取最大值作为输出。

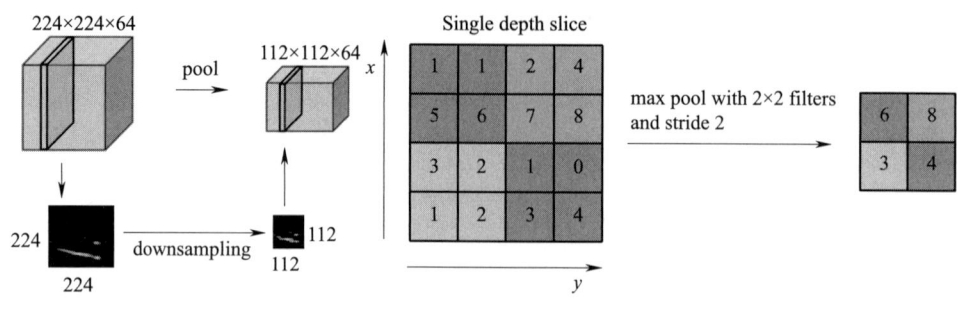

图 1-6　池化操作

五、softmax 分类层

（一）概念引入

卷积神经网络分类模型的最终目标是完成对输入数据的分类，输入数据在经过前面一系列卷积、池化层的处理后，将交由分类层进行最终的分类。在卷积神经网络的结构设计中，softmax 分类层因为具有计算简单、效果显著的特点而得到了广泛的应用。下面首先来简单描述一下 softmax 的数学含义。

已知两个实数 a 和 b，若 $a>b$，则 $\max\{a, b\}=a$。但是在实际的分类应用中，我们希望分类得分值更大的类别有更大概率取到（因为一般情况下，分类得分值越大表示属于对应类别的可能性越大），分类得分值小的类别有小概率可以取到，选择两个类别的概率大小与它们的分类得分值大小正相关，这就是 softmax 的直观数学含义，两个分类得分值对应概率的计算公式将在下面给出。

（二）softmax 函数定义

softmax 函数用于多分类过程中，它可以看做是逻辑回归二元分类器在多分类场景中的泛化。它将神经元计算输出的得分值，映射到频率域，即（0，1）区间中，从而实现对输入数据的多分类，softmax 函数定义的数学描述如下：

对于得分集合 S 中的第 i 个元素，其 softmax 值（概率）的计算过程为式（1-5）：

$$y_i = \text{softmax}(S_i) = \frac{e^{S_i}}{\sum_j e^{S_j}} \tag{1-5}$$

通过上式可以保证数据样本属于各个类别的概率和为 1，即 $\sum_{i=1}^{C} y_i = 1$，其中 C 表示类别数目。

softmax 函数的计算过程如图 1-7 所示。

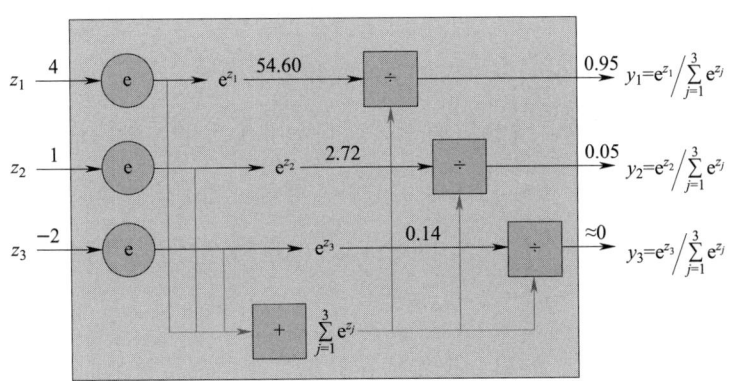

图 1-7　softmax 计算过程示意图

（三）softmax 分类层的损失函数

softmax 分类器常使用交叉熵作为其损失函数。对于一个输入样本 i 而言，其数学表达式如式（1-6）：

$$\mathrm{crossentropy}(\mathrm{label}, S_i) = -\sum_{i=1}^{C} \mathrm{label}_i \log_2\left(\frac{\mathrm{e}^{S_i}}{\sum_j \mathrm{e}^{S_j}}\right) \quad (1\text{-}6)$$

从上式来看，样本正确类别的 softmax 数值越大（即样本被分为正确类别的概率值越大），其损失函数数值越小，符合损失函数的设计要求。训练集总体的损失是遍历训练集所有样本之后的均值。

六、卷积神经网络的主要特点

（一）参数共享

参数共享一般是指一个模型的多个函数均使用相同的参数。在传统的神经网络中，在计算当前层的输出时，权重矩阵中的每个元素只会使用一次。而在卷积神经网络中，滤波器中的元素会重复作用于它在滑动过程中所覆盖的输入数据的每个位置。这样的卷积运算使得对所有的位置只需要学习一个共同的参数集合，而不是对于每一位置都需要学习一个单独的参数集合，即参数共享。

在卷积层中使用参数共享可以显著降低参数的数量。沿用前面小节提到的"真实案例",在第一个卷积层就有55×55×96=290 400个神经元。这里引入深度切片(depth slice)的概念,即数据体在深度维度上一个单独的二维切片,比如上述55×55×96的数据体就有96个深度切片,每个深度切片尺寸为55×55。如果不使用参数共享,则每个神经元都需要学习11×11×3=363个参数和1个偏差,合计290 400×(363+1)=105 705 600个参数。仅第一层就需要学习数目如此庞大的参数。而若使用参数共享,则每个深度切片中的所有(55×55=3 025个)神经元都使用相同的参数,即每个神经元都和输入数据体中一个尺寸为11×11×3的区域全连接,因此只需要学习96×(363+1)=34 944个参数。

参数共享的直观意义:如果一个特征在计算某个空间位置的时候有用,那么它在计算另一个不同位置的时候也有用。更具体地,假如图像的轮廓特征对于目标任务很重要,而我们针对特定局部区域训练得到了一个可以提取局部轮廓特征的神经元,那么这个神经元同样可以作用于其他局部区域得到对应的局部轮廓特征,这是因为图像结构具有平移不变性。图1-8是亚历克斯·克里泽夫斯基(Alex Krizhevsky)等人学习到的滤波器实例。

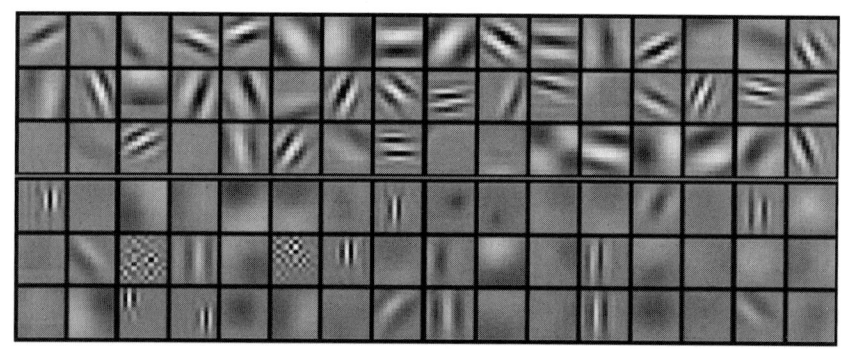

图1-8 亚历克斯·克里泽夫斯基等人学习到的滤波器实例

(二)局部连接

局部连接(也称稀疏连接):在处理图像这样的高维度输入时,让每个神经元都连接前一层中的所有输出是不现实的,可以让每个神经元只连接输入数据的一个局部区域,即每个位置的输出仅依赖于输入数据的一个特定区域。所连接区域的大小叫作神经元的感受野(receptive field),它的尺寸(即滤波器的空间尺寸)是一个超参数。

需要再次强调的是,局部连接针对的是由宽度和高度构成的空间维度,而在通道数目上单个神经元的尺寸总是和输入数据的通道数相同,即与输入数据体的所有深度维度相连。与参数共享一样,在卷积层中使用局部连接可以显著降低参数的数量。

七、图像分类经典模型

(一) SVM 模型

SVM(支持向量机)是一类按监督学习方式对数据进行二元分类的广义线性分类器,其决策边界是对学习样本求解的最大边距超平面。在一个二维线性可分的数据集中,要找到一个超平面把两组数据分开,这个超平面就是划分数据的决策边界,离这个超平面最近的点就叫做支持向量,就是那些最容易混淆的点,点到超平面的距离叫间隔。SVM 就是要使超平面和支持向量之间的间隔尽可能的大,这样超平面才可以将两类样本准确地分开。

(二) Alex Net 模型

Alex Net 网络是在 2012 年的 ImageNet 竞赛中取得冠军的一个模型,首次证明了学习到的特征可以超越手工设计的特征,从而一举打破计算机视觉研究的现状。Alex Net 模型的结构如图 1-9 所示,包含 8 层变换,有 5 层卷积和 2 层全连接隐藏层,以及 1 个全连接输出层。第一层卷积核的窗口为 11×11,第二层卷积核就减少到 5×5,之后就一直采用 3×3。此外,第一、第二和第五个卷积层之后都使用了窗口形状为 3×3、步幅为 2 的最大池化层。Alex Net 模型将 sigmoid 激活函数更改为 ReLU 激活函数,通过 dropout 连接减小了模型复杂度,防止引入过多的参数,并采用翻转、裁剪、调整颜色等手段增强数据,有效地增加了数据样本的数量,减少过拟合现象的发生。

(三) VGGNet 模型

VGGNet 是 2014 年牛津大学计算机视觉组研发出的深度卷积神经网络,并取得了 LISVRC2014 比赛分类项目的第二名,提出了一条通过简单的组合实现深度模型的思路。结构图如图 1-10 所示,它不只是使用卷积层,而是组合成了"卷积组",即一个卷积组包括 2~4 个 3×3 卷积层,有的层也有 1×1 卷积层。如图是 VGG16 的模型结构,该模型的卷积模块一般是使用 3×3 的卷积。

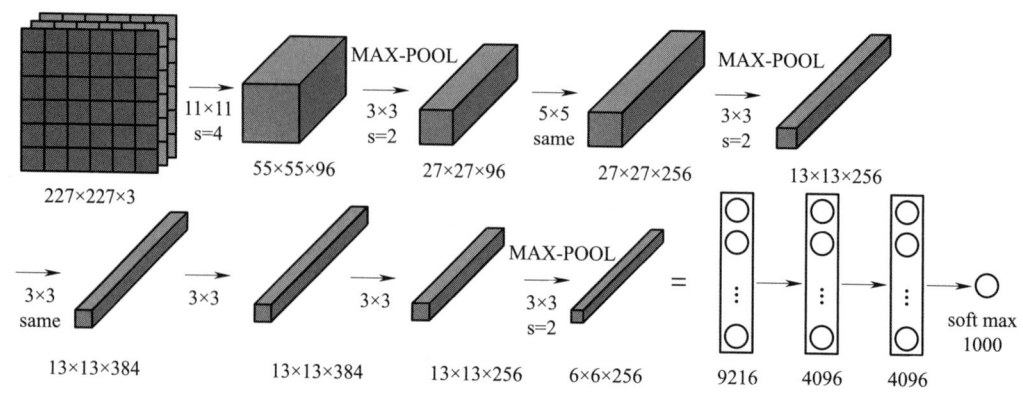

图 1-9　Alex Net 模型结构图

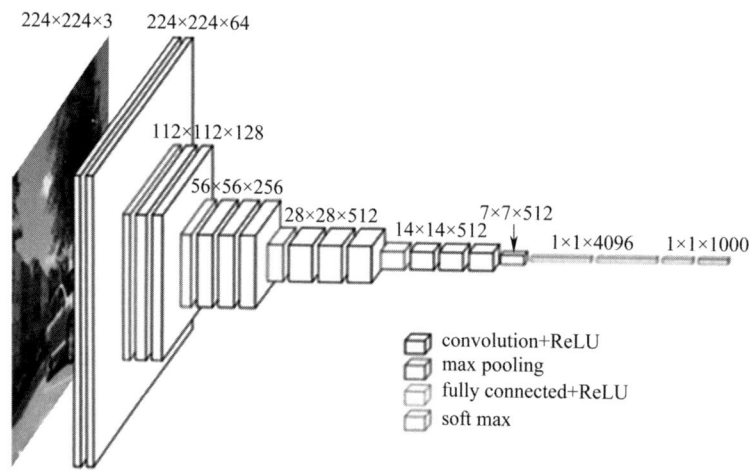

图 1-10　VGGNet 模型结构图

（四）ResNet 模型

ResNet 作为 2015 年 ImageNet 比赛的冠军，它将识别错误率降低到了 3.6%。它有效地解决了神经网络随着层数的加深，其训练效率降低的问题，因此该网络被广泛应用到大型网络之中。ResNet 网络通过构建恒等映射解决了随着网络深度增加而带来的梯度消失问题。ResNet 的网络结构，包含输入、输出和中间层三部分。其中 Residual 模块和 Bottleneck 模块是 ResNet 网络中最重要的组成结构，如图 1-11 所示，左边是 Residual 模块，当输入为 x 时其学习到的特征是 $F(x)+x$，可以学习的残差是 $F(x)=H(x)-x$。当残差为 0 时，相当于仅做了恒等映射，并不会降低网络模型的性能。右边是 Bottleneck 模块，多用于在 50 层以上的 ResNet 网络中，使用 1×1 的卷积达到降维的目的，减少参数和计算量。

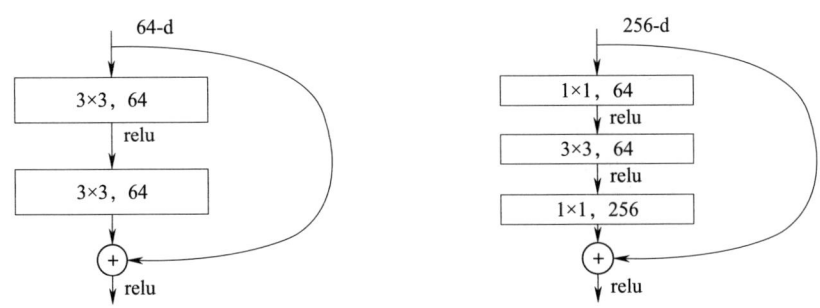

图 1-11　ResNet 模型的 Residual 模块和 Bottleneck 模块结构图

八、目标检测经典模型

目前应用最广泛的目标检测方法主要有两种：一种是以 Faster R-CNN 为代表的基于区域候选（region proposal）和 CNN 分类的两阶段（two-stage）模型，一种是以 SSD、YOLO 为代表的将目标检测转换为回归问题的一阶段（one-stage）模型。two-stage 检测的精度要高一点，但是检测速度慢，one-stage 速度比 two-stage 算法快很多。近两年也有 YOLOv5 等很多改进算法。

（一）two-stage 模型

two-stage 模型以 RCNN、Fast RCNN、Cascade RCNN 等模型为代表。以前，最初的目标检测基本采用的是滑动窗口的方法，人为定义特征的方式，后来经典的目标检测算法逐渐进入了瓶颈期，发展缓慢。这时，罗斯·吉尔希克（Ross B. Girshick）在 2014 年设计了区域候选和 CNN 结构，RCNN 模型结构如图 1-12 所示，RCNN 模型在目标检测领域取得巨大突破，直接将目标检测的准确率提升了 20% ~ 30%，掀起了利用深度学习进行目标检测的狂热之风。该模型利用了图像中的纹理、颜色、边缘等低层语义信息预先判断出图像中目标可能出现的位置，对于每张输入图像用选择性搜索（selective search）算法提取 2 000 个左右的候选区域，将所有提取出的候选区域统一缩放成相同的尺寸，作为 CNN 网络的输入训练模型，提取相应特征，再用 SVM 进行分类，SVM 是一个二分类器，所以针对每一个类别都需要单独训练一个分类器，由于目标物的框选不是很准确，所以最后使用回归器对候选框的位置进行调整。

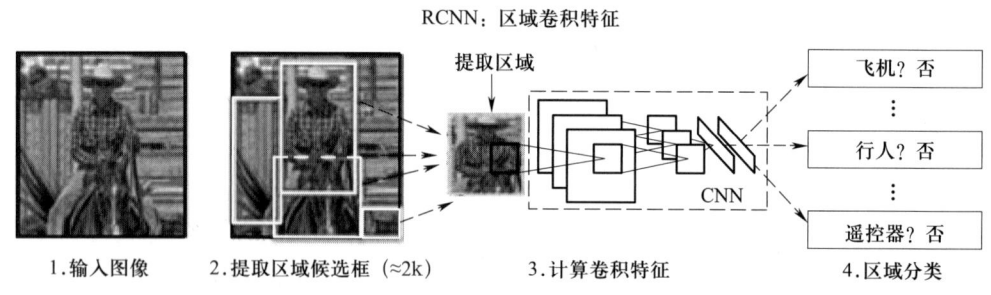

图 1-12　RCNN 模型结构图

但 RCNN 只是深度学习算法在目标检测中的起步阶段，仍存在重复计算、步骤烦琐和训练耗时等问题，Fast RCNN 在 RCNN 的基础上做了一些改进。它利用 VGG 网络只对整幅图像做一次 CNN 特征提取，在后面加了一个 ROI 池化层，ROI 池化将不同大小的 ROI 转换为固定大小输入到全连接层，直接使用 softmax 层替代支持向量机，进行边框回归和分类。

Faster RCNN 采用候选区域网络（RPN）代替区域候选方法，其他与 Fast RCNN 结构一样。将第一个阶段网络模型的输出特征图作为输入，使用一个 3×3 的窗口在特征图上遍历。

Cascade RCNN 是以 Faster RCNN 为基础算法，由多个检测网络模型级联构成，每个检测模型训练的输入 IOU 值是用的上一个模型的输出 IOU 值。IOU 其实就是两个框的交并比，计算框 A 和框 B 的重合率，"在此使用候选区域（proposal）框和真值（ground-truth）框的交集比上并集"，用来判断定位的准确度。"由于当使用某个 IOU 阈值界定正负样本时，当输入候选区域的 IOU 值在这个阈值附近时，模型的检测效果最好；因此 Cascade RCNN 的核心思想就是使用不同的 IOU 阈值，训练了多个级联的检测模型。"

一个 two-stage 模型其实是两个网络模型的结合，每个网络的任务不同，第一个阶段的模型是用于初步检测，剔除比较明显的负样本，找到目标所在的大概位置区域；第二个阶段的模型是对第一阶段得到的结果做进一步处理并产生最终检测框。显然第一阶段如何生成较为准确的候选框十分重要，直接影响了最终的检测结果。且两阶段的目标检测算法模型复杂，检测较慢，所以目前对于两阶段模型的改进优化主要集中在如何生成准确的候选框、如何实现算法加速等方面。

（二）one-stage 模型

one-stage 模型与 two-stage 模型相比，最大的区别在于丢弃了初步检测区域候选的阶段，直接生成物体的四个位置坐标值和分类类别，以 YOLO、SSD、YOLOv5、DSSD 等模型为代表。

YOLO 的结构如图 1-13 所示，用网格来划分每张训练图像，若某个物体真实框的中心位置的坐标落入到某个格子，那么这个格子就负责检测这个物体。YOLOv1 将特征展平成一维向量，输入全连接层，输出检测框的置信度和类别。YOLOv2 为提高 YOLO 的召回率降低定位误差做出了改进，在网络中取消了丢弃（drop out）层和全连接层，使用聚类方法生成先验框，提出新的分类模型 Darknet19 并采用多尺度训练。YOLOv3 使用 Darknet53 网络，该网络与 ResNet101 的准确率接近但是速度更快。并且采用多尺度预测，依旧使用聚类来得到先验框。YOLOv4 和 YOLOv5 模型也被相继提出。

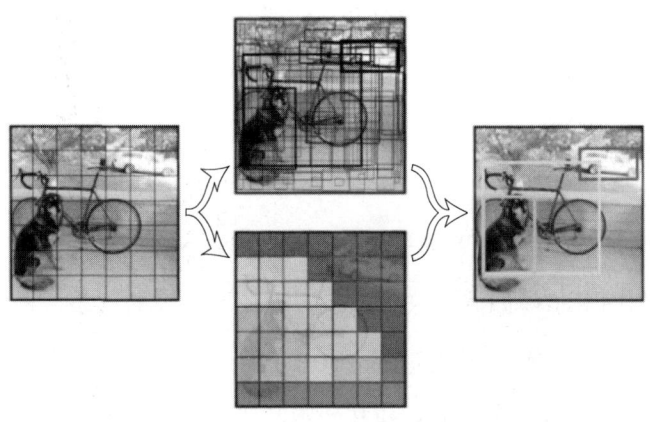

图 1-13　YOLO 模型结构图

SSD 与 YOLO 的共同点在于都使用一个网络进行目标检测，而 SSD 的特点是多尺度特征图检测，在保证运算速度的同时提高精度。不同的是在 YOLO 中边界框通过聚类算法得到，SSD 中的 anchor 是人为设计的。结构如图 1-14 所示，输入图像的像素值为 300×300，Backbone 模型采用 VGG16，不包含全连接层，引用了 Faster RCNN 中的archor机制，根据经验自主设置不同尺度和长宽比的先验框，最后进行非极大值抑制（NMS）处理。

one-stage算法的改进主要集中在考虑如何优化网络模型的结构、如何设计损失函数或者结合其他训练的小技巧。

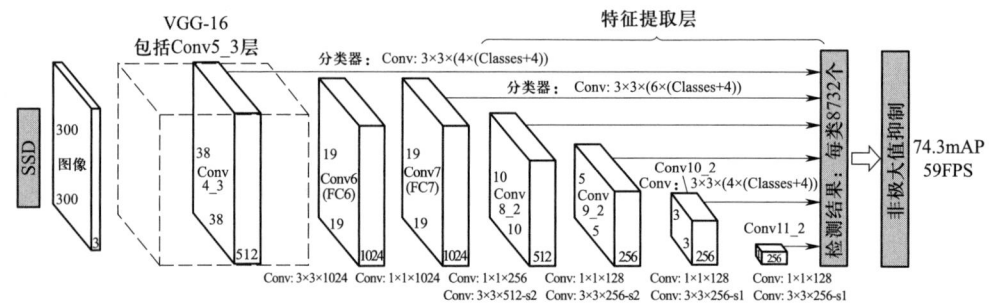

图1-14　SSD模型结构图

选择合适的目标检测模型的指标主要是检测的准确度和实时性，从准确度的角度来看，主要指目标框的回归准确度以及分类准确度，明显两阶段的目标检测算法占优势。从速度的角度来看，一阶段的算法模型更轻便，在检测的实时性上有优势。不过，随着目标检测算法的发展和学者们的研究，一阶段的算法在准确率上也有了进一步的提升，能均衡准确度和速度两个指标。

九、目标跟踪经典模型

（一）SORT和DeepSORT模型

SORT算法利用卡尔曼滤波算法预测检测框在下一帧的状态，将该状态与下一帧的检测结果进行匹配，实现车辆的追踪。SORT模型的流程图如图1-15所示，第一帧进来时，将检测到的目标初始化并创建新的跟踪器，标注ID。后面帧进来时，先到卡尔曼滤波器中得到由前面帧的目标框产生的状态预测和协方差预测。求跟踪器所有目标状态预测与本帧检测的目标框的IOU，通过匈牙利指派算法得到IOU最大的唯一匹配，再去掉匹配值小于IOU阈值的匹配对。用本帧中匹配到的目标检测框去更新卡尔曼跟踪器，计算卡尔曼增益、状态更新和协方差更新，并将状态更新值输出，作为本帧的跟踪框。对于本帧中没有匹配到的目标重新初始化跟踪器。核心就是两个算法即卡尔曼滤波和匈牙利匹配。

卡尔曼滤波（Kalman filter）可以看作是一种运动模型，用来对目标的轨迹进行预测，并且使用匹配的跟踪结果更新预测结果，它包括两个过程，即预测和更新。

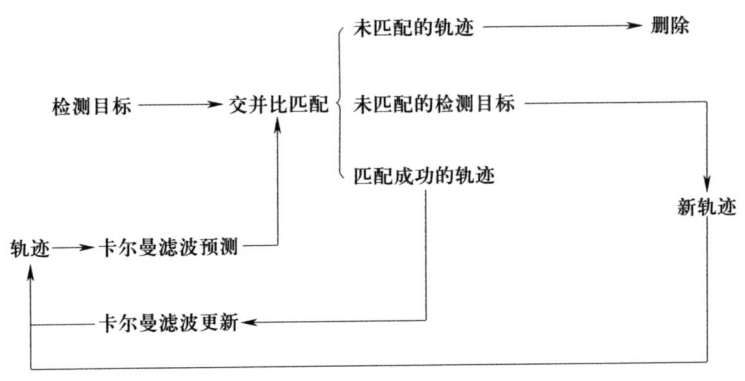

图1-15　SORT算法流程图

匈牙利算法（Hungarian algorithm）解决的是一个二分图分配问题（assignment problem），即如何分配使成本最小。在图中交并比匹配（IOU Match）位置处，即基于IOU距离构造的成本矩阵对检测目标和轨迹作匹配，选择最优关联结果。

SORT在进行目标跟踪时仅仅使用了检测框的位置和大小进行目标的运动估计和数据关联，没有使用任何被跟踪目标的外观特征或者任何的重识别的算法，所以一旦目标受到遮挡或者其他原因没有被检测到，卡尔曼滤波预测的状态信息将无法和检测结果进行匹配，将会丢失目标物。遮挡结束后，检测可能又将被继续执行，那么SORT只能分配给该物体一个新的ID编号。

DeepSORT算法是在SORT的基础上进行了改进，DeepSORT的核心思想主要分为两块，一块可以简单称为Deep，另外一个可以称为SORT，背后的算法支持分别基于深度学习模型与卡尔曼滤波，是典型的结合深度学习与传统方法的混合算法框架实现了比较稳定的跟踪效果。流程图如图1-16所示，大体流程和SORT一致，先使用卡尔曼滤波预测，使用匈牙利算法将预测后的轨迹和当前帧中的检测目标进行匹配，再进行卡尔曼滤波更新。主要有以下几点改进：

（1）DeepSORT同时考虑了运动信息的关联和目标外观信息的关联，使用了融合度量的方式计算检测和跟踪轨迹之间的匹配程度，把目标的外观信息引入匹配计算中，这样在目标被遮挡又出现的情形下，还能够正确匹配到 ID，从而有效减少 ID 频繁切换的情况。

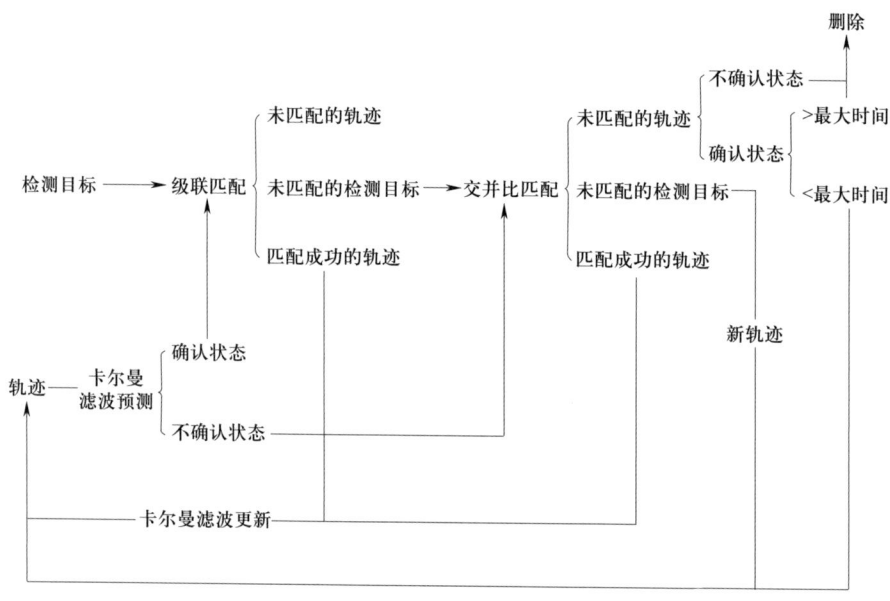

图 1-16　DeepSORT 算法流程图

（2）级联匹配和 IOU 匹配相结合，只有"confirmed"（确认）状态的轨迹才会进行级联匹配，级联匹配就是不同优先级的匹配，让更频繁见到的物体分配的优先级更高。

DeepSORT 模型是目前非常常见的多目标追踪算法，网络上有很多基于不同检测器 YOLOv3、YOLOv4、YOLOv5、CenterNet 的 DeepSORT 实战。

（二）FairMOT 模型

FairMOT 模型以 CenterNet 为基础，加入 Re-ID 分支，使其能够同时进行物体检测和跟踪，检测和跟踪两个任务都是以"当前像素"为中心，所以不存在对齐的问题，也不存在严重的顾此失彼的不公平问题，这也是称这个方法为 FairMOT 的原因。FairMOT 会对每一个像素进行预测，预测其是否是物体的中心、物体的大小和以其为中心的图像区域的 Re-ID 特征。

方法的框架如图 1-17 所示，编码 - 解码（Encoder-decoder）网络提取的高分辨率特征图将被作为四个分支的特征图。其中三个被用来检测物体（detection），一个被用来输出物体的 Re-ID 信息（Re-ID）。

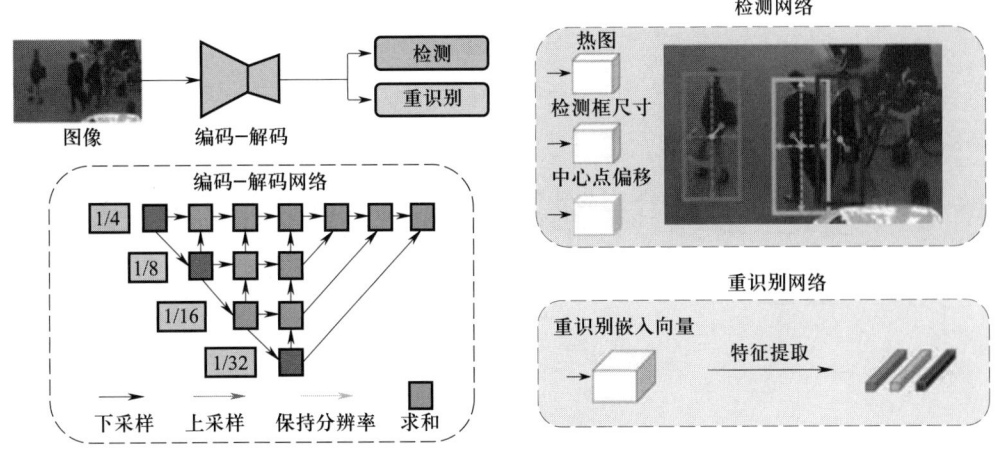

图 1-17　FairMOT 模型结构图

采用 ResNet-34 作为主干网络，以便在准确性和速度之间取得良好的平衡。为了适应不同规模的对象，将深层聚合（DLA）的一种变体应用于主干网络。与原始 DLA 不同，它在低层聚合和低层聚合之间具有更多的跳跃连接，类似于特征金字塔网络（FPN）。此外，上采样模块中的所有卷积层都由可变形的卷积层代替，以便它们可以根据对象的尺寸和姿势动态调整感受野。

网络检测将三个并行回归头（regression heads）附加到主干网络以分别估计热图、对象中心偏移和边界框大小。通过对主干网络的输出特征图应用 3×3 卷积（具有 256 个通道）来实现每个回归头（head），然后通过 1×1 卷积层生成最终目标。

热图头（heatmap head）负责估计对象中心的位置，这里采用基于热图的表示法，热图的尺寸为 $1\times H\times W$。随着热图中位置和对象中心之间的距离，响应呈指数衰减。

中心偏移头（center offset head）负责更精确地定位对象，ReID 功能与对象中心的对齐精准度对于性能至关重要。

边界框尺寸头（box size head）负责估计每个锚点位置的目标边界框的高度和宽度，与 Re-ID 功能没有直接关系，但是定位精度将影响对象检测性能的评估。

ID 嵌入分支的目标是生成可以区分不同对象的特征。不同类目标特征之间的相似性应小于同类目标的特征相似性。

第三节 计算机视觉的典型应用

考核知识点及能力要求：
- 计算机视觉的典型应用场景。

一、图像分类

图像分类是计算机视觉研究领域中的经典问题。图像分类是我们日常生活中普遍存在的一类视觉处理任务。例如，当我们在街上行走，我们需要区分眼前看到的是机动车、自行车还是行人；再如，当我们看到一只动物，我们要判断它是一只猫、一条狗或是其他的动物种类。除此之外，图像分类的重要性还体现在它是其他一些高层视觉任务（如图像检测、图像分割、物体跟踪、行为分析等）的基础。本章实验部分探讨的手写数字识别任务也是一类典型的图像分类问题。目前，图像分类已经广泛应用到了各个领域，包括安防领域的人脸识别和智能视频分析，交通领域的交通场景识别，互联网领域基于内容的图像检索和相册自动归类，以及医学领域的病理图像识别等。

传统的图像分类方法一般首先通过手工提取方式或特征学习方法构建图像特征，然后采用特定的分类器实现图像类别的判定。因此，如何提取图像的特征对于图像分类方法的性能至关重要。在传统方法中使用较多的是基于词袋（bag of words）模型的图像分类方法。词袋方法借鉴自文本处理，即一篇文本文档可以用一个装了词的袋子进行表示，袋子中的词为文档中的单词、短语或字。对于图像而言，应用词袋方法一般需要构建字典。最简单的词袋分类模型框架包括视觉特征抽取、特征编码和分类器设计三个模块。

基于深度学习的图像分类方法，可以通过有监督或无监督的方式学习层次化的特征描述，从而取代手工设计或选择图像特征的工作。深度学习模型中的卷积神经网络在图像分类中发挥了重要的作用，近年来在图像领域取得了惊人的成绩。CNN 直接利用图像像素信息作为输入，最大程度上保留了输入图像的所有信息，通过卷积操作进行特征的提取和高层抽象，模型输出的直接是图像识别的结果。这种基于"输入－输出"的端到端的学习方法通常可以获得非常理想的效果，在学术界和工业界得到了广泛的关注。

二、目标检测

目标检测是计算机视觉的一个重要任务。通俗来讲，目标检测问题可以概括为：图像中有什么目标，它们在哪里？

利用目标检测的技术，能够减少对人力资本的消耗，具有重要的现实意义。目标检测广泛应用于智能驾驶、安防、测绘、航空航天等领域。同时，目标检测技术还是实例分割、目标跟踪等计算机视觉问题的基础，因此目标检测自诞生以来就是计算机视觉学科的热门研究分支。目标检测的研究分为两个方向：一是对通用目标检测问题进行研究，其目的是探索一个模拟人类视觉的通用框架，以实现对不同类别目标的检测；二是对目标检测应用的研究，针对特定场景提出不同的目标识别算法。这一类研究并不追求通用，而更希望在特定场景内实现高质量的识别和检测，如安防领域的人脸识别，自动驾驶领域的行人识别等，均是针对特定场景的目标检测问题而进行的研究。

在过去的 20 年内，目标检测经历了"传统方法"到"深度学习方法"的转变，目标检测的精度越来越高，速度越来越快。随着深度学习技术的发展，目标检测问题有了新的解决思路。深度学习技术的引入，使得目标检测的研究更加深入，应用也更加广泛。目标检测算法的发展如图 1-18 所示。

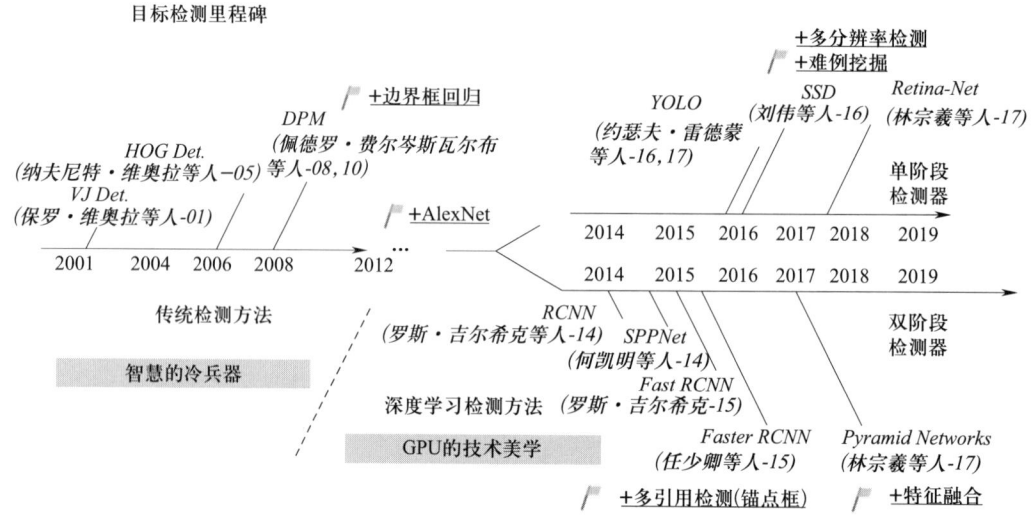

图 1-18 目标检测算法发展的进程

目标检测研究的早期，深度学习和大数据革命尚未爆发，彼时的研究者们提出的目标检测算法大多基于人工构建的特征。在当时，由于缺乏图像的表示方法，因此研究者们几乎只能选择去设计复杂的特征来表示一幅图。同时，计算机计算能力的缺乏，也限制了目标检测的理论和应用的发展。

尽管如此，研究者们也提出了许多目标检测方法。2001 年，保罗·维奥拉（Pual Viola）与迈克尔·琼斯（Michael Jones）共同开发出了一种人脸检测的算法。这是首个没有任何限制条件的人脸检测算法。该算法运行在当时的 Pentium 3 型 CPU 上，比同期的其他算法速度快 10～100 倍。该算法在人脸识别领域是一个突破性进展，为了鼓励作者，该目标检测器以作者的名字命名：Viola-Jones detector。2005 年，纳夫尼特·达拉尔（Navneet Dalal）与比尔·特里格斯（Bill Triggs）提出了人工特征描述子 Histogramm of Oriented Gradients（HOG）。HOG 特征描述子被认为是人工选择特征的一个重要进展，在目标识别领域，特别是行人识别问题下有着重要的应用。在 HOG 特征描述子被提出之后，很多基于 HOG 的目标检测器也被提了出来。

2010—2012 年，基于人工特征的目标检测算法逐渐饱和，如罗斯·吉尔希克所说，"2010 年至 2012 年期间（目标检测）的进展变得缓慢"。2012 年，在全世界目睹卷积神经网络的重生之后，研究者将目光放到了深度卷积神经网络上。相比人工特征，深度卷积神经网络能够学习出图像中更加鲁棒的高阶特征，因此研究者们纷纷考虑将深度卷积神经网络应用到目标检测中。

基于深度神经网络的目标检测分为两个分支，分别为"one-stage"一步走策略与"two-stage"两步走策略。"two-stage"策略的目标检测算法率先被提出来。所谓two-stage，就是将目标检测分成两个部分，一部分生成候选框，另一部分进行目标定位与分类。罗斯·吉尔希克于2014年提出RCNN深度卷积神经网络，开启了目标检测的深度学习时代，产生了深远影响。在RCNN提出之后，SPPNet、Feature Pyramid Newworks等two-stage目标检测网络相继被提出来，RCNN也不甘人后，发展出更快的Fast RCNN和Faster RCNN。此外，基于目标检测网络，还发展出了Mask RCNN等语义场景分割的神经网络。

尽管two-stage策略的目标检测网络在精度和速度上相比传统目标识别算法有很大提升，但是在速度上仍不尽如人意。为了提升目标检测网络在速度上的表现，研究者们提出了one-stage策略，即一步走策略。one-stage策略使用单一的神经网络，去掉了候选框生成的过程，因此提升了效率。最早的one-stage目标检测器是2015年约瑟夫·雷德蒙提出的YOLO（you only look once）。one-stage策略由于速度优势，目前被广泛应用于实时性要求的场景中，如智能驾驶场景。典型的one-stage目标检测器还有SSD、RetinaNet以及YOLO的改进版本YOLOv2、YOLOv3等。

三、图像生成

（一）图像生成

图像生成是指使用一定的方法（或模型），从无到有地生成一张全新的符合要求的图像。图像生成的应用领域非常广泛，可以在图像识别任务中发挥作用，帮助模型更好地理解图像，在虚拟现实领域也有应用。此外，图像生成最直观的应用方式是生成具有特定属性的图片，在内容创建，例如艺术创作和仿真方面有较广泛的应用场景。图像生成还被广泛应用于科学研究领域，主要是数据增强应用，例如通过图像生成方法扩充数据集，使得某些样本量稀少的数据集大大增强，目前图像生成领域已有所成果，将继续朝着更加逼真、丰富和多样的方向发展。

根据 GAN 所拥有的生成器和判别器的数量，可以将 GAN 图像生成的方法概括为三类：直接方法，迭代方法和分层方法。早期的 GANs 都遵循一个简单的原则，即直接在模型中使用一个生成器和判别器，因结构是直接的，被称为直接法，这一方法设计简洁、实现简单，效果也比较良好，其代表模型有 GAN、DCGAN、InfoGAN 等。分层法的主要思想是将图像分成两部分，如"样式－结构"和"前景－背景"，然后在其模型中使用两个生成器和两个鉴别器，其中不同的生成器生成图像的不同部分，然后再结合起来。两个生成器之间的关系可以是并联的或串联的，代表模型是 SS-GAN。迭代法使用具有相似甚至相同结构的多个生成器，经过迭代生成从粗到细的图像，代表模型为 LAPGAN。

（二）图像－图像转换

图像到图像的转换可以定义为将一个场景的可能表示转换成另一种表现形式的问题，例如图像结构图映射到 RGB 图像，或从 RGB 图像映射到图像结构图。此问题与风格迁移有关，采用内容图像和样式图像合并输出具有内容图像的内容和样式图像的样式的图像。图像到图像转换可以被视为风格迁移的概括，因其不仅限于转移图像的风格，还可以操纵对象的属性。

图像到图像的转换可分为有监督和无监督两类，根据生成结果的多样性又可分为一对一生成和一对多生成两类。在经典 GAN 中，因为输出仅依赖随机噪声，所以无法控制生成的内容。但 CGAN 的提出使得研究者可以在随机噪声中添加固定条件，从而使得生成的图像由 $G(z, y)$ 定义。条件 y 可以是任何信息，如图像标注、对象的属性，或者图片，最具代表性的模型是 pix2pix，这属于有监督类。在无监督类中，由于没有充分的条件信息和 paired image，使得网络可能将相同的输入映射成不同的输出，这导致我们的输入不能得到想要的输出，此类 GANs 的改进代表模型是 CycleGAN，其遵循一个基本的思想，即将生成的图像再用逆映射生成与输入图像尽可能接近的结果。因此，CycleGAN 在转换中使用两个生成器和两个判别器，两个生成器进行相反的转换，试图在转换周期后保留输入图像。

（三）文字－图像转换

不同于图像生成或者图像转换，文字到图像的转换是 GAN 的最新应用方向之一，任务被定义为利用输入的文字作为限定条件使得模型生成含有对应输入文字含义的图片。从文本描述生成图片，本身具有较强的多样性，文本中一个词语的变化可能会导致生成的图像中大量的像素发生改变，而这些发生改变的像素之间的关联却很难被发现。

目前比较优秀的文字–图像转换模型如 StackGAN 可以做到根据输入的文字生成相对精准、自然的图像。这类模型与其他 GANs 图像应用模型的主要差别在于，在生成器中添加了一个对文本进行编码的模块，此外，在判别器中新增了一个判别目标是否匹配的步骤，算法流程与普通的应用于图像的 GAN 稍有不同。需要指出的是，在当前阶段，研究人员们普遍认为，生成模型并不能准确捕捉到给定任务的"语义"，也就是说它们其实并不能很好地理解词的意义。

四、视觉关系抽取

视觉关系，例如"人骑马""人推车"等，在图像理解中是非常有效的语义元素，同时也是连接计算机视觉与自然语言的桥梁。近来，很多图文问答以及图像描述的工作希望使机器能够理解图像和语言之间的语义联系，然而，大多数这样的工作仅仅是粗糙的场景级别的理解，建模和信息抽取图像中的实体关系更有利于理解图像传递的信息。

视觉关系抽取，又叫视觉关系检测（visual relationship detection，VRD）的目的是通过一个结构化的三元组描述两两对象之间的关系，该三元组的形式可以为主语—谓语—宾语。如图 1-19 所示，为了确定三元组中的主语、谓语和宾语成分，视觉关系检测任务要求给出图像中一对物体即主语物体和宾语物体的准确定位和物体对应的类别标签，并对它们之间的关系即谓语关系做出判断。

图 1-19　视觉关系检测任务示意图

视觉关系检测作为一种中层任务，填补了底层图像识别任务（如目标检测）与高层图像理解任务（如图像字幕描述、视觉问答、视觉推理、场景图生成）之间的空白。视觉关系检测在单一对象检测的基础上，通过提供几个结构化的、综合的三元组准确定位一对对象，并确定它们之间的谓词关系，如图1-19所示。

五、视觉抽象推理

计算机视觉应用范围非常广泛，一些计算机视觉问题明显是纯粹从视觉上捕获视觉信息的过程。相比之下，其他一些视觉问题对于感知图像的要求比较琐碎，但是在关系或类比视觉推理方面能解决更普遍的问题。在这种情况下，视觉组成成为决定人类想法和行动的基础。目前，大多数计算机视觉任务都聚焦于捕获视觉信息的过程；很少有工作重点放在后面的部分——关系或类比的视觉推理。在为人工系统配备推理能力方面，现有的一项工作围绕着视觉问答（VQA）展开。然而，VQA所需的推理能力只处于认知能力测试圈的边缘。为了突破计算机视觉的极限，甚至人工智能（AI）的极限，在认知能力测试圈的中心，需要设计一个用于测量人类智能的测试挑战、调试和改进现有的人工系统。

视觉推理是分析视觉信息并能够根据其解决问题的过程。研究人员将抽象推理定义为在概念层面检测模式和解决问题的能力。人类的语言、空间和数学推理可以通过测试经验性地测量，如通过梳理形状位置和线条颜色之间的关系。但那些测试并不完美。

六、视觉鲁棒性

以深度学习为代表的通用人工智能技术在图像识别方向上已经取得了巨大成功，并在公共安全、金融经济、国防安全等领域被广泛应用，发挥了极其关键的作用。然而，对抗样本这种攻击性噪声的出现暴露出深度学习在稳定性、安全性等方面存在安全隐患。如图1-20所示，在机器视觉场景中，对抗样本通常可以被理解为一种人类视觉难以感知却可以攻击并误导深度学习预测的微小噪声，其计算如式（1-7）所示：

$$f_\theta(x_{\text{adv}}) \neq y$$
$$\text{s.t.} \|x - x_{\text{adv}}\| < \epsilon \quad (1-7)$$

其中，x 是原始的数据样本，x_{adv} 是含有对抗噪声的对抗样本，y 是原始样本 x 的类别标签，$\|\cdot\|$ 用来衡量 x 和 x_{adv} 的差别距离足够小，但是神经网络 f_θ 错误分类了对抗样本 x_{adv}。这凸显出研究人员对于神经网络模型结构、行为理解的不足。因此，突破对模型机理的理解，加深对图像识别中深度学习模型在对抗场景下脆弱性机理的研究，对于提升模型的鲁棒性、可用性和效果具有重要的意义。在这一小节中，将从深度学习的安全可靠性的角度入手，结合对抗样本，探索和解释模型的对抗鲁棒性及脆弱性。

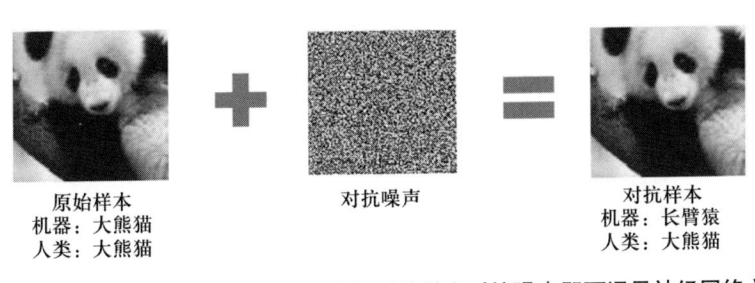

图1-20 对抗样本示例（人眼无法识别的微小对抗噪声即可误导神经网络）

七、视觉问答

近年来，伴随着人们在计算机视觉和自然语言处理领域取得的巨大进展，同时基于视觉和语言的多模态学习任务引起了越来越多研究者的关注，如图像字幕生成、视觉叙事、视觉问答等。这些任务需要同时对图像的内容进行视觉理解和对相应的文本内容进行自然语言理解，并学习两个信息源的语义对应关系。

视觉问答（visual question answering，VQA）的概念最早由艾西瓦娅·阿格拉瓦尔（Aishwarya Agrawal）和戴维·帕里克（Devi Parikh）等人在2015年提出。一个视觉问答模型以一张图片和一个关于这张图片的形式自由、开放式的自然语言问题作为输入，以一条自然语言答案作为输出。一个成功的视觉问答模型通常需要有选择地针对图像的不同区域，进行更详细的理解和更复杂的推理，而不是生成通用的图像描述。视觉问答任务往往面临着对图像分析和问题理解的挑战，有时甚至还需要对图像中不存在的信息进行推理回答，这些额外需要的信息可能是常识，也可能是关于图像中特定元素的外部知识。事实上，视觉问答可以被认为是一种"视觉图灵测试"，用来评估目前的机器学习模型在多大程度上实现了最终的通用人工智能。

作为一个跨领域的多模态学习任务，视觉问答在对话系统、救援机器人、智能教育、视觉障碍人士的辅助工具等众多复杂的人工智能系统中都有着非常广泛的应用前景。例如，在火灾等救援场景中，救援人员因现场安全状况不便直接进入救援时，可以通过自然语言与救援机器人进行沟通，救援机器人根据用户的自然语言指令，探查反馈现场，并进行下一步操作；视觉障碍人士的视觉助理可以根据实时拍摄的环境影像回答盲人的问题，为视觉障碍人士做出正确的导向判断。此外，视觉问答还可以帮助分析人员检查大量数据、通过交互式演示教育孩子以及与个人AI助手进行交互等。一个视觉问答任务的基本模型框架如图1-21所示。

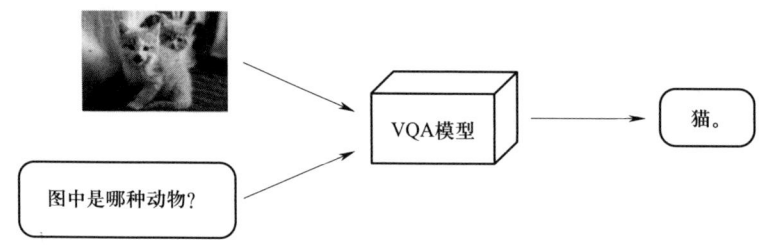

图 1-21　视觉问答任务的基本模型框架

八、知识发现

知识发现（knowledge discovery，KD）是从各种媒体表示的信息中获取知识并针对不同需求量身定制的过程。知识发现的目的是使用户远离原始数据的烦琐细节，并从原始数据中提取有效、新颖和潜在有用的知识，并将其直接报告给用户。

以视频这一形式的媒体数据为例，随着互联网技术的快速发展、智能手机的普及以及5G时代的到来，我国网民数量不断增加，目前约有8.29亿，而且网络视频数量也已经达到6.12亿，目前已经从图像时代迈进了视频时代。另一方面，随着监控摄像头的大量安装，监控视频数量也在迅速增加。根据HIS Markit预测，到2021年，全球将部署10亿个监控摄像头。其中，美国将增加到约8 500万个；而中国的安装数预计将达到5.6亿多个，占全球安装的监控设备的最大份额。如何有效地监管和利用这些海量视频,将海量视频数据转换为人们可以利用的信息,将信息转化为可以学习的知识,利用这一知识帮助人们指定更好的策略,策略进一步构成了活动,可以引导人们分析问题并有效解决问题,这整个过程则需要利用知识发现的相关方法进行智能视频分析。

知识发现不仅在视频分析任务中有广泛应用场景,在物体检测及识别、语音合成及分析、文本分类及翻译等多个任务中都有广泛的应用。

第四节　计算机视觉的职业发展

考核知识点及能力要求:

● 计算机视觉的职业发展。

目前越来越多的计算机视觉领域人才步入社会,在各行各业中承担着重要的职务。除了具有研究性质的人工智能研究所和各大互联网公司外,国防、电商、金融、教育、交通、文娱内容等各个领域都需要计算机视觉方向的人才。

在人工智能研究所中,最新的人工智能技术离不开计算机视觉,从业者们进行着与高校实验室中类似的研究,致力于研发更快速更鲁棒的模型等。而在互联网行业中,计算机视觉方向的研究更趋向于产品落地,相比实验室的研究工作,会更加重视时效性、稳定性等。另外,国防领域同样需要计算机视觉人才,国家安全离不开计算机技术的发展;电商平台的以图搜图,以图搜商品已经成为标配;虚拟试妆功能则进一步丰富了美妆类产品线上营销的方式;在金融领域,部分机构在人工智能技术应用上选择"内外结合"的形式，即采购外部成熟算法模块或基础平台，交由内部算法工程团队或产品研发团队进行模型优化与二次开发，以提高对用户数据安全的保护及对业务场景的适用；在教育行业，计算机视觉技术与自然语言处理、语音识别技术的深度结合，使得视频教学、智能阅卷等功能日趋完善，智能化水平成为教育类企业/机构的核心竞争力；在交通领域，国内外的自动驾驶技术都在飞速发展，实时判断路况、判断天气、紧急避险等自动驾驶所必需的技术都需要计算机视觉人才的参与；在文娱内容方面，最近兴起的元宇宙概念吸引了大批互联网公司的关注，而元宇宙目前来看最简单的切入口就是 VR 游戏，具体涉及视觉分类、检测、语义分割、实例分割、3D 视觉分析等计算机视觉相关方向，这些方向都需要大量的计算机视觉人才。计算机视觉的职业发展方向当然远远不止上述这几个方向，可以说，目前的各个行业都有计算机视觉的生存空间，如图 1-22 所示，计算机视觉人才遍布各行各业。

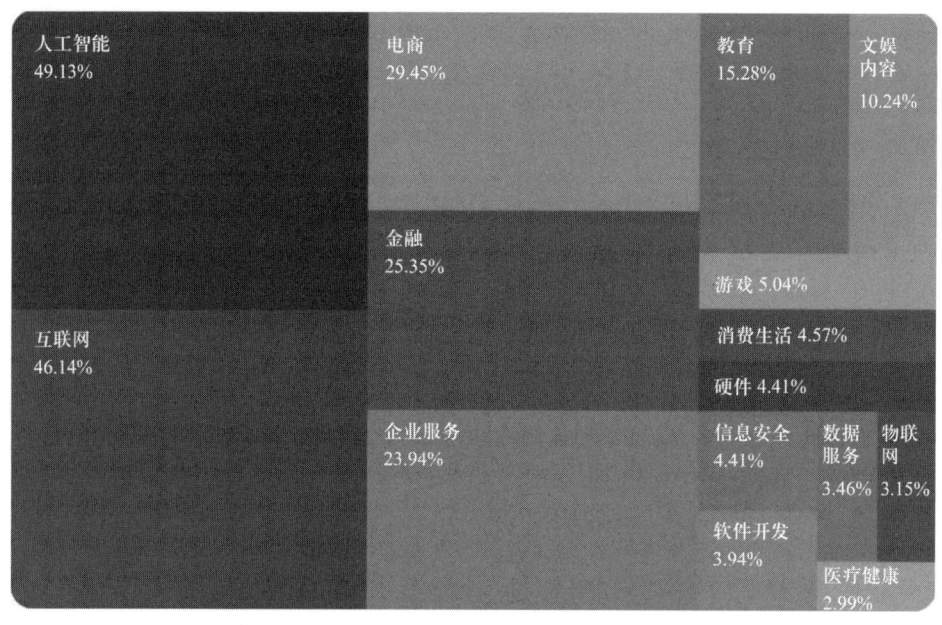

图 1-22　2020 年中国计算机视觉人才行业分布情况

思考题：

1. 计算机视觉研究领域中涉及诸多经典应用场景，试讨论：如何融合多种视觉任务解决实际问题（分析一种实际问题的解决思路即可）。

2. 简述 ReLU 成为卷积神经网络常用激活函数的原因，并分析该激活函数存在的缺点。

3. 简述目标检测任务中"one-stage"策略与"two-stage"策略各自的优缺点，并分别分析两种策略适合的应用场景。

4. 分析视觉关系抽取如何在底层图像识别任务和视觉问答、视觉推理等高层图像理解任务之间发挥作用。

5. 在现实环境下，计算机视觉任务会面临诸多难题，如数据采集难、数据质量低、数据标注代价大等。请结合资料讨论，能否在算法层面解决或缓解这类数据问题对视觉任务造成的影响。

第二章
计算机视觉需求分析

　　计算机视觉是一门研究如何教机器像人类一样看懂和理解图像的科学。作为人类，我们可以轻松地感知周围世界的三维结构。例如，通过回头环顾周围一圈，我们可以快速地区分环境中的每一个物体；借用教室里的监控画面，我们可以轻松地统计出今日课堂的出勤人数；通过所有人员的面部表情，我们可以很容易地猜出他们是否在认真地听课。但是，对于计算机而言，要具备以上能力，并不是一件非常简单的事情。近年来，随着人工智能尤其是计算机视觉技术的发展，通过算法和机器学习技术研究具体视觉应用场景的问题，逐渐成为了一种流行的趋势。

　　本章主要围绕计算机视觉需求分析，详细介绍计算机视觉技术体系的基本架构和主要技术规范，讲解计算机视觉算法的训练、推理、部署方法和流程，讨论计算机视觉场景需求设计分析和需求文档的撰写规范。通过本章的学习，可以基本掌握计算机视觉领域的基础知识点，了解计算机视觉场景下进行需求分析的一般方法和文档规范。

- **职业功能：** 人工智能产品需求分析。

- **工作内容：** 计算机视觉产品需求分析。

- **专业能力要求：** 能完成计算机视觉产品的需求分析；能结合计算机视觉业务场景编制需求设计分析文档。

● **相关知识要求**：计算机视觉技术体系架构和技术规范；计算机视觉算法的训练、推理、部署方法；计算机视觉场景的需求文档撰写规范。

第一节 计算机视觉技术体系基本架构和主要技术规范

考核知识点及能力要求：
- 了解计算机视觉技术体系基本架构；
- 了解计算机视觉的主要技术规范。

计算机视觉领域的科研人员一直在致力于研究用于恢复图像中物体的三维形状和外观的数学方法。现在已有的技术可以从数千张部分重叠的照片中准确计算出环境的三维模型。在给定足够多的物体外观视图集的前提下，我们可以使用立体匹配创建精确的密集三维表面模型。同样，我们可以跟踪一个人在复杂背景下的移动情况，甚至可以通过使用对人脸、服装和头发的识别和检测来寻找并给照片中的所有人命名。尽管取得了巨大的进步，但是让计算机拥有和两岁儿童一样的图像理解能力仍然难以实现。计算机视觉的困难之处在于由于获取到的图像通常信息量有限，导致难以恢复事物的本来面貌，因此需要求助于其他物理和概率模型来消除潜在的歧义。对于复杂的现实世界进行图像建模，要比语音建模困难得多。

在详细介绍计算机视觉技术之前，我们先简单地回顾一下计算机视觉的历史。20世纪70年代初，一项旨在模仿人类行为并赋予机器人智能的雄心勃勃的计划被提上议程，而实现这一计划的视觉感知部分的核心就是计算机视觉技术。区别于传统的数字图像处理领域，计算机视觉技术试图从图像里重建真实世界中的三维结构，并最终实现理解其全部场景的目的。对场景理解的早期尝试涉及提取边缘，以及从二维线条的拓扑结构中推断出物体的三维结构。进入20世纪80年代后，很多研究将焦点集中在了定量分析图像和场景的数学技术方面。与此同时，边缘检测也成为一个热门的研究领域。1990年以后，学者们继续探索前面的主题，其中一些变得更加活跃。例如，使用对颜色和强度的详细测量与辐射传输和彩色图像形成的精确物理模型相结合的工作方法创建了自己的子领域，即基于物理的视觉。产生完整三维表面的多视图立体算法也是一个活跃的研究主题。跟踪算法也有很大改进，包括使用活动轮廓的轮廓跟踪。例如，粒子滤波器、水平集和基于灰度的技术，通常应用于面部跟踪和全身跟踪。图像分割也是自计算机视觉诞生以来一直很活跃的主题。这一时期，统计学习技术也开始出现，主成分分析被应用于人脸识别的特征面法（Eigenface），以及产生了用于曲线跟踪的线性动力系统。在这10年中，计算机视觉最显著的发展可能是与计算机图形"学"的交互增加，尤其是在基于图像的建模和渲染的跨学科领域。进入21世纪以后，视觉和图形"学"领域之间的相互作用不断加深。特别是在基于图像的渲染下的诸多主题，例如图像拼接、光场捕获和渲染。纹理合成、绗缝和修复可以被归类为计算成像技术这一主题。它们通过重新组合输入图像样本用以生成新照片。第二个值得注意的是出现了用于对象识别的基于特征的技术，它主导了其他的一些识别任务，如场景识别和全景位置识别。其他一些团队研究了基于轮廓和区域分割的识别技术。另一个趋势是为复杂的全局优化问题开发了更有效的算法，以及将复杂的机器学习技术应用于计算机视觉问题。这一时期互联网上出现了大量的标记数据集，这使得大规模的机器学习和推理变得更加简单可行。2010年以来，随着深度学习技术的流行，计算机视觉的发展进入全盛时期。2012年，大型深度卷积神经网络AlexNet的出现，更是在ImageNet数据集上真实地展现了卷积神经网络（CNN）的优点。2014年，生成对抗网络（GAN）的提出使得相互竞争的神经网络可以学习得更快，被认为是计算机视觉领域的重大突破。2017年以后，深度学习框架的开发逐步走向了成熟期，PyTorch和TensorFlow成为使用者的首选框架。近年来，国内外各大IT公司也纷纷涉足计算机视觉领域，组建计算机视觉的研究团队或建立实验室，大力拓展计算机视觉方面的业务，计算机视觉技术在各种应用方面呈现一个百花齐放的局面。

接下来，我们详细介绍计算机视觉技术体系基本架构和主要技术规范。

一、计算机视觉技术体系基本架构

计算机视觉技术涵盖了数学模型、图像处理、机器学习等方面的知识点，包括基础算法层、领域任务模块层、系统工程方案层等多个层次，涉及安防应用、金融应用、工业检测、医疗健康、无人驾驶、智慧城市等多个行业应用场景。计算机视觉技术的体系架构有多种不同的分类和呈现方法，在本教材中采用如图2-1所示的层次结构来展现它的基本架构。

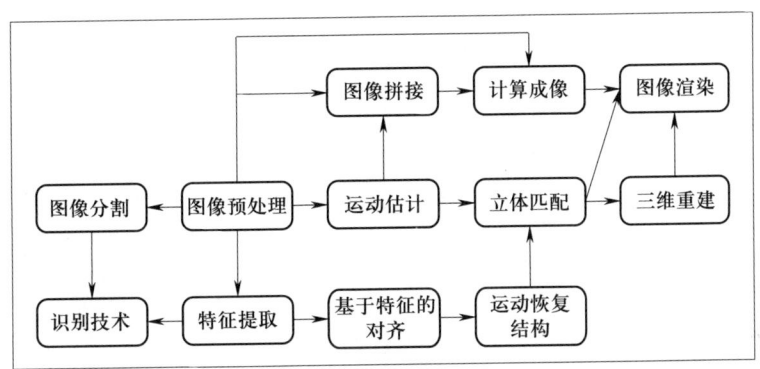

图 2-1　计算机视觉技术体系基本架构

（一）图像预处理

图像预处理几乎是所有计算机视觉应用中的第一个阶段，包括线性和非线性滤波、傅里叶变换、图像金字塔和小波、图像变形等几何变换、正则化和马尔可夫随机场（MRF）等全局优化技术。使用特定技术对图像进行预处理或将其转化为适合进一步分析的形式。此类操作包括曝光校正、色彩平衡、减少图像噪声、增加清晰度或通过旋转图像来拉直图像等。

接下来，检查邻域的算子。独立于相邻像素来操作每个像素的变换是最简单的图像变换方法，这种变换通常称为点算子或点过程。其中每个新像素的值取决于少量的相邻输入值，而分析此类邻域运算的便捷工具是傅里叶变换。邻域算子可以级联形成图像金字塔和小波，这对于分析各种分辨率的图像和加速某些操作很有用。另一类重要的全局算子是几何变换,例如旋转、剪切和透视变形等。最后,图像预处理的全局优化方法包括能量方程的最小化,以及使用贝叶斯马尔可夫随机场模型进行优化估计。

(二)特征提取

特征提取是计算机视觉应用的重要组成部分,是许多后续计算机视觉技术的基础。当前,三维重建和许多识别技术都是建立在提取和匹配特征的基础上来实现的。考虑如图2-2所示的一组图像,如果我们希望使用两张图像合成和拼接成一张新的图像,或是建立一组对应关系以构建三维模型或生成中间视图,那么应该提取并匹配哪些特征以建立这样的对应关系呢?

图2-2 需要匹配的一组图像

你可能会注意到的第一种特征是图像中的特定位置,如笔记本、笔或背景。这些类型的局部特征通常称为关键点特征或兴趣点,通常通过点位置周围的像素块的外观来描述。另一类重要特征是边缘,例如笔记本与背景交界边缘或者笔的轮廓。这些类型的特征可以根据它们的方向和局部外观进行匹配,也可以很好地指示图像序列中的对象边界和遮挡情况。边缘可以分为更长的曲线和直线段,可以直接匹配或分析以找到消失点,从而找到内部和外部的参数。点特征现在被广泛地用于各式各样的计算机视觉应用程序当中,同时边缘和直线特征是对关键点和基于区域的描述信息的补充,非常适合描述对象边界和人工物体。

(三)图像分割

图像分割是指将图像分成若干具有相似性质的区域的过程。这个问题在统计学中通常被称为聚类分析。在计算机视觉中,图像分割是一个被广泛研究的问题,具有数百种不同的算法。早期的图像分割应用倾向于使用分割或合并的技术,对应聚类文献中的分裂和凝聚的算法。最近的方法经常优化一些全局的指标,例如,区域内一致性、区域间边界长度或相异性。

图像分割包括了自顶向下的拆分、自底向上的合并、mean shift、基于能量轮廓形变的方法、水平集、基于图分割的二元马尔可夫随机场等方法。所有这些技术都是广泛用于各种应用程序中不可缺少的部分,包括性能驱动的动画、交互式图像编辑和识别等。由于图像分割的文献非常之多,处理分割算法的一个好的方法是通过人工标记数据集来做对比试验。其中,著名的数据集有伯克利分割数据集(Berkeley Segmentation Dataset)和 Benchmark1 等。

(四)基于特征的对齐

一旦从图像中提取了特征,许多计算机视觉算法的下一个阶段就是在不同的图像中匹配这些特征,即特征的对齐。对齐的一个重要作用是验证匹配特征的集合在几何上是否一致,例如,验证特征位移是否可以通过简单的二维或三维几何变换来描述。之后可以将计算出的位移用于图像拼接或增强现实等应用。

使用线性或非线性最小二乘法可以解决对齐问题。对于几何图像的对齐,关键是计算出将一张图像中的特征映射到另一张图像的二维和三维变换。该问题的一个特殊情况是姿态估计,它用于确定相对已知的三维物体或场景的位置。另一种情况是相机内部参数的校准计算,它由焦距和径向畸变等内部参数组成。这些技术可以在翻书动画的照片对齐、手持相机的三维姿态估计以及建筑模型的单视图重建中得到应用。

(五)运动结构恢复

人的大脑之所以能从运动的物体中取得其三维的信息,是因为大脑在运动的二维图像中找到了匹配的区域,然后通过匹配点之间的视差得到相对的深度信息。与这一原理相似,运动恢复结构(structure from motion,SfM)从时间序列的二维图像中推算三维图像的信息,实现三维重建。它的目标是利用两个场景或多个场景自动恢复相机运动和场景结构。这一自校准的技术能够自动地完成相机追踪与运动匹配。

SfM 研究如何从追踪的二维特征集合中同时恢复三维相机运动和三维场景结构。它的输入是一段运动（motion）或者一组时间序列的二维图像，通过二维图像之间的匹配可以推断出相机的各项参数。二维特征追踪先提取关键点，用以检测良好的特征，在每两幅图像之间进行特征点匹配。三维三角剖分是在已知相机位置时从匹配的特征中对点进行三维重建。

（六）运动估计

视频序列中的图像对齐和运动估计是计算机视觉中使用最广泛的算法之一。例如，帧率图像对齐被广泛用在摄像机和数码相机中以实现图像稳定。基于块优化的平移对齐技术是一个早期被广泛使用的图像配准算法。该算法的变体被用于几乎所有的运动补偿视频压缩方案，如 MPEG 和 H.263。类似的参数运动估计算法已经被广泛地应用于各式各样的任务当中，包括视频摘要、视频稳像和视频压缩。此外，科学家们还为医学成像和遥感开发了更复杂的图像配准算法。

为了估计两个或多个图像之间的运动，首先选择合适的误差度量来比较多张图像，这就意味着需要设计一种合适的搜索技术。最简单的方法是采用全面搜索，即详尽地尝试所有可能的对齐方式。在实践中，这种方法因为效率太低是不可行的，因此通常使用基于图像金字塔的分析技术或使用傅立叶变换来加快计算速度。为了在对齐中获得亚像素精度，基于图像函数的泰勒级数展开的增量方法也被采用。这些也可以应用于对全局图像变换进行建模的参数运动模型。通过学习被跟踪的场景或对象的典型动力学或运动统计数据，例如步行人的自然步态，可以使运动估计更加可靠。对于更复杂的运动，可以使用分段参数样条运动模型。在存在多个独立运动的情况下，需要使用通用光流技术。对于包含大量遮挡的复杂运动情形，分层运动模型可以很好地工作，它将场景分解为多个连贯的移动的层。

（七）图像拼接

图像拼接是计算机视觉中一个经典的研究主题，是一种寻找对齐图像并将它们拼接成无缝照片的高效算法。如今，图像拼接算法被广泛地用于制作数字地图和卫星的高分辨率照片。同时，它还存在于大多数的数码相机当中，用于创建超广角全景图。

图像拼接起源于摄影测量界。长期以来，将多张航空照片连接成一张大型照片的工作一直采用基于测量地面控制点或对齐连接点的手工操作方式。该团体的一项关键进展是开发了光束法平差优化方法，该算法可以同时求解所有摄像机的位置，从而产生全局一致的解决方案。同时，该方法要解决的另一个问题是消除可见的接缝。虽然大多数的早期技术都是通过直接最小化像素到像素间的差异来起作用的，但最近的算法通常会提取一组稀疏的特征并将它们相互匹配。这种基于特征的图像拼接方法对场景移动更加鲁棒且运行更快。当然，它们最大的优势是识别全景图的能力，即能自动发现一组无序图像之间的邻接关系，完成随手拍摄的全景图的自动拼接。

图像拼接的工作原理是首先确定将一幅图像中的像素坐标与另一幅图像中的像素坐标相关联的适当的数学模型，再以某种方式估计与各种图像对相关的正确对齐方式。这个过程需要在每个图像中找到关键特征，然后有效地匹配以快速建立图像对之间的对应关系。使用直接的像素到像素比较结合梯度下降方法来估计这些参数。当全景图中存在多个图像时，光束法可用于计算一组全局一致的对齐，并有效地发现哪些图像彼此重叠。一旦对齐了图像，必须选择一个最终的合成表面来扭曲对齐的图像。同时，由于存在视差、镜头失真、场景运动和曝光差异，因此还需要算法来无缝剪切和混合重叠图像。

（八）计算摄影

计算摄影（或计算成像）是从一张或多张输入照片创建新图像的过程，通常基于对图像形成过程的仔细建模和校准。它旨在通过可计算的图像获取、处理和操纵技术，将软硬件有机结合起来克服传统数码相机的局限性，实现对图像能力的增强或扩展。计算摄影技术包括合并多次曝光以创建高动态范围图像，通过去除模糊和超分辨率提高图像分辨率，以及图像编辑和合成操作。纹理分析、合成和修复以及非真实感渲染也是计算摄影的主题。前面介绍的图像拼接技术属于计算摄影的一个例子。

光度图像校准测量了相机和镜头响应，是诸多后续算法的先决条件。高动态范围成像则通过使用多次曝光来捕捉场景中的全部亮度范围。色调映射运算符将丰富的图像映射回常规显示设备（屏幕和打印机），以及合并闪存和常规图像以获得更好曝光的算法。除此之外，还存在着一些广泛覆盖计算摄影学的主题，如新型计算传感器、光学和相机等。

（九）立体匹配

立体匹配是指拍摄两幅或多幅图像，通过在图像中找到匹配像素并将它们的二维位置转换为三维深度来估计场景的三维模型的过程。为什么人们对立体匹配感兴趣？我们知道人类是根据左右眼所获得的图像的差异来感知深度的。做一个简单的实验，将手指垂直放在眼睛前面，然后交替闭上每只眼睛，你会注意到手指相对于场景的背景在左右跳跃。在简单的成像配置下，水平运动或视差的量与观察者的距离成反比。虽然在物理和几何学上将视觉差异与场景结构相关是很好理解的，但通过建立密集和准确的图像间对应关系来自动测量这种差异是一项具有挑战性的任务。

最早的立体匹配算法是在摄影测量领域开发的，用于从重叠的航拍图像中自动构建地形高程图。全自动立体匹配算法的开发是该领域的一项重大进步，使航空图像处理速度更快、成本更低。在计算机视觉中，立体匹配一直是研究最广泛的基本问题之一。立体匹配被认为是运动估计的一个特例，其中摄像机位置是已知的。这种额外的信息使立体算法能够在更小的对应空间中进行搜索，并且在许多情况下，生成可以转换为可见表面模型的密集深度估计。它的应用包括人类视觉系统建模、机器人导航和操作、视图插值和基于图像的渲染、三维模型构建以及实景模拟图像混合等。

（十）三维重建

上述的立体匹配技术只是用来推断物体形状的众多线索之一。除此之外，物体表面的阴影可以提供大量关于局部表面方向和整体表面形状的信息。当可以单独打开和关闭来自不同方向的灯光时，这种方法变得更加强大。纹理渐变，即当表面倾斜或弯曲远离相机时，规则图案的透视缩短，可以在局部表面方向上提供类似的线索。焦点则是场景深度的另一个强大线索，尤其是在使用具有不同焦点设置的两个或多个图像时。也可以使用主动照明技术来估计三维形状，例如光条或飞行时间测距仪。然后将使用此类技术获得的部分表面模型合并为更连贯的三维表面模型。此类技术已被用于构建诸如历史遗迹等非常详细和准确的文化遗产模型。如果我们对正在尝试重建的对象有所了解，三维建模会更加高效和有效。形状和外观建模的最后阶段是提取一些纹理以绘制到我们的三维模型上。

三维建模技术包括经典的 shape-from-X 技术，如阴影、纹理、焦点以及平滑遮挡轮廓形状。所有这些被动计算机视觉技术的替代方法是使用主动测距，即将图案光线投射到场景上并通过三角测量恢复三维几何形状。处理这些三维表示通常涉及插值或几何形状的简化，或使用替代表示，如表面点集。从一个或多个图像到部分或完整三维模型的技术集合通常称为基于图像的建模或三维摄影。

（十一）基于图像的渲染

在基于图像的渲染中，三维重建技术与计算机图形渲染技术相结合，使用场景的多个视图来创建交互式逼真的体验，如在线地图系统中的沉浸式街道导航等。过去的几十年中，出现了大量基于图像的渲染技术。简单的方法有视图插值、分层深度图像、精灵与层；更为一般的框架有光场与照度图和环境遮罩等高阶场。这些技术的应用包括使用照片旅游导航的三维照片合集，以及将三维模型视为对象电影。

视图插值使用一个或多个预先计算的深度图在一对参考图像之间创建无缝过渡。与此密切关联的是视图相关的纹理贴图，它在三维模型的表面上混合了多个纹理贴图。在视图插值中用于彩色图像和三维几何的表示包含了许多巧妙的变体，如分层深度图像和具有深度的精灵。使用光场与照度图场景外观的四维表示，可用于从任意视点渲染场景。这些表示的变体包括非结构化照度图、表面光场、同心马赛克和环境遮罩。

基于视频的渲染是基于图像的渲染在时间方面的扩展，包括基于视频的动画、周期性视频转换为视频纹理以及由多个视频流构建的三维视频。这些技术的应用包括视频去噪、变形和 360° 视频游览。

（十二）识别技术

在所有的计算机视觉任务中，分析场景和识别所有组成对象仍然是最具挑战性的。虽然计算机擅长从不同视角拍摄的图像中准确地重建场景的三维形状，但它无法叫出图片中出现的所有物体和动物的名字。为什么识别这么难？因为现实世界是由一堆杂乱无章的物体组成的，它们相互遮挡并以不同的姿势出现。此外，由于复杂的场景和形状外观的变化，使我们不可能简单地对一个数据库进行详尽的匹配。

当然，复杂的识别问题可以进行简化。例如，如果我们知道在寻找什么，那么问题就变成了目标检测，它涉及快速扫描图像以确定可能发生匹配的位置。如果我们尝试识别一个特定的刚性目标，我们可以搜索特征点，并验证它们是否以合理的方式对齐。最具挑战性的识别问题是类别检测，它可能涉及识别不同类别的实例，如动物或家具。一些技术纯粹依赖于特征的存在和它们的相对位置，而其他技术则涉及将图像分割成语义上有意义的区域。在大多数情况下，识别问题的方式在很大程度上取决于周围物体和场景元素。在平时的生活场景中，一些常用的识别技术如人脸识别、目标检测、实例识别、位置检测、类别检测等。

二、计算机视觉的主要技术规范

计算机视觉中的各大任务均有各自的特点和相应的技术要求标准。下面通过一个软件与硬件兼具的初级案例——人脸识别技术，来介绍计算机视觉的主要技术规范。计算机视觉领域更多任务的技术规范将在中高级教材中阐述。

人脸识别是基于人的脸部特征信息进行身份识别的一种生物识别技术，它用摄像机或摄像头采集含有人脸的图像或视频流，并自动在图像中检测和跟踪人脸，也叫人像识别或面部识别。人脸识别技术广泛应用于金融、安防反恐、教育、社交娱乐、设备、门禁、交通、智能商业等领域。下面分别阐述人脸识别门禁系统软件、硬件和安全的主要技术规范。

（一）软件技术规范要求

在软件方面，人脸识别的模块主要包括四个部分：图像采集及检测、图像预处理、图像特征提取、图像匹配与识别。

1. 图像采集及检测

对于人脸图像采集，一般通过摄像镜头采集静态图像或动态图像，要求不同的位置、不同表情等方面都可以得到很好的采集。当用户在采集设备的拍摄范围内时，采集设备将自动搜索并拍摄用户的人脸图像。对于采集到的人脸图像有如下技术规范的要求（见表2-1）。

表 2-1　　　　　　　　　　一个人脸相片的技术规范示例

指标名称	技术规范
格式	支持 JPEG、BMP、TIF、JPEG2000 等主流格式
像素支持	人像相片正面两眼瞳孔距离最低可支持到 30 像素
相片大小	原则上小于 10 MiB，但不能影响建模和识别的正常进行
人种支持	支持各种人种
多人像支持	支持自动区分识别多人像相片
角度偏转	支持一定角度的相片，至少能够支持轴向偏转 30° 的人像识别
光向	支持多光照相片，在逆光、背光、偏照光等情况下，能够较好识别
遮挡	除眼部外，部分人脸在遮挡时，能够较好识别

对于人脸检测，它在实际中主要用于人脸识别的预处理，即在图像中准确标定出人脸的位置和大小。人脸图像中包含的模式特征十分丰富，如直方图特征、颜色特征、模板特征、结构特征、哈尔（Haar）特征等。人脸检测的实现要求把这些有用的信息提取出来，并充分利用这些特征。

主流的人脸检测方法基于如上特征，再采用机器学习中的分类算法，如 Adaboost。Adaboost 算法挑选出一些最能代表人脸的矩形特征，按照加权投票的方式把一些弱分类器组合在一起，构造出一个强分类器，再将训练得到的若干强分类器串联组成一个级联结构的层叠分类器，有效地提高分类器的检测速度。

在实际的实践环节，若采用离线人脸检测，可以使用 OpenCV 库。OpenCV 库中有 3 种人脸识别方法，分别基于三个不同算法，分别为 Eigenfaces、Fisherfaces 和 Local Binary Pattern Histogram。它们均包含相似的一个过程，即先训练数据集，分析图像或视频中的人脸，再从两个方面确定是否识别到对应的目标，以及识别到目标的置信度。在实际中通过阈值进行筛选，置信度高于阈值的人脸将被丢弃。对于在线人脸识别，它的识别步骤需要依赖其他企业提供的 API 来实现人脸图像的采集、检测和更新人脸库等功能。

2. 图像预处理

人脸图像的预处理是基于人脸检测的结果，并最终服务于特征提取过程。系统获取的原始图像由于受到各种条件的限制和随机干扰，往往不能直接使用，因此，需要在图像处理的早期阶段对它进行灰度校正、噪声过滤等预处理工作。人脸图像的预处理步骤主要包括：人脸图像的光线补偿、灰度变换、直方图均衡化、归一化、几何校正、滤波以及锐化等。

3. 图像特征提取

人脸特征通常分为视觉特征、像素统计特征、人脸图像变换系数特征、人脸图像代数特征等。人脸特征提取（也称人脸表征），它是对人脸图像进行特征建模的过程。人脸特征提取的方法归纳起来分为两大类：一种是基于知识的特征提取方法；另一种是基于代数特征或统计学习的特征提取方法。基于知识的特征提取方法主要根据人脸器官的形状描述以及它们之间的距离特性来获得有助于人脸图像分类的特征数据，其特征分量通常包括特征点间的欧几里得距离、曲率和角度等。人脸由眼睛、鼻子、嘴、下巴等局部构成，对这些局部和它们之间结构关系的几何描述，可作为识别人脸的重要特征，这些特征通称为几何特征。基于知识的人脸特征提取方法主要包括基于几何特征的方法和模板匹配法。

4. 图像匹配与识别

对提取的人脸图像的特征数据与数据库中存储的特征模板进行搜索匹配，通过设定一个阈值，当相似度超过这一阈值，则把匹配得到的结果输出。人脸匹配与识别就是将待识别的人脸特征与已得到的人脸特征模板进行比较，根据相似程度对人脸的身份信息进行判断。这个过程中的主要技术指标描述见表2-2。

表2-2　　　　　　　　一个人脸识别系统的技术规范示例

指标名称	技术规范
误识率	将其他人误作指定人员的概率，光线满足识别要求的情况下，小于0.001%
拒识率	将指定人员误作其他人员的概率，光线满足识别要求的情况下，小于1%
识别正确率	正确识别人次与参与识别的注册人员总人次之比
识别速度	识别一幅人脸图像的时间、识别一个人的时间，光线满足识别要求的情况下，小于或等于2 s
注册速度	注册一个人所需的时间

续表

指标名称	技术规范
1∶N 比对	在 3~5 s 内返回结果的情况下,能够支撑 10~20 个并发任务
首选识别率	大于 80%
前 100 选识别率	大于 90%
建模时间	2 000 万模板建模时间不超过 20 d
健壮性	系统要求 7×24 h 运行,每年因故障停止时间累计不超过 1 h,故障次数不超过 10 次

上述给出的指标可根据企业自身的情况而有所不同,此处给出了一个简单的示例性指标值。在人脸识别的图像比对过程中,会出现如下四种模式:

(1)识别模式:业务系统向人像比对平台提交查询图像后,平台负责从目标特征库返回一组最相像的识别结果,供用户确认。

(2)报警模式:业务系统向人像比对平台提交查询图像后,平台首先确认目标库中是否已有和提交图像身份相同或相似度超过一定阈值的其他图像,如果有则报警并输出报警结果供用户确认。

(3)实时比对模式(单张或小批量比对):客户端调用比对接口,输入待比对相片后,比对完成后马上返回比对结果。

(4)任务比对模式(多张或大批量比对):客户端调用比对接口,把待比对相片放入待比对队列,由系统自动进行比对调度,比对完成后把比对结果保存到比对结果列表,用户再自行查看比对结果。

(二)硬件技术规范要求

在硬件方面,人脸识别门禁系统的硬件设备也有诸多技术规范的要求。在硬件设备支撑系统方面,对于离线和在线人脸识别分别有不同的规范。

1. 硬件设备支撑环境

(1)系统主机推荐配置。对于离线人脸识别,部署本产品无须特殊的性能要求,只需要一台带有外接摄像头的一般台式机或笔记本电脑即可;对于在线人脸识别,无特殊的系统主机推荐配置,服务器端配置在一般台式机或笔记本电脑即可,客户端可以用手机或者台式机访问。

（2）存储系统推荐配置。对于离线人脸识别，部署本产品以及运营所必要的存储空间无特殊要求，例如，只需要能保存下公司内部所有员工的人脸数据即可；对于在线人脸识别，也无特殊的存储空间要求，因为人脸数据需要存储到在线人脸库中，因此需要注意线上空间的大小。

（3）网络部署规范。对于离线人脸识别，因为是离线系统，所以不需要单独设置网络条件，只要能在单独的机器上运行即可；对于在线人脸识别，需要开通第三方API的访问权限，只需一般的网络访问环境即可，如手机端用户需要支持HTTP协议，其他无特殊要求。

以上是硬件支撑环境的一般规范，对于具体设备的硬件要求，表2-3给出了一个壁挂式人脸识别门禁系统设备硬件的案例。

表2-3　　　　　　　一个壁挂式人脸识别门禁系统设备硬件示例

设备	壁挂式人脸识别门禁系统
摄像头	双摄像头
容量	支持1 000以上用户数，3万张以上照片
验证模块	人脸识别、IC/ID卡等方式
人机交互界面	3.5 in（88.9 mm）TFT彩屏，65 000色高彩，320×240像素值
机体	壁挂式安装，0～45℃温度下正常工作
电源	DC 12 V，500 mA
门禁读卡器	支持Wiegand26/34输出，便于接入门禁控制器

2. 门禁设备的技术规范

作为硬件设备，门禁控制器应能识别门开、门关、虚锁等门状态，具备独立的时钟管理功能和动作事件语音提示功能。具体而言，可以设置如下一些硬件方面的技术规范标准：

在本地鉴权要求方面，提供白名单的工作方式，即根据主机内储存的已授权用户信息进行鉴权开门，同时支持特权用户、普通用户、临时用户，支持时段设置、节假日设置，时段不少于6个。

在主机内储存信息要求方面,人脸识别用户不少于1 000个,卡用户不少于5 000个,门禁事件记录不少于10 000条,门禁告警记录不少于1 000条。对各种报警记录,进门、出门记录,钥匙合法进门、出门按钮开门事件均能进行存储,存储记录应不少于10 000条。具备数据断电保护机制,若门禁控制器断电后,存储数据不丢失,恢复通电后可正常工作。

在开关量联动功能方面,应支持2路输入4路输出的开关量,便于系统联动输入/输出,如红外探测器输入,告警联动,灯光、视频联动等输出,从而达到与安防、动环及图像系统的联动。人脸识别模块通过验证后,门禁控制器控制门的开启。

具备多种告警功能,如撬门告警、虚锁告警、室内盗情告警、未授权用户尝试开门告警、门开超时告警等。当没有远程开门、钥匙或授权人开门时,门由闭合到开启,应能产生非法进入告警功能。当门开状态超过一定时间(可设置),应能产生门开超时告警。

最后,门禁控制器对工作环境条件也有相应的要求。在室内环境条件下,工作温度应维持在 −20 ~ 40 ℃,相对湿度低于95%;在室外环境条件下,工作温度应维持在 −40 ~ 70 ℃,相对湿度低于95%;当工作电源电压在直流9 ~ 16 V范围内变化时,门禁应正常工作。

(三)安全技术规范要求

在安全方面,无论是离线还是在线人脸识别,在系统的设计、开发、测试和管理阶段,均有非常严格的安全技术规范要求。与人脸识别安全技术规范相关的文件见表2-4。

表2-4　　　　　　　　人脸识别安全技术规范关联文件

GB/T 20271—2006	信息安全技术　信息系统通用安全技术要求
GB/T 20273—2006	信息安全技术　数据库管理系统安全技术要求
GB/T 26238—2010	信息技术　生物特征识别术语
GB/T 29268.1—2012	信息技术　生物特征识别性能测试和报告　第1部分　原则与框架(ISO/IEC 19795-1)
GB/T 38671—2020	信息安全技术　远程人脸识别系统技术要求
GB/T 35678—2017	公共安全　人脸识别应用图像技术要求
GB/T 31488—2015	安全防范视频监控人脸识别系统技术要求

对于数据安全,处理人脸识别数据时应遵循最小必要原则。系统不应收集未授权自然人的人脸图像,同时应具备与其所处理人脸识别数据的数量规模、处理方式等相适应的数据安全防护和个人信息保护能力。

1. 采集规范

采集人脸识别数据时,应向数据主体告知收集规则,包括但不限于收集目的、数据类型和数量、处理方式、存储时间等,并征得数据主体明示同意。用于采集人脸识别数据的设备应遵循相关标准要求。在满足应用场景安全要求的前提下,应仅收集用于生成人脸特征所需的最小数量、最少图像类型的人脸图像。采集得到的人脸识别数据应满足人脸图像和视频的相关质量要求,见表2-5。

表 2-5　　　　　　　　　　　人脸数据质量要求

序号	因素	具体要求
1	图像尺寸	像素值≥640×480
2	人脸大小	人脸区域像素值≥100×100 两眼瞳间距像素值应≥60,宜≥90
3	清晰度	高斯模糊<0.24 运动模糊<0.15 拉普拉斯方差≥500
4	姿态	水平转动角∈[-20°,20°] 俯角<20° 俯角<20° 倾斜角∈[-20°,20°]
5	完整度	几何失真度≤5% 眉毛可见度=100% 眼睛可见度=100% 鼻子可见度=100% 嘴巴可见度=100% 面颊皮肤可见度=100%
6	保真度	无过度化妆
7	光照	光照均匀,对比度适中 无光斑和阴阳脸 整体无过曝和欠曝 灰度级=256

续表

序号	因素	具体要求
8	表情	无过度夸张表情

注1：人脸姿态的定义参考 GB/T 35678—2017 第3.3条
注2：特殊应用，如居民身份证数字相片、护照相片标准参考相关标准和规定
注3：人脸样本整体模糊程度的计算可参考 GB/T 33767.5—2018 第7.47条或《明场显微镜中的硅藻自动聚焦：一项比较研究》(*Diatom autofocusing in brightfield microscopy: a comparative study*)。

2. 存储规范

在未经过授权同意的情况下，不应该存储人脸图像等数据。在授权到期或撤回授权的情况下，应删除人脸数据或进行匿名化处理。应采取安全措施存储和传输人脸识别数据，包括但不限于加密存储和传输人脸识别数据，采用物理或逻辑隔离方式分别存储人脸识别数据和个人身份信息等。

3. 使用规范

应在完成验证或辨识后立即删除人脸图像。应对提取的人脸特征进行加密处理，提升特征的不可逆性，即难以从特征中逆向恢复出人脸图像。

4. 委托、共享、转让、公开披露规范

不应公开披露人脸识别数据，原则上不应共享、转让人脸识别数据。因业务需要，确需共享、转让的，应按照 GB/T 39335—2020《个人信息安全影响评估指南》开展安全评估，并单独告知数据主体共享或转让的目的、接收方身份、接收方数据安全能力、数据类别、可能产生的影响等相关信息，并征得数据主体的书面授权。原则上不应进行委托处理，确需委托处理的，应在委托处理前审核受委托者的数据安全能力，并对委托处理行为开展个人信息安全影响评估。

第二节 计算机视觉算法的训练、推理、部署方法和流程

考核知识点及能力要求:

- 了解计算机视觉的训练、推理、部署方法;
- 了解计算机视觉算法的一般开发流程。

计算机视觉算法的一般开发流程包括定义问题、收集样本、预处理、算法设计、模型训练、模型部署。计算机视觉领域的不同任务具有相似的训练、推理、部署等一般步骤。本小节通过一个初级的计算机视觉案例——人脸识别,来讲解相关算法的开发流程,计算机视觉领域的其他任务以此类推。对于人脸识别这一具体问题,本节分别以 OpenCV 为代表的离线人脸识别和以百度 SDK 为代表的在线人脸识别两个案例,介绍计算机视觉算法的一般开发过程。本小节中的代码编写采用 Python 和相应的第三方库来完成。

在离线人脸识别中,人脸库、人脸库管理、模型训练、人脸检测等所有的操作都在本地机器上运行,不需要联网。对于在线人脸识别,人脸库不在本地机器上,而是在 SDK 出品公司的服务器上。人脸库的管理以及人脸检测等功能已经由 SDK 出品公司封装成方法,在本地机器上调用远程 API,通过 HTTP 请求调用相应的功能,再经过云端的一系列操作之后,结果被返回给本地机器。因为识别模型由 SDK 出品公司提供,所以在线人脸识别要求联网操作。

一、离线人脸识别案例

离线人脸识别有如下几个功能模块：采集人脸图像、训练数据模型、人脸检测、人脸识别。其中，训练模型、人脸检测与人脸识别功能可以使用OpenCV的人脸识别模块实现。离线人脸识别的系统流程图如图2-3所示。

离线人脸识别采用了级联分类器CascadeClassifier。它既可以是Haar特征，也可以是LBP特征的分类器，可以加载OpenCV所提供的库当中的.xml文件。在使用级联分类器进行人脸检测时，需要调用detectMultiScale方法，其中的参数为：

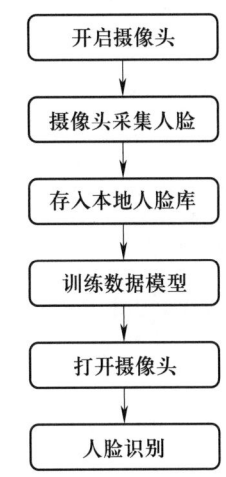

图2-3 离线人脸识别的系统流程图

img：传入图像；

object：被检测的物体的矩形框向量组；

scaleFactor：表示前后两次相继的扫描中，搜索窗口的比例系数，默认为1.1，即每次搜索窗口扩大10%；

mihNeighbors：表示构成检测目标的相邻矩形的最小个数（默认为3个）；

Flag：要么使用默认值，要么使用CV_HAAR_DO_CANNY_PRUNING，如果设置为CV_HAAR_DO_CANNY_PRUNING，那么函数会使用Canny边缘检测来排除边缘过多或者过少的区域，这些通常不会是人脸所在区域；

minSize和maxSize：用来限制得到的目标区域的范围。

其输出为一个vector矩阵，保存人脸的坐标和大小，需要注意的是，传入的图像必须为灰度图像，因为级联分类器检测需要接收灰度图像。

人脸识别系统通过采集人脸图像并进行训练，并且基于这些训练的图像对人脸进行动态识别。人脸识别前所需要的人脸库可以通过两种方式获得：自己从视频中采集人脸图像、从人脸数据库中免费获得可用人脸图像，如ORL人脸库（包含40个人每人10张人脸，总共400张人脸），ORL人脸库中的每一张图像大小为92像素×112像素。

采集人脸信息可以通过摄像头获取包含人脸的图像，通过人脸检测框出人脸的区域。例如，可以获取 10 张以上的图像，把大小调整为 92 像素 ×112 像素，保存在一个指定的文件夹中，同时将文件名后缀设置为 .png。采集人脸数据的程序部分见下方代码。

```python
import cv2

import numpy as np

import os

import shutil


def generator(data):
    '''
    打开摄像头，读取帧，检测该帧图像中的人脸，并进行剪切、缩放
    生成图片满足以下格式：
    1.灰度图，后缀为 .png
    2.图像大小相同
    params:
        data: 指定生成的人脸数据的保存路径
    '''
    name = input('my name:')
    # 如果路径存在则删除路径
    path = os.path.join(data, name)
    if os.path.isdir(path):
        shutil.rmtree(path)
    # 创建文件夹
    os.mkdir(path)
    # 创建一个级联分类器
```

```python
face_casecade = cv2.CascadeClassifier('./haarcascade_frontalface_default.xml')
# 打开摄像头
camera = cv2.VideoCapture(0)
cv2.namedWindow('Dynamic')
# 计数
count = 1
while (True):
    # 读取一帧图像
    ret, frame = camera.read()
    if ret:
        # 转换为灰度图
        gray_img = cv2.cvtColor(frame, cv2.COLOR_BGR2GRAY)
        # 人脸检测
        face = face_casecade.detectMultiScale(gray_img, 1.3, 5)
        for (x, y, w, h) in face:
            # 在原图上绘制矩形
            cv2.rectangle(frame, (x, y), (x + w, y + h), (0, 0, 255), 2)
            # 调整图像大小
            new_frame = cv2.resize(frame[y:y + h, x:x + w], (92, 112))
            # 保存人脸
            cv2.imwrite('%s/%s.png' % (path, str(count)), new_frame)
            count += 1
        cv2.imshow('Dynamic', frame)
        # 按下 q 键退出
        if cv2.waitKey(100) & 0xff == ord('q'):
            break
```

```
camera.release()
cv2.destroyAllWindows()
```

运行人脸信息之后,会在指定的 data 路径下创建一个以输入的人名命名的文件夹,用于存放采集到的图像。

接下来,模型的训练、人脸检测与人脸识别采用 OpenCV 的人脸识别模块实现。OpenCV 有三种人脸识别方法,分别基于三个不同的算法:Eigenfaces、Fisherfaces 和 Local Binary Pattern Histogram。这些方法均遵循类似的训练和推理过程,即先对数据集进行训练,对图像或视频中的人脸进行分析,再从两个方面确定是否识别到对应的目标,以及识别到的目标的置信度。在实际中通过阈值进行筛选,置信度高于阈值的人脸将被丢弃。例如,特征脸 Eigenfaces 算法本质上就是 PCA 降维。它的基本思路是先把图像灰度化,转化为单通道,再将"首尾"相接转换为"1 维向量",假设图像的大小是 20 像素 ×20 像素的,那么这个向量就是 400 维,但是维度太高算法复杂度也会升高,所以需要降维,再使用简单排序即可。

载入图像,读取 ORL 人脸数据库,准备训练数据的程序如下方代码所示。

```
def LoadImages(data):
    '''
    加载图片数据用于训练
    params:
        data: 训练数据所在的目录,要求图片尺寸一样
    ret:
        images:[m,height,width] m 为样本数,height 为高,width 为宽
        names: 名字的集合
        labels:标签
    '''
    images = []
```

```python
names = []
labels = []
label = 0
# 遍历所有文件夹
for subdir in os.listdir(data):
    subpath = os.path.join(data, subdir)
    # 判断文件夹是否存在
    if os.path.isdir(subpath):
        # 在每一个文件夹中存放着一个人的许多照片
        names.append(subdir)
        # 遍历文件夹中的图片文件
        for filename in os.listdir(subpath):
            imgpath = os.path.join(subpath, filename)
            img = cv2.imread(imgpath, cv2.IMREAD_COLOR)
            gray_img = cv2.cvtColor(img, cv2.COLOR_BGR2GRAY)
            # cv2.imshow('1',img)
            # cv2.waitKey(0)
            images.append(gray_img)
            labels.append(label)
        label += 1
images = np.asarray(images)
# names=np.asarray(names)
labels = np.asarray(labels)
return images, labels, names
```

训练、推理和检验训练结果的程序如下方代码所示。

```python
def FaceRec(data):
    # 加载训练的数据
    X, y, names = LoadImages(data)
    model = cv2.face.EigenFaceRecognizer_create()
    model.train(X, y)
    # 打开摄像头
    camera = cv2.VideoCapture(0)
    cv2.namedWindow('Dynamic')
    # 创建级联分类器
    face_casecade = cv2.CascadeClassifier('./haarcascade_frontalface_default.xml')
    while (True):
        # 读取一帧图像
        # ret: 图像是否读取成功
        # frame：该帧图像
        ret, frame = camera.read()
        if ret:
            # 转换为灰度图
            gray_img = cv2.cvtColor(frame, cv2.COLOR_BGR2GRAY)
            # 利用级联分类器鉴别人脸
            faces = face_casecade.detectMultiScale(gray_img, 1.3, 5)
            # 遍历每一帧图像，画出矩形
            for (x, y, w, h) in faces:
                frame = cv2.rectangle(frame, (x, y), (x + w, y + h), (255, 0, 0), 2)
                roi_gray = gray_img[y:y + h, x:x + w]
                try:
                    # 将图像转换为宽92高112的图像
```

```
                        roi_gray = cv2.resize(roi_gray, (92, 112), interpolation=cv2.
INTER_LINEAR)
                        params = model.predict(roi_gray)
                        print('Label:%s,confidence:%.2f' % (params[0], params[1]))
                        # putText: 给照片添加文字
                        cv2.putText(frame, names[params[0]], (x, y - 20), cv2.FONT_
HERSHEY_SIMPLEX, 1, 255, 2)
                    except:
                        continue
            cv2.imshow('Dynamic', frame)
            # 按下 q 键退出
            if cv2.waitKey(100) & 0xff == ord('q'):
                break
    camera.release()
    cv2.destroyAllWindows()
```

离线人脸识别的数据采集、训练和推理的开发流程基本如上述讲解和关键代码所呈现，它具有如下一些优点：不需要强制联网、识别速度较快（比起在线识别）、人脸库管理较为方便、可以实时识别每一帧画面内的人脸、没有 API 使用频率限制、人脸库中的图片格式几乎不受限制，可以使用任意 opencv 支持的格式。但是，它的缺点也很明显，每一台进行识别的机器上都需要存储人脸库的数据，占用很大的空间。识别准确率比专业的一些在线识别要低，如果遮住半边脸就无法较好地识别。

二、在线人脸识别案例

在本案例中，在线人脸识别采用百度智能云应用来实现。若要使用百度 SDK，首先要申请一个百度智能云账号，并在个人信息页面创建一个人脸识别的应用程序。之后官方会创建一个专门提供该程序使用的人脸库，并且还会提供 AppID、APIKey 和 SecretKey，后面调用 API 时会用到这三样东西。

要调用相应功能的 API 需要先创建一个 AipFace 对象，使用该对象来调用相应的功能。创建对象时要用到上述的三个 Key。创建调用对象的程序如下方代码所示：

```python
from aip import AipFace
import time
import base64
import tkinter.messagebox as tm
import cv2
import matplotlib.pyplot as plt
import numpy as np

def face_client():
    """
    APP_ID API_KEY SECRET_KEY
    """
    APP_ID = 'your_app_id'
    API_KEY = 'your_api_key'
    SECRET_KEY = 'your_secret_key'
    faceClient = AipFace(APP_ID, API_KEY, SECRET_KEY)
    return faceClient
```

AipFace 这个类中存储了许多 URL，它通过这些 URL 向云端请求调用相应的方法，再返回结果。因此，用这个对象调用 API 简化了调用方式，不需要使用者去找相对应的 URL。

对于数据准备，需将本地的人脸库上传到在线人脸库。百度的在线人脸库支持手动上传和调用 API 实现上传和更新人脸库。人脸注册用到官方 API 的 add_client.addUser 方法，如下方代码所示。

```python
def addUser(self, image, image_type, group_id, user_id, options=None):
    """
```

```
人脸注册
"""
options = options or {}
data = {}
data['image'] = image
data['image_type'] = image_type
data['group_id'] = group_id
data['user_id'] = user_id
data.update(options)
return self._request(self.__userAddUrl, json.dumps(data, ensure_ascii=False), {
    'Content-Type': 'application/json',
})
```

方法的参数信息与返回值信息由官方文档提供，如图 2-4 和图 2-5 所示。

参数名称	是否必选	类型	默认值	说明
image	是	string		图片信息(总数据大小应小于10M)，图片上传方式根据image_type来判断。注：组内每个uid下的人脸图片数目上限为20张
image_type	是	string		图片类型 BASE64:图片的base64值，base64编码后的图片数据，编码后的图片大小不超过2M；URL:图片的URL地址(可能由于网络等原因导致下载图片时间过长)；FACE_TOKEN: 人脸图片的唯一标识，调用人脸检测接口时，会为每个人脸图片赋予一个唯一的FACE_TOKEN，同一张图片多次检测得到的FACE_TOKEN是同一个
group_id	是	string		用户组id（由数字、字母、下划线组成），长度限制128B
user_id	是	string		用户id（由数字、字母、下划线组成），长度限制128B
user_info	否	string		用户资料，长度限制256B
quality_control	否	string	NONE	图片质量控制 NONE: 不进行控制 LOW:较低的质量要求 NORMAL: 一般的质量要求 HIGH: 较高的质量要求 默认 NONE
liveness_control	否	string	NONE	活体检测控制 NONE: 不进行控制 LOW:较低的活体要求(高通过率 低攻击拒绝率) NORMAL: 一般的活体要求(平衡的攻击拒绝率、通过率) HIGH: 较高的活体要求(高攻击拒绝率 低通过率) 默认NONE
action_type	否	string	APPEND	操作方式 APPEND: 当user_id在库中已经存在时，对此user_id重复注册时，新注册的图片默认会追加到该user_id下,REPLACE: 当对此user_id重复注册时，则会用新图替换库中该user_id下所有图片,默认使用APPEND

图 2-4 add_client.addUser 方法的参数信息

字段	必选	类型	说明
log_id	是	uint64	请求标识码，随机数，唯一
face_token	是	string	人脸图片的唯一标识
location	是	array	人脸在图片中的位置
+left	是	double	人脸区域离左边界的距离
+top	是	double	人脸区域离上边界的距离
+width	是	double	人脸区域的宽度
+height	是	double	人脸区域的高度
+rotation	是	int64	人脸框相对于竖直方向的顺时针旋转角度，[-180,180]

图 2-5 add_client.addUser 方法的返回值信息

调用 API 实现人脸库上传的功能如下方代码所示。这段程序里每上传两张照片后要让程序暂停一秒，之后再继续上传，这是因为上传人脸的 API 有 QPS 限制，调用频率最高只能每秒调用 2 次（2QPS），否则会上传失败。

```python
def add_face(add_client):
    count = 0
    for i in range(1, 41):
        for j in range(1, 11):
            path = "att_faces/s" + str(i) + "/" + str(j) + ".jpg"
            add_face_image = str(base64.b64encode(open(path, 'rb').read()), 'utf-8')
            add_face_imageType = "BASE64"
            add_face_groupId = "UserGroup1"
            add_face_userId = "user" + str(i)
            print(add_client.addUser(
                add_face_image, add_face_imageType,
                add_face_groupId, add_face_userId))
            count += 1
```

```
            if count == 2:
                count = 0
            time.sleep(1.1)
    print(" 上传完成 " + str(i))
```

使用摄像头进行人脸识别的程序见下方代码。

```
tm.showinfo(" 提示 ", " 打开摄像头后，点击 A 键开始识别,\n 点击 Q 键退出程序 ")
while cap.isOpened():  # isOpened() 检测摄像头是否处于打开状态
    ret, frame = cap.read()  # 把摄像头获取的图像信息保存之 img 变量
    if ret:    # 如果摄像头读取图像成功
        grey = cv2.cvtColor(frame, cv2.COLOR_BGR2GRAY)
        faceRects = classifier.detectMultiScale(grey, scaleFactor=1.2, minNeighbors=3, minSize=(32, 32))
        x, y, w, h = 0, 0, 0, 0
        for faceRect in faceRects:
            x, y, w, h = faceRect
        cv2.rectangle(frame, (x - 10, y - 10), (x + w + 10, y + h + 10), color, 2)
        cv2.imshow('Image', frame)
        k = cv2.waitKey(100)
        if k == ord('q') or k == ord('Q'):
            break
        if k == ord('a') or k == ord('A'):
            print(" 获取图片 ")
            cv2.imwrite('test.jpg', frame)
            time.sleep(0.5)
            image = str(base64.b64encode(open('test.jpg', 'rb').read()), 'utf-8')
```

```
                imageType = "BASE64"
                groupIdList = "UserGroup1"
                res = client.search(image, imageType, groupIdList)
                if res["result"]["user_list"][0]["score"] >= 80:
                    print(len(res["result"]["user_list"]))
                    tm.showinfo(" 结果 "," 有匹配者 ,Id 为 " + res["result"]["user_list"][0]["user_id"])
                    showImg = plt.imread(data_base_path + str(res["result"]["user_list"][0]["user_id"].split("user")[1]) +
                                         "/1.jpg")
                    plt.imshow(showImg)
                    plt.show()
                else:
                    tm.showerror(" 结果 "," 未找到匹配者 ")
                    if tm.askyesno(" 提示 "," 是否将当前人脸加入人脸库？ "):
                        client.addUser(
                            image, imageType, groupIdList,
                            "user" + str(1 + len(client.getGroupUsers("UserGroup1")["result"]["user_id_list"])))
                break
        cap.release()  # 关闭摄像头
```

首先打开摄像头显示每帧画面。当用户点击 A 键时，先保存当前帧的画面到本地，之后调用官方 API 的 client.search 方法进行人脸搜索，见下方代码所示。

```
def search(self, image, image_type, group_id_list, options=None):
    """
        人脸搜索
```

```
"""
options = options or {}
data = {}
data['image'] = image
data['image_type'] = image_type
data['group_id_list'] = group_id_list
data.update(options)
return self._request(self.__searchUrl, json.dumps(data, ensure_ascii=False), {
    'Content-Type': 'application/json',
})
```

这个方法的参数设置由官方文档给出，如图 2-6 和图 2-7 所示。

参数名称	是否必选	类型	默认值	说明
image	是	string		图片信息(总数据大小应小于10M)，图片上传方式根据image_type来判断
image_type	是	string		图片类型 BASE64:图片的base64值，base64编码后的图片数据，编码后的图片大小不超过2M；URL:图片的URL地址(可能由于网络等原因导致下载图片时间过长)；FACE_TOKEN: 人脸图片的唯一标识，调用人脸检测接口时，会为每个人脸图片赋予一个唯一的FACE_TOKEN，同一张图片多次检测得到的FACE_TOKEN是同一个
group_id_list	是	string		从指定的group中进行查找 用逗号分隔，上限20个
max_face_num	否	string		最多处理人脸的数目 默认值为1(仅检测图片中面积最大的那个人脸) 最大值10
match_threshold	否	string		匹配阈值（设置阈值后，score低于此阈值的用户信息将不会返回）最大100，最小0，默认80 此阈值设置得越高，检索速度将会越快，推荐使用默认阈值80
quality_control	否	string	NONE	图片质量控制 NONE: 不进行控制 LOW:较低的质量要求 NORMAL: 一般的质量要求 HIGH: 较高的质量要求 默认 NONE
liveness_control	否	string	NONE	活体检测控制 NONE: 不进行控制 LOW:较低的活体要求(高通过率 低攻击拒绝率) NORMAL: 一般的活体要求(平衡的攻击拒绝率，通过率) HIGH: 较高的活体要求(高攻击拒绝率 低通过率) 默认NONE
user_id	否	string		当需要对特定用户进行比对时，指定user_id进行比对。即人脸认证功能
max_user_num	否	string		查找后返回的用户数量。返回相似度最高的几个用户，默认为1，最多返回50个

图 2-6　client.search 方法的参数信息

字段	必选	类型	说明
face_token	是	string	人脸标志
user_list	是	array	匹配的用户信息列表
+group_id	是	string	用户所属的group_id
+user_id	是	string	用户的user_id
+user_info	是	string	注册用户时携带的user_info
+score	是	float	用户的匹配得分

图 2-7　client.search 方法的返回值信息

当返回值的用户匹配得分大于或等于 80 时，则可以判定返回的人脸信息就是所识别的人脸信息，弹窗给出身份信息；当返回值的用户匹配得分小于 80 时，则可以判定返回的人脸信息不是所识别的人脸信息，弹窗询问用户是否将当前所识别的人脸加入到在线人脸库中。如果用户选择"是"则调用注册人脸的方法注册当前人脸，用户选择"否"则直接退出。

在线人脸识别的使用简单方便，所有的功能 API 已由 SDK 出品方封装提供，因此只需要调用即可，不需要自己实现。它的中文文档描述得非常全面，学习方便。使用在线人脸库只要将人脸上传到人脸库，就可以在任何机器上使用，方便同步数据，节省机器的存储空间。此外，它的识别的准确率比 opencv 的离线识别要高。然而，在线人脸识别必须在接入互联网的情况下使用，免费用户的 API 有调用 QPS 以及调用量限制。手动上传到人脸库的图片的格式有一些限制，只支持 PNG、JPG、JPEG 以及 BMP 格式的图片，且必须小于 5 MiB。而用 API 上传时需要把图片转换为 Base64 格式。

第三节　计算机视觉场景需求设计分析和需求文档的撰写规范

考核知识点及能力要求：
- 了解计算机视觉场景的需求设计分析方法；
- 了解计算机视觉场景的需求文档撰写规范。

需求分析是指应用系统开发人员通过详细调研，充分理解用户要求和系统功能之后，将概念上的需求转变为完整的形式化定义，从而确定应用系统必须做什么的过程。需求分析在结束之后要形成清晰和规范的文档。计算机视觉产品的应用场景按照行业应用角度可以分为安防应用、金融应用、工业检测、医疗健康、交通应用、智慧城市等多个方面。下面通过一个计算机视觉场景的实际案例——智慧楼宇办公，详细介绍计算机视觉场景的需求分析和需求文档的撰写规范。计算机视觉的其他应用场景均可采用相同的模板撰写需求文档，仅需要依据各自的任务更改相应的内容。

一、计算机视觉场景的需求分析

对于现代安防应用而言，它的要求包括出入口控制、告警、区域防范等诸多要求。本小节使用了安防应用领域中的智慧楼宇办公的案例来讲解。智慧楼宇以人工智能为中心，整合最前沿的图像算法技术和相关软硬件，为办公楼宇场景提供对应智慧解决方案，帮助物业管理楼宇和降本增收，为楼宇带来更佳的客户体验。通过分析楼宇办公领域对于智能化的改造要求，得出其应满足的功能需求如下。

（一）刷脸通行

楼宇内员工通过人脸识别技术，实现楼宇内全场景的"一脸通"，解放用户的双手，提高通行效率。通过人脸识别技术，实现刷脸过闸、刷脸控梯、刷脸开门、刷脸访客、刷脸考勤等应用场景，在给用户提供高质量通行体验的同时，实现企业对员工的精细化管理。

（二）共享办公

共享办公指的是通过人脸识别技术，员工可以体验刷脸共享打印，刷脸会议签到，刷脸存取货物等共享办公的场景，在享受快捷办公体验的同时，提高设备和场所的利用效率，实现企业的成本降低和效率增加。

（三）安全无忧

通过安防布控技术，实现对目标人群的无感监控和智能预警，给传统的安防摄像头赋能，让系统具备主动感知威胁和违规、主动告知管理人员、主动出具告警记录历史统计。

（四）智慧迎宾

通过互动娱乐方式，抓取人员结构化数据（性别、年龄等），为用户提供产品的精准广告推荐。通过人脸识别设备与大屏不动的形式，为来宾提供极具科技感的欢迎体验。

二、需求分析文档的撰写规范

需求分析文档的撰写采用结构化和自然语言编写文本型文档，运用图形化模型描绘业务流程、数据流程以及系统逻辑关系，最终编写形式化的规格说明。这个过程可以通过使用数学上精确的形式化逻辑语言来定义需求，也可以在同一个文档中采用多种编写方法，根据需要选择，互为补充，以能够把需求说清楚为目的。对于计算机视觉场景而言，需求分析文档没有统一的撰写标准，各大企业通常制定一套独自的需求文档规范。下面针对智慧楼宇办公领域的一个案例，给出一种需求分析文档的撰写方式。该项目名称为"××人脸识别智慧办公项目",涉及全国30个城市,上线时间为2018年。需求分析文档的内容分为引言、项目概述、具体任务需求三个部分。

(一)项目引言

1. 编写目的

本项目的终极目标是开发一套基于人脸识别的智慧办公系统和配套的硬件设备,达到在日常企业管理中可以提高员工和管理者办公效率的目的。

2. 背景

随着智能时代的到来,我国在智能办公等各个领域都得到迅猛发展。由于新时代的要求,在大城市楼宇办公的企业员工的工作节奏也随之变快,能否借用人工智能技术的发展助力员工的管理,提高整个公司的工作效率是一个非常重要的问题。因此,开发一个楼宇内人脸识别智慧办公系统是非常有必要的。基于人脸识别实现开门与考勤自动结合,让考勤管理更加人性化,有效杜绝代打卡的风险。同时,延伸扩展支持访客预约管理、会议签到管理、陌生人布控管理等,在提高效率的同时,也保障了企业内部的安全。

(二)项目概述

1. 目标

为满足楼宇办公中企业员工管理和访问人员管理的要求,本项目立足计算机视觉中的人脸识别技术,开发出一套借助人脸识别的软件管理系统,同时配置挂式硬件设备,通过设置在关键区域来提高人员办公的工作效率。

2. 产品功能

(1)进出管理;

(2)考勤管理;

(3)会议室管理;

(4)会议签到管理;

(5)陌生人布控。

3. 产品系统流程图

针对人脸识别智慧办公项目的每个子功能模块,均可以绘制出系统数据流程图。

这里仅针对考勤管理模块绘制流程图，如图 2-8 所示。企业每位员工的人脸信息数据已经事先存放在了系统的人像库当中。当有员工出入大门通道时，摄像头设备抓拍采集到的人脸图像被传递到后台人脸数据分析服务器，识别出脸部特征，再同事先存储在数据库中的人脸信息进行匹配。如果比对成功，系统就会及时地将考勤记录更新到考勤数据库当中，完成员工的考勤统计。其他子功能模块的数据流程图也可以用同样的方式绘制。

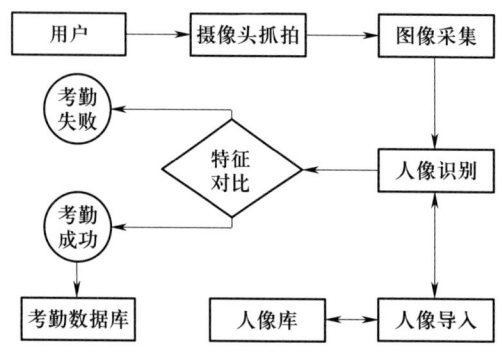

图 2-8　考勤管理数据流程图

4. 用户的特点

本智慧办公的使用者可以是企业内部的员工，也可以是企业外部的访客。对于陌生人员，可以给予一定的信息反馈或警告。

（三）具体任务需求

1. 功能需求

人脸识别智慧办公系统按照功能模块分为进出管理、考勤管理、会议室管理、会议签到管理、陌生人布控 5 个部分，具体信息及功能描述见表 2-6。

表 2-6　　　　　　　　　　智慧办公系统的各功能描述

编号	模块名称	功能描述
1	进出管理	根据来访人员的类别（员工、访客、陌生人），判断是否让当前人员进出公司
2	考勤管理	若来访人员是企业员工，记录员工的考勤信息，如员工上下班的时间

续表

编号	模块名称	功能描述
3	会议室管理	依据识别的人脸图像，匹配员工数据，并将数据实时地呈现在内部网络系统和挂式硬件设备上
4	会议签到管理	通过识别员工的人脸，记录有哪些员工出席，自动管理会议的签到
5	陌生人布控	对于陌生人的访问，及时提示对方问题信息，若出现多次恶意使用，予以适当的警告

2. 性能需求

对于挂式硬件设备，性能需求见表2-7。

表2-7　　　　　　　智慧办公的硬件设备的性能需求

编号	性能	具体要求
1	精度	要求检测和识别精度大于90%
2	时间特性要求	要求时间延迟小于或等于2 s
3	灵活性	要求硬件设备可以及时更新软件系统，针对新的需求不需要额外更换设备

对于人脸识别软件系统，性能需求见表2-8。

表2-8　　　　　智慧办公的人脸识别软件系统的性能需求

编号	性能	具体要求
1	误识率	将其他人误作指定人员的概率小于0.001%
2	拒识率	将指定人员误作其他人员的概率小于1%
3	识别时间	识别一个人的时间小于或等于2 s
4	首选识别率	大于80%
5	前100选识别率	大于90%

3. 可靠性需求

本系统要求 7×24 小时运行,每年因故障停止时间累计不超过 1 小时,故障次数不超过 10 次。

4. 故障处理要求

人脸识别软件系统具有处理错误和异常的能力,基本不会有软件故障,保证软件能够正常地运行。同时,应该记录异常情况下的日志,对数据库进行定期备份,有能够随时恢复某一时间节点状态的功能。

5. 运行环境需求

(1)客户端硬件要求。部署本产品需要一台带有摄像头外接设备的定制终端,该设备能够实时抓取人脸数据,具体参数依据购买的产品型号给出。

(2)服务器硬件需求。部署本产品软件系统的服务器,要求能保存下公司内部所有员工的人脸数据,以及拥有足够的可备份空间。例如,可以专门配备一些备份的计算机,具体的参数标准依据使用方的企业员工规模和设备情况而定。

(3)其他方面的需求。需要连接公司的局域网或者设置无线 Wi-Fi 等。

6. 用户界面需求

设备硬件终端的软件系统以图形界面为主,背景界面采用蓝色,要求具有友好的用户界面。后台服务器端的软件管理系统要求在人机交互上更符合交互的规范,在视觉上给予用户舒适自然的视觉效果。例如,图形图标的含义应简单易懂,减少在使用过程中因界面设计不符合规范而产生不友好的用户体验。

7. 未来可能提出的要求

人脸识别智慧办公系统在使用一段时间后,需要同企业用户详细交谈,依据反馈结果增加、删除和修改相应的功能。

思考题:

1. 请简述计算机视觉技术体系的基本架构,具体包括哪些方面的技术?

2. 结合教材中的案例,从软件、硬件和安全方面分别阐述计算机视觉的主要技术规范。

3. 结合身边的实际案例,说明计算机视觉算法的训练、推理、部署方法和一般流程。

4. 什么是需求分析?计算机视觉场景下的需求设计分析方法与传统的方法有何异同点?

5. 计算机视觉场景需求文档的撰写有哪些规范?请结合具体案例说明。

第三章
计算机视觉产品设计

从技术层面来看，计算机视觉在图像分类、目标检测、语义分割、目标追踪等基本语义感知研究任务上已经取得很好的表现，在真实场景应用中也经受住了考验。随着计算机视觉技术的逐渐成熟，其应用的技术领域不断扩展，技术层面从静态人脸识别和光学字符识别，扩展到人脸识别分析、活体检测、人体识别分析、物体检测识别、行为识别分析、车辆检测、医疗影像诊断、工业检测等诸多技术方向。

- **职业功能：** 人工智能产品设计。
- **工作内容：** 计算机视觉产品设计。
- **专业能力要求：** 能设计基础的应用计算机视觉场景开发主要流程；能使用计算机视觉开发工具完成计算机视觉基础算法的训练、推理、部署完整流程，如目标检测、图像分割等；能使用计算机视觉算法工程化常用的硬件环境、工具链，进行开发、调试和故障排除。
- **相关知识要求：** 计算机视觉场景的主要环节和技术规范；计算机视觉工具的使用方法和算法开发流程；计算机视觉基础算法，深度学习中的目标检测、图像分割、目标追踪等计算机视觉相关算法。

第一节 计算机视觉场景的主要环节和技术规范

考核知识点及能力要求:
- 计算机视觉技术可实现的功能。

计算机视觉技术的应用领域越来越广泛,除安防、智慧城市、金融等领域之外,工业检测、医疗影像等创新领域也正在逐步实现应用,成为计算机视觉技术快速发展的重要支撑。

一、智慧安防

安防行业是利用视频监控、出入口控制、实体防护、违禁品安检、入侵报警等技术手段以及新一代信息技术,防范应对各类风险和挑战,构建立体化社会治安防控体系、维护国家安全及社会稳定的安全保障性行业。

1. 计算机视觉技术赋能安防行业

安防领域是计算机视觉技术的重要应用场景,在以视频监控为主要应用的安防行业,人工智能技术迅速落地,让海量的视频数据发挥了更大的价值,催生出更多更强大的智能产品,为安防行业赋予了前所未有的驱动力。

安防行业受益于计算机视觉技术的成熟发展,传统安防产业在产品、技术与应用等多维度实现了更深层次的进化与变革。在算法与算力的支撑下实现安防的感知、认知与决策的支持，计算机视觉技术赋能的安防行业已经在真实场景中经受住了实战考验并赋予安防行业更多的价值。

计算机视觉技术与安防行业的契合点及价值，如图3-1所示。

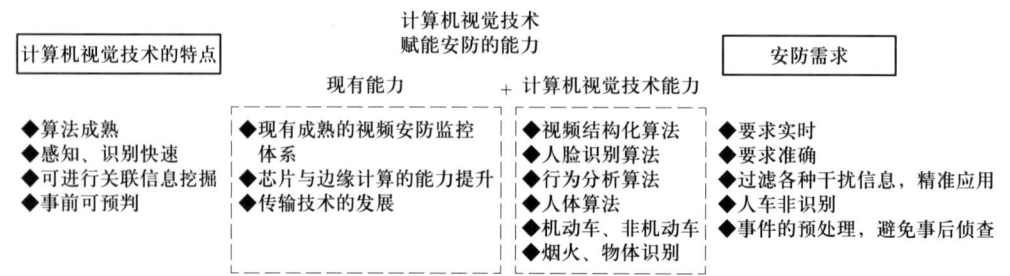

图3-1　计算机视觉技术与安防行业的契合点及价值

计算机视觉赋能的安防场景已广泛应用于生产、生活的各个环节，包括智慧城市、社区、金融、交通、园区楼宇等各个场景。如图3-2所示，其展示了计算机视觉技术在安防领域的具体应用框架。

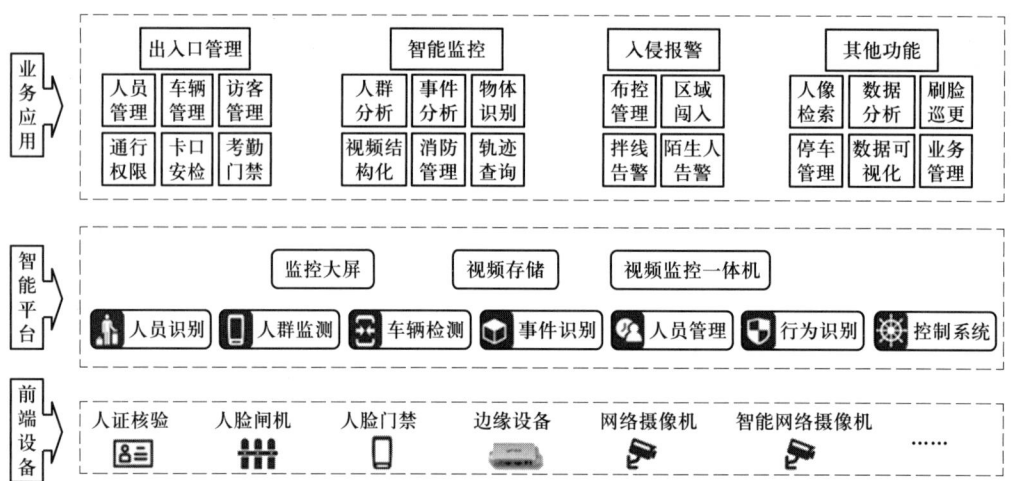

图3-2　计算机视觉技术在安防领域的具体应用框架

框架包含三个主要部分：前端设备、智能平台、业务应用。

①前端设备。前端设备主要功能为视频或图片信息的采集，以及智能硬件和边缘设备对视频和图像的端侧处理的信息上传。②智能平台。采集及处理后的视频、图像、信息上传到智能平台进行视频和图像解析及信息综合管理。③业务应用。根据安防业

务应用场景的需要调用相应的数据和智能平台的解析结果数据。前端设备包含门禁、闸机、网络摄像机等传统安全防范设备，同时还包括智能人脸识别设备和人证核验设备，具备算力的智能边缘设备，集成计算机视觉算法的智能网络相机以及其他控制等设备。

2. 人脸识别设备

人脸识别设备基于人脸识别算法，通过人脸识别比对，对门禁闸机、门禁进行开关控制，同时还可以对通行记录进行管理，具有准确度高、适用性强、安全性高等特点。被广泛应用于安防管理的各种通行场所，如机场、高铁站、校园、社区、楼宇等通行场所。人脸识别技术是基于人的脸部特征信息进行身份识别的生物识别技术，主要涉及4个方面的功能：对获取的原始图片预处理、人脸定位、人脸特征参数提取和人脸数据库比对识别。通过人脸识别技术，越来越多的传统门禁、闸机都已升级并且具备人脸识别管理功能。

3. 人证核验设备

人证核验设备是一款基于计算机视觉技术核验人证一致的智能终端产品。基于深度学习人脸识别算法，可通过活体检测、身份证识别、人脸比对等功能，确保用户身份的真实性。同时部分设备还具备访客身份录入功能，可经过身份确认后，把访客信息录入到赋能平台进行业务处理。

4. 智能边缘设备

智能边缘设备是集成了计算机视觉技术算法和应用的前端设备，可以提供人脸、车辆、非机动车以及事件等的识别和检测，既可以满足小场景的实时应用，也可以满足综合系统的灵活构建。一般智能边缘设备可以对输入的视频或图片进行解析处理。

5. 智能平台

智能平台是集成了多种计算机视觉技术算法和应用的软硬一体设备，是计算机视觉赋能安防行业系统的核心部分。智能平台支持前端设备管理、任务配置管理、用户角色管理、系统设置管理以及系统应用等功能。

平台应用软件包含以下计算机视觉技术算法：人脸识别、人车非结构化、人群分析、车辆检测、事件识别、物体分析、异常行为分析、烟火检测等多种算法（不限于上述所列算法）。通过算法和应用的结合可以实现人、车、非机动车等多种安防相关的应用。

6. 典型应用案例

计算机视觉赋能的安防系统的典型业务应用包括出入口管理、智能监控、入侵告警、其他应用。

（1）出入口管理。出入口分为人行出入口和车行出入口，在出入口控制中主要采用人脸识别和车辆识别技术，即人脸和车辆作为出入口进出的凭证。对于人行出入口，通过人脸识别设备控制门禁和闸机控制人员的进出，有权限的人员通过人脸识别后可以在授权时间出入，无权限的人员则拒绝通行。该系统可以方便被授权人员有序出入，杜绝未被授权人员随意进出，既方便了管理，又增强了安保管理能力和效率，从而为用户提供一个高效和具备经济效益的安全环境。对于车行出入口，通过视频采集车牌和车型进行对照，有权限的车辆可以通行，外部车辆禁止通行，有效实现车量的安全管理。

访客管理是出入口管理的一个重要环节，访客人员通过人证核验身份后，访客管理员可以设置访客的通行权限，包括通行时间、通行地点等，实现访客的安全有效便捷管理。

对于企业、单位的管理还可以通过出入口的人脸识别数据进行考勤管理。

（2）智能监控。智能视觉监控利用计算机视觉技术的数字图像处理、模式识别等相关技术，在不需要人为干预的情况下，通过对摄像机拍录的图像序列进行自动分析，实现对动态场景中目标的定位、识别和跟踪，并在此基础上分析和判断目标的行为，从而做到既能完成日常管理又能在异常情况发生的时候及时做出反应。

智能监控技术通过将场景中背景和目标分离进而分析并追踪在摄像机场景内的目标。用户可以根据算法模型，通过在不同摄像机的场景中预设不同的非法规则，一旦目标在场景中出现了违反预定义规则的行为，系统会自动发出告警信息，监控指挥平台会自动弹出报警信息、发出警示音并触发联动相关的设备，用户可以通过点击报警信息，实现报警的场景重组并采取相关预防措施。其包括人群行为分析、事件分析、物体识别、消防管理、轨迹还原等。

数据是安防行业发展的重要基础，数据分析的核心是对安防数据进行一定的分析处理，获取准确、深度的信息，进而从数据中获得价值。在安防行业，视频数据是其重要组成部分，计算机视觉技术将海量非结构化、半结构化数据转换成大量实时的结构化数据，实现这些数据的智能分类存储、有效地检索处理和回放，并对数据进行深度挖掘分析，最终推进应用层面的输出。

智能监控技术可以大大降低所需的操作人员数目。有了该技术的支持，可以减少监控员盯着监视器什么都不能做的时间，将他们解放出来，把精力集中到存在潜在威胁的时间段，而不是仅仅盯着监视器。

智能监控系统的需求主要来自那些对安全要求敏感的场合，如银行、商店、停车场等。另外，智能监控系统在自动售货机、自动取款机、交通管理、公共场所行人的拥挤状态分析及商店中消费者流量统计等方面也有着相应的应用。

（3）入侵告警。通过计算机视觉技术对人员和车辆进行布控管理，重点防范不法分子的进入，如盗窃犯、破坏分子，防范危险事故的发生，防止人员伤亡和经济损失；一旦未授权人员或车辆出现在指定区域，系统通过算法进行检测、判断后发出入侵告警。同时，可以通过在视频监控画面中任意画一条或多条线段，对目标以指定方向穿越检测线的事件进行检测，一旦发现目标违反规定，便会触发告警，从而有效管控外部人员攀越围墙、跨越绿化带进出园区。

（4）其他应用。计算机视觉技术赋能的安防系统可以提供以图搜图、停车管理、烟雾检测等。同时还可以提供各行各业的业务增值服务，例如，通过计算机视觉技术进行的视频结构化和人脸识别技术可以进行安防、生产、运营的数据可视化展示，通过可视化，可以清晰地反映数据的变化、趋势等，从而帮助管理者把繁多的数据背后的问题展现出来。数据的变化分析通常是对过去的数据进行总结分析，发现问题，也可以对未来的数据进行预测，利于决策者实时调整策略。

二、智慧城市

（一）智慧城市概念

智慧城市是运用信息通信技术，有效整合各类城市管理系统，实现城市各系统间资源共享和业务协同，推动城市管理和服务智慧化，提升城市运行管理和公共服务水平，提高城市居民幸福感和满意度，实现可持续发展的一种创新型城市。

ISO（国际标准化组织）将智慧城市定义为，在已建环境中对物理系统、数字系统和人类系统进行有效整合，从而为市民提供一个可持续的、繁荣的、包容性的未来。[ISO/IEC 30182：2017，定义 2.14]

ITU-T（国际电信联盟电信标准化部门）强调可持续发展，将智慧可持续发展城市定义为，使用信息通信技术和其他手段来改善生活质量、提高城市运营和服务效率以及城市竞争力，同时确保满足当代和后代的经济、社会、环境和文化方面需求的一种创新性城市。

智慧城市自从 2008 年开始探索，2012 年开始由国家部委牵头探索试点推进，并于 2016 年由新一代信息技术的发展形成信息共享、系统整合阶段，从而促进了智慧城市的快速发展。计算机视觉作为城市的"眼睛"，在智慧城市的管理以及建设中扮演着重要的角色。

计算机视觉技术通过人脸识别、人体检测、车辆检测、非机动车检测、人群分析、物体检测、视频分析等技术应用到智慧城市的各个场景。如城市治理的公安、城市管理、城市交通，以及环卫等场景；应用于惠及民生的医疗、教育，以及政务等；应用于产业振兴的制造、文旅、园区楼宇等场景。所用技术如图 3-3 所示。

图 3-3　计算机视觉技术应用

(二)典型应用案例

园区是城市的基本单元,是最重要的人口和产业集聚区,园区形态多,数量大,包括工业园区、产业园区、教育园区、制造业园区、科研园区、社区等。计算机视觉技术赋能园区建设可实现以下目标。

(1)建设智慧化园区感知体系,实现精细化管理。实现园区的基础安防及人车通行,实时感知园区各场景各环节可能存在的危险因素并及时报警,对出入园区的人车进行实时统计,做到园区的精准防控、高效通行、准确统计,辅助园区管理者对园区进行精细化管理。

(2)建立园区人员智能管理体系,实现园区服务便捷化。为园区的入驻企业及来访人员提供便捷化服务手段。园区一脸通技术的应用可以让园区管理者、企业员工、外来访客体验通行、寄存、购物、就餐的便利。VR虚拟现实技术、AR数字人技术的应用,让园区访客感受到高科技的魅力,提高访客在园区内的办事效率。自动驾驶技术的应用,让无人驾驶小车在园区内提供运送服务,提升园区内部通行能力。

(3)赋能园区生产管理模式,实现园区生产安全化。实时监控园区环境及生产过程中可能存在的危险因素,如抽烟、烟火、未戴安全帽、操作行为不规范等,实现主动的安全防护监管功能,从而确保园区生产安全化。

(4)打造可视化场景体系,实现园区运营可视化。将园区内多个业务系统数据汇聚和融合,围绕园区管理各个主体形成多个完整的可视化场景,以供应用人员对事件做到全局统筹,精确处置。同时,通过对业务系统数据的融合,在该场景下显示的多组信息之间需要具备关联互动的呈现效果,从而帮助应用人员减轻对信息接收、记忆和处理的负担,能达到快速识别问题和提高工作效率的要求。

如图3-4所示应用模块为智慧安防、智慧服务、智慧管理、安全生产、智慧运营几大应用板块,基于平台层的能力,在应用层分别面向园区管理方、业主、运营者、住户提供相应的定制应用。

展示模块提供事件感知、运行监测及各类统计指标,基于态势的事件感知预警与工单系统相结合,从而实现事件的AI自动监测、识别、预警、自动上报并派发工单,形成上报、处置、反馈、归档的工作流程。并结合3D孪生地图形象生动展示整个园

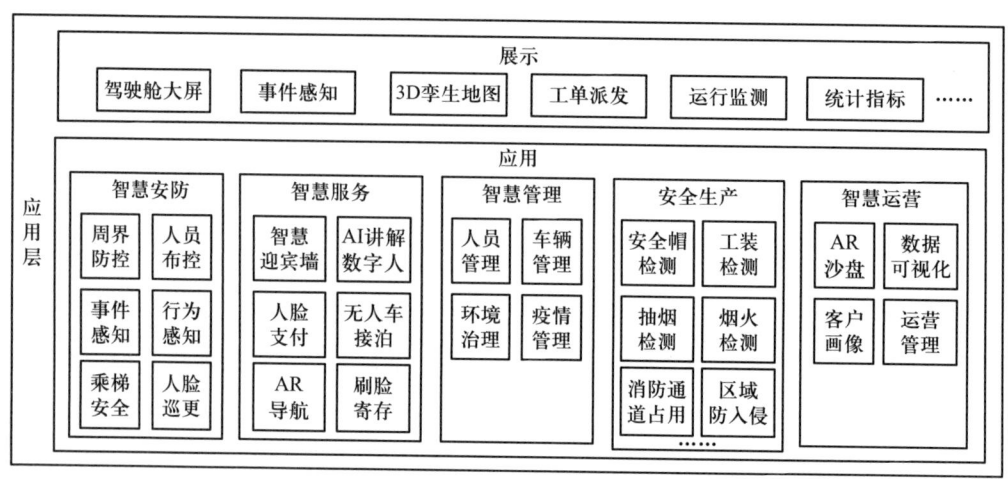

图 3-4 智慧园区应用架构

区的整体运行概况，针对大型园区也可以提供驾驶舱大屏，使园区管理者可以"一屏观全局"，提高整体园区的管理效率。

（三）主要功能

1. 安防管理

安防管理包括周界防控、人员布控、事件感知、行为感知、乘梯安全、人脸巡更。

（1）周界防控：通过在视频监控画面中任意画一条线段，实现人员从上方或下方越过一定高度的水平线段，或者从线段分隔出的一侧区域进入另一侧区域，触发告警卡片弹窗，有效管控外部人员攀越围墙、跨越绿化带进出园区。

（2）人员布控：重点防范不法分子的进入，防范危险事故的发生，防止人员伤亡和经济损失。

（3）事件感知：发现人员打架斗殴的事件，系统会发出报警，以便保安前往现场进行处置。

（4）行为感知：通过对指定区域内人数、人群密度热力图点阵信息分析，输出人群过密、徘徊、逗留事件告警。对一些聚集性的群体事件提前进行预防。

（5）乘梯安全：针对园区内自动扶梯及轿式电梯提供安全防护。实现对自动扶梯人员乘梯时摔倒、推婴儿车、坐轮椅、人群密度过大、逆行、头手伸出扶手带外、非空梯、梯上奔跑等异常情况的报警。实现对轿式电梯电瓶车入梯、抽烟、扒电梯门、倚靠电梯门、阻挡电梯门等异常情况的报警。

（6）人脸巡更：通过对人脸进行识别，实现无接触式、实时性、真实性验证，并可根据需要制定巡检路线，检测巡检轨迹，实现巡检管理，汇总巡检相关数据，通过分析出具全面报告。

2. 智慧服务

智慧服务包括智慧迎宾墙、AI讲解数字人、人脸支付、无人车接泊、AR导航、刷脸寄存等。

（1）智慧迎宾墙：在园区入口、企业门厅、园区展览室等部署人脸识别设备，能够智能识别并获取来访人员的面部照片，然后投放至大屏幕中，配合图影音等数字特效。

（2）AI讲解数字人：可自主为体验者提供完整的"识人接待，语音互动，信息讲解，游戏抽奖"等一系列拟人化智能服务。可与园区的迎宾墙配合，或放在园区需要为来宾提供讲解的地方。

（3）人脸支付：针对园区内各类消费场景，如餐厅食堂、商场商店购物、自动图书借阅、自助共享设备、健身锻炼、互动娱乐等提供"刷脸"身份识别的支付手段。

（4）无人车接泊：可按固定线路，点到点接送乘客，提供便利智慧出行体验，解决园区观光游览、城市通勤、物流等需求。

（5）AR导航：通过AR虚拟路线引导用户到达目的地，可轻松、有效解决大众在此类空间易迷路、室内导航误差大的难题，让公众出行更加便捷。

（6）刷脸寄存：针对有行李或其他物品需要寄存的用户实现人脸识别寄存物品，可采用AI智能寄存高精度人脸识别，刷脸存取，提高存取效率，安全可靠。

3. 智慧管理

智慧管理包括人员管理、车辆管理、环境治理、疫情管理等。

（1）人员管理：旨在打造园区一脸通，提升通行及管控效能，园区通行人员主要分为企业员工、外来访客人员及黑名单人员。

（2）车辆管理：旨在解决大量机动车进出的管理难题，包括出入口通行管控、停车场管理、访客车辆预约、自助缴费服务等功能。

（3）环境治理：旨在发现有损园区秩序的行为及事件，如车辆违停、垃圾未清理、共享单车违规停放等,并将现场情况推送给园区物业管理人员进行处置,以便维护园区秩序。

(4)疫情管理:为提升园区在疫情防控方面的常态化管控能力,实现非接触测温,快速打造疫情防控小单元,提升园区防疫能力。

4. 安全生产

安全生产包括安全帽检测、工装检测、抽烟检测、烟火检测、消防通道占用、区域防入侵、重要岗位值守检测、违规作业行为等。

5. 智慧运营

智慧运营包括 AR 沙盘、数据可视化、客户画像、运营管理等。这里重点讲解 AR 沙盘和运营管理。

(1)AR 沙盘应用于园区智慧展示中心,展示园区的建设模型、规划模型、楼盘模型等,可结合其他数字多媒体音视频系统,为参观者提供沉浸式的展示和视听体验,给园区招商、宣传、企业园区文化宣导等工作带来质的提升。

(2)运营管理是智慧园区的"大脑"和"中枢",以数据为载体,围绕园区运行管理场景,全面接入园区的各种业务及系统,全方位感知园区运行监测的数据,服务于园区物业及上级领导部门,提供园区运行体征与态势综合监测、事件管理、辅助决策、联动指挥等能力,让园区管理者和决策者真正掌握园区运行状态。

6. 领导驾驶舱

领导驾驶舱包括驾驶舱大屏、事件感知、3D 孪生地图、工单派发、运行监测、统计指标等。从全局角度对园区进行指挥调度,对一些园区报警/预警事件进行分析、处置等,并在大屏进行数据展示。

三、智慧金融

智慧金融是依托于互联网技术,运用大数据、人工智能、云计算等金融科技手段,使金融行业在业务流程、业务开拓和客户服务等方面得到全面的智慧提升,实现金融产品、风控、获客、服务的智慧化。

智慧金融的特征是在金融主体之间的开放和合作,使得智慧金融表现出高效率、低风险的特点。具体而言，智慧金融的特点有透明性、便捷性、灵活性、即时性、高效性和安全性。

1. 计算机视觉技术赋能金融行业

人脸识别和文字识别是计算机视觉技术应用于金融领域的两大关键技术，如图 3-5 所示，人脸识别应用的主要内容为人脸检测、活体检测、人脸比对、视频选帧、公安人脸照去网纹等；文字识别又叫做光学字符识别（OCR），利用光学技术和计算机技术把印刷或写在纸张上的文字读取出来，并转换成计算机能够接受且人可以理解的格式，文字识别在金融领域的应用包含身份证识别、银行卡、开户证明、营业执照、驾驶证、护照、发票识别等。

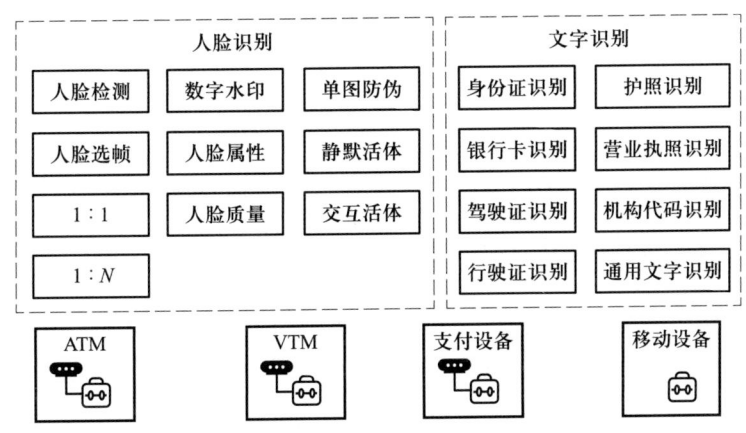

图 3-5　金融领域重点应用

计算机视觉技术在银行应用最为广泛，既可以针对柜台业务，也可以通过移动设备办理业务。客户通过移动前台 App 线上开立电子账户和其他业务等应用场景，或者线下柜面业务，以及综合前端系统、电子档案管理系统、事后监督系统、信贷管理系统等相关系统，为提升业务办理效率的集约化，都会涉及图像、音频、视频、身份证信息核验和联网核查等数据信息的识别和归档问题，以规避银行业务操作风险，合理、合法、合规对客户办理的业务进行司法举证，需要依托计算机视觉技术进行影像件采集、识别、存储、查阅、共享等功能。

2. 典型应用案例

如图 3-6 所示是利用计算机视觉技术进行远程开户的智慧银行典型流程。

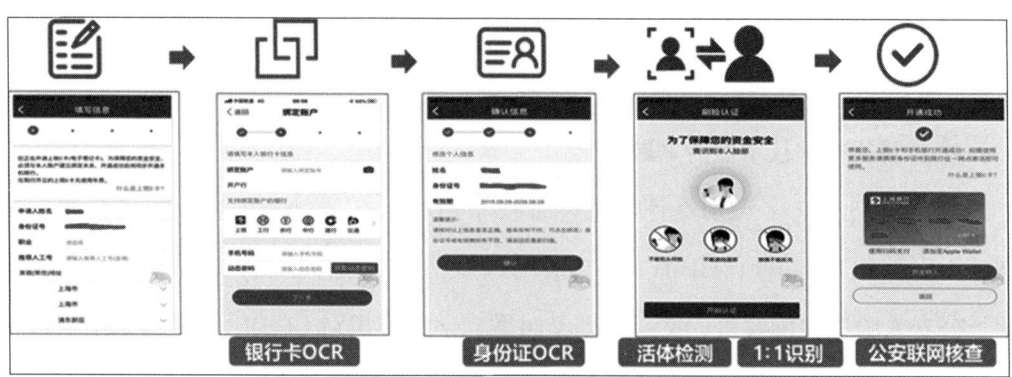

图 3-6 远程开户流程

远程开户流程分为 4 个步骤：

第一步，填写信息。填写申请人姓名、身份证号、职业等信息。

第二步，绑定账户。手动填写账户信息，或者利用文字识别技术，拍照识别银行卡号以及绑定账户和开户行。

第三步，身份证录入。手动填写或者利用文字识别技术提取身份证信息。

第四步，人脸识别。通过人脸检测、人证比对、活体检测以及公安联网核查人员信息进行实名认证。

完成以上操作后，远程开户业务即完成，业务开通成功。在以上业务中应用了人脸识别技术、活体检测技术、文字识别技术等。

四、智能制造

智能制造是指基于新一代信息通信技术与先进制造技术深度融合，贯穿于设计、生产、管理、服务等制造活动的各个环节，具有自感知、自学习、自决策、自执行、自适应等功能的新型生产方式。

1. 计算机视觉技术赋能智能制造行业

计算机视觉技术与生产制造的结合目前更多是在产品质量检测环节。在质量检测中，通过工业相机实时采集产品图像信息，基于计算机视觉技术，完成产品的智能化检测，有效克服人工质量检测存在的效率低、成本高、误差大的问题，提高质量检测的准确率、检测效率和检测范围，有效提高产品质量，并为设备和产线的优化配置提供有效的数据基础，不断提高产品质量。智能检测广泛应用于汽车行业零部件、电子产品及电子产品回流焊、通信产品、能源产品等多个领域，可以检测产品的缺件、错装、安装不当、质量瑕疵、品质分类等问题。

如图3-7所示为计算机视觉技术应用于产品质量检测的流程。

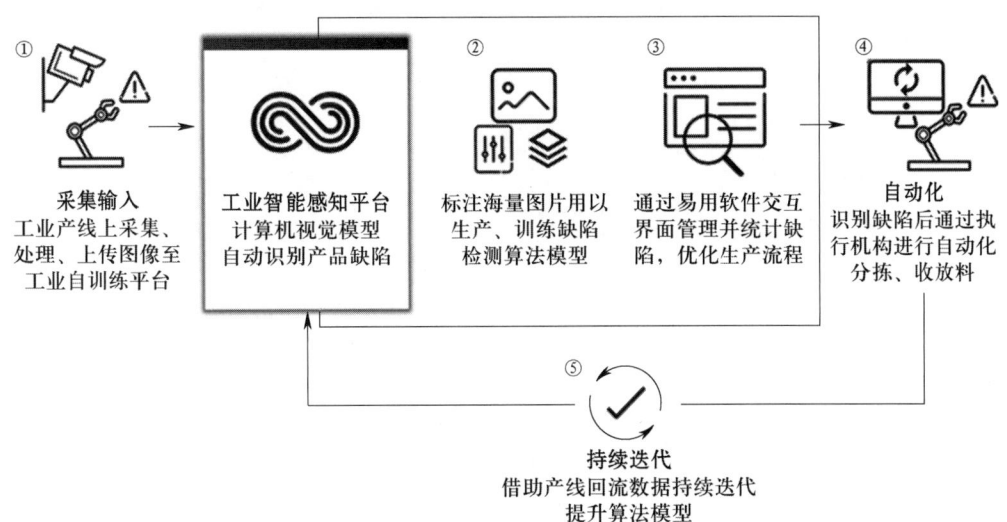

图3-7　计算机视觉技术应用于产品质量检测的流程

2. 典型应用案例

计算机视觉质量检测技术可用于新能源锂离子电池生产的各个环节，可以有效检测尺寸、识别厚度、检测焊缝质量、识别缺陷，能够为锂电企业减少材料和产线的浪费，帮助企业及时掌握设备生产情况，调整设备，提高产品品质。以电池顶盖焊缝的缺陷检测为例，在未引入计算机视觉技术之前电池顶盖焊缝的质量检测主要靠人工目检进行，每条生产线配2～4名工人，人工成本高，效率低下，由于存在视觉疲劳等因素，漏检、误报率较高，效果不理想。图3-8中标注"过焊、焊点凸起、波浪纹、盖板下沉"的产品部分为产品质量主要问题，很难通过人工目检全部检测出。

通过引入计算机视觉技术后，采用3D相机采集数据进行训练、并应用在产线进行质量检测验证，检测准确率完全可以替代人工目检的工作流程，提升了产品的生产质量和生产效率以及问题产品的检出率。图3-9为计算机视觉技术在锂电池顶盖焊缝质量检测的算法设计和流程以及整体应用框架。

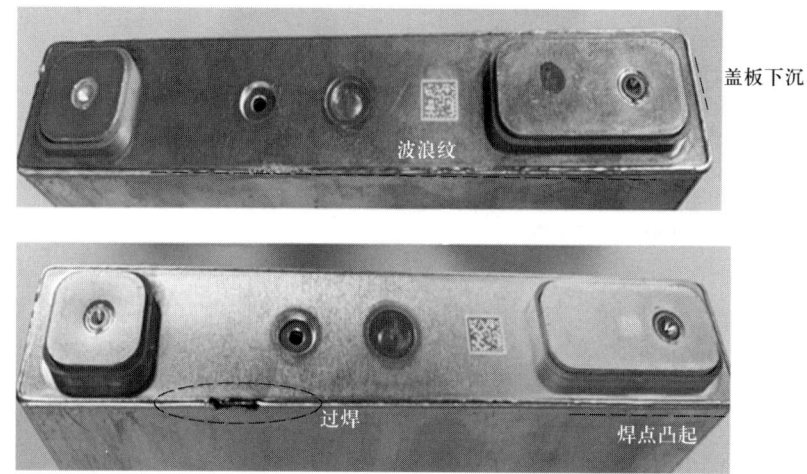

图 3-8 锂电池顶盖焊缝质量检测

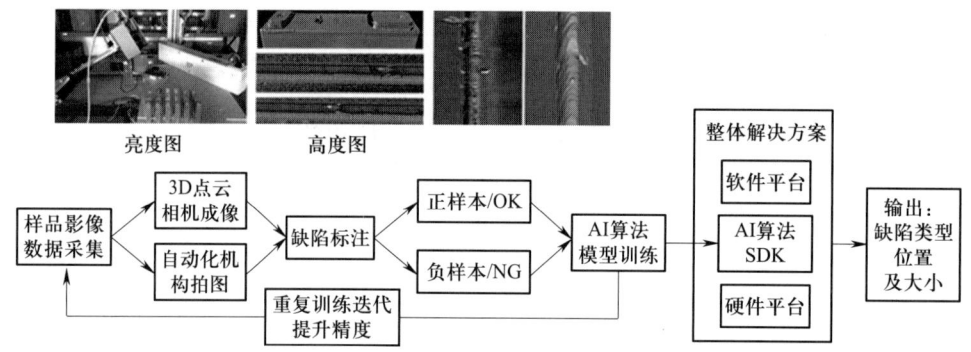

图 3-9 锂电池顶盖焊缝质量检测流程

五、智慧医疗

（一）智慧医疗概念

智慧医疗英文简称 WITMED，是最近兴起的专有医疗名词，通过打造健康档案区域医疗信息平台，利用最先进的物联网技术，实现患者与医务人员、医疗机构、医疗设备之间的互动，逐步达到信息化。目的是为了获得最高的防治效果和最大化的健康收益、最低化的卫生资源消耗、最小化的医源性损害，是"精准医疗"和"云医疗"的有机整合，包含疾病预防、精准治疗和健康管理。

人工智能在医疗领域应用最广的场景就是计算机视觉与医学影像的结合，主要用于医学影像的诊断和辅助治疗。典型的计算机视觉任务包括图像分类、目标检测、图形分割、图像检索。而计算机视觉与医疗影像的结合如图3-10所示。

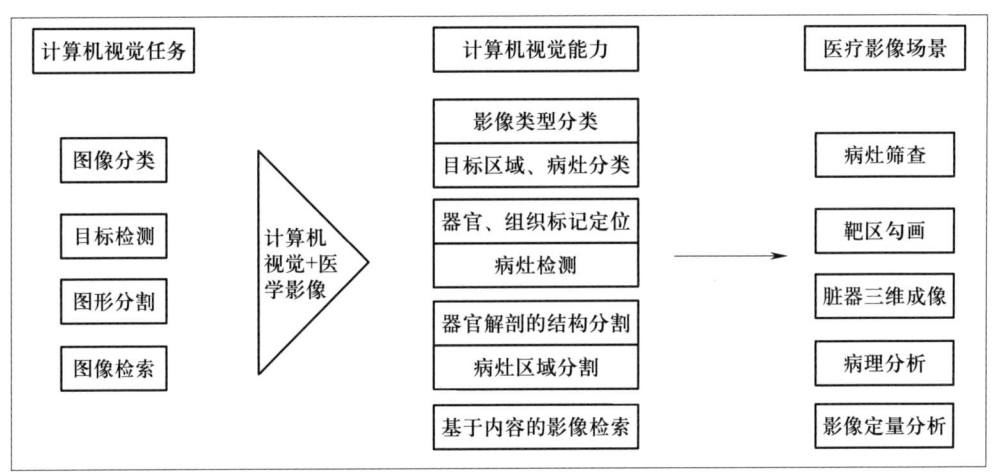

图3-10　计算机视觉技术与医学影像诊断的方式

计算机视觉与医学影像的结合，可以为医生提供辅助诊断参考，节约了医生的时间，提高诊断和辅助治疗的准确度。计算机视觉技术在医学影像的应用可以解决以下需求：

（1）病灶识别与标注。通过计算机视觉技术对医疗影像进行图像分割、特征提取、定量分析、对比分析等，可以大幅提升影像诊断效率。

（2）靶区自动勾画与自适应放疗。通过计算机视觉技术与医学影像的结合，对肿瘤放疗环节的影像进行处理，靶区自动勾画及自适应放疗产品能够帮助放疗医生对数百张CT片进行自动勾画，缩短医生的诊断时间，同时也减少医疗设备对病人组织的射线伤害。

（3）影像三维重建。针对手术环节需要计算机视觉技术与医疗影像的结合进行有效识别从而进行三维重建，解决断层图像配准问题，节省配准时间，提高配准效率。

（二）典型应用案例

随着计算机视觉技术的发展，人工智能与医疗影像的结合应用场景越来越多，可以广泛应用于影像科、胸外科、放疗科、肝外科、病理科等，如图3-11所示。

以胸部CT临床应用场景为例，如图3-12所示。

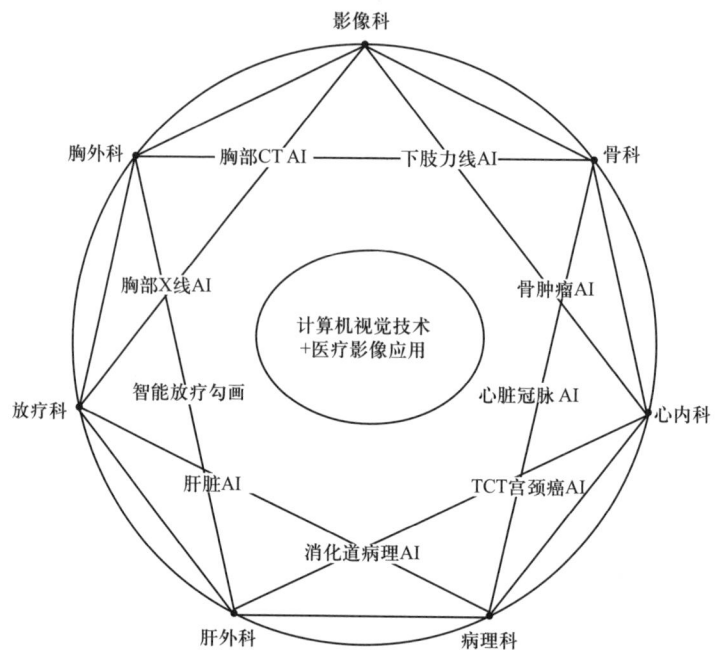

图 3-11 计算机视觉技术与医疗影像结合的主要应用

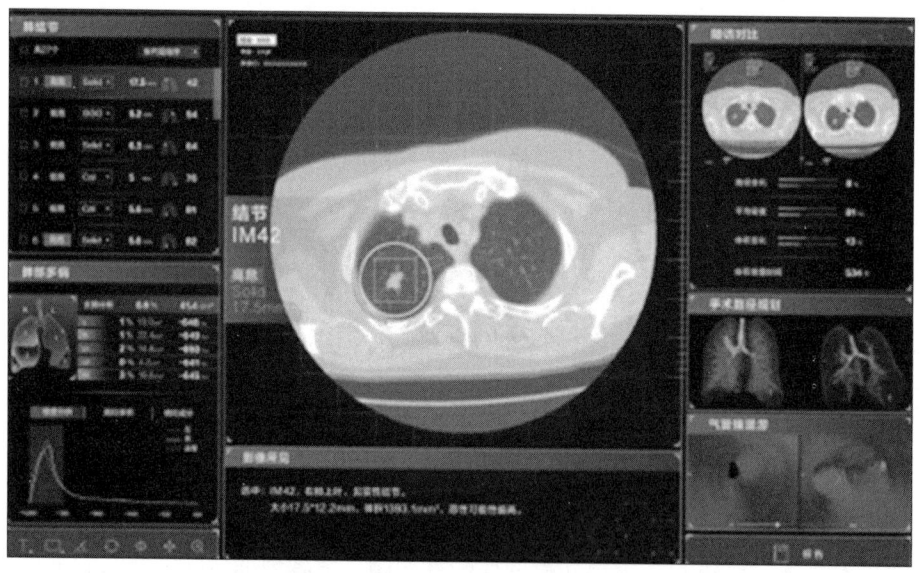

图 3-12 胸部 CT 临床应用

通过计算机视觉技术与胸部 CT 影像的结合,可以实现自动检测肺部结节、肺炎病灶及肋骨骨折,为影像科医生提供定性定量的分析和报告结果。同时基于实时三维渲染技术,为临床医生提供精准的手术规划功能。

第二节 计算机视觉工具的使用方法和算法开发流程

考核知识点及能力要求:

- 计算机视觉工具使用;
- 机算机视觉算法开发流程。

一、图像处理库 OpenCV

OpenCV 是一个开源的计算机视觉处理库,目标是提供易于使用的计算机视觉接口,从而帮助人们快速设计和实现功能强大且高效的视觉应用。

OpenCV 中包含了工业产品质量检验、医学图像处理、安保领域、人机交互、动作识别、相机校正、图像拼接、图像降噪、双目视觉、动作跟踪、无人驾驶等各个领域衍生出来的非常全面的实用函数,可以应用于非常广泛的与计算机视觉相关的场景。

1. 安装 opencv-python 开发库

opencv-python 为 OpenCV 提供了 Python 接口,让使用者能够在 Python 中调用 C/C++ 接口,在保持 Python 语言带来的易读性的同时,利用 OpenCV 高效地实现所需的功能。

opencv-python 是一个 Python 中 C++ 库的包装类。通过使用它,所有 OpenCV 数组结构都能被转化为 NumPy 数组或从 NumPy 数组转化,所有的函数方法都可以在 Python

中调用。这样就可以很容易地与其他使用 NumPy 的库集成，例如 SciPy 和 Matplotlib 等库。

2. 安装 Anaconda

Anaconda 是一个软件包管理器和环境管理器，同时附带了包括 Python 在内的许多开源软件包，如 numpy、scikit-learn、scipy、pandas 等。Anaconda 安装界面如图 3-13 所示。

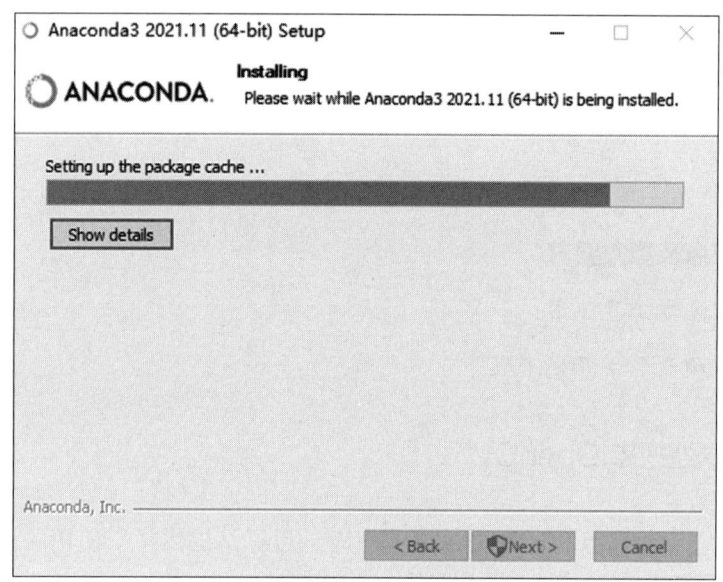

图 3-13　Anaconda 安装步骤 1

如果在安装 Anaconda 之后需要其他软件包，则可以使用 Anaconda 的软件包管理器 conda 或原生 pip 安装这些软件包。使用者不必手动管理多个软件包之间的依赖关系，Anaconda 会自动安装符合兼容性的最优的版本。

3. 创建运行环境

在实际的开发和部署环境中，有时候会不可避免地需要同时使用 Python2 和 Python3 环境，即使是相同版本的 Python，也可能会同时需要用到 TensorFlow 的早期版本和 PyTorch 的最新版本，在开发邮件收发应用和 web 服务时可能需要不同的 SSL 库版本，这个时候就可以分别独立管理两个运行环境，既互相配合又可以互不影响。

在"Environments"栏中可以新建运行环境，此处取名为"computer vision"，如图 3-14 所示。

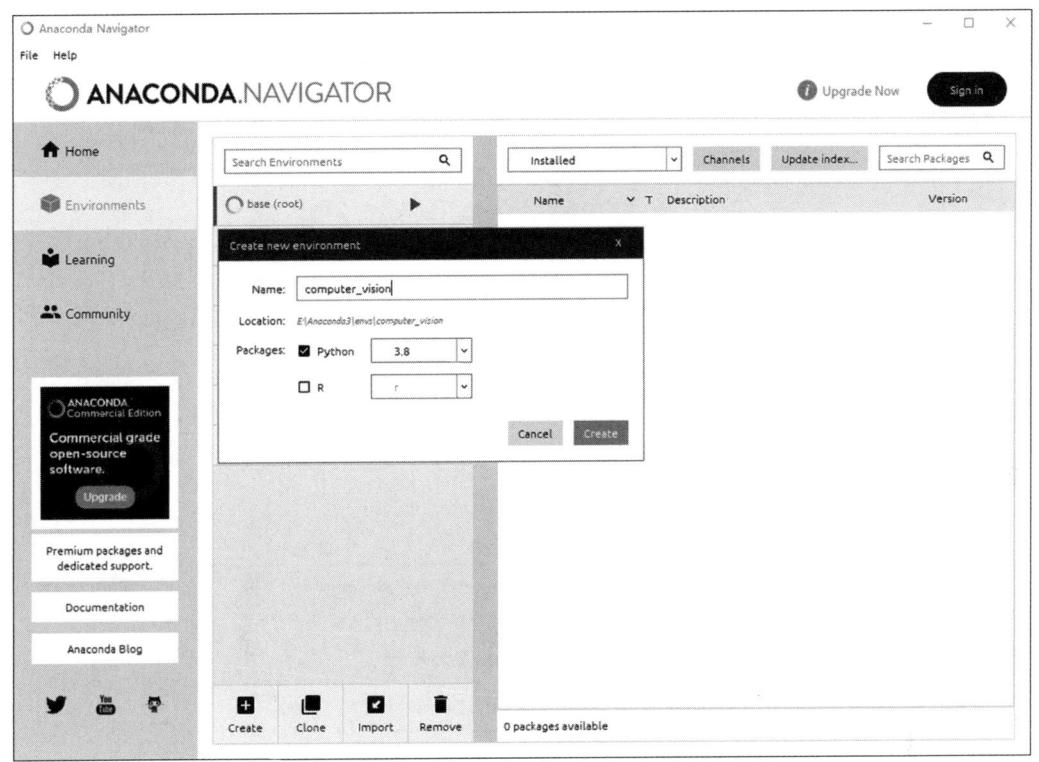

图 3-14　Anaconda 安装步骤 2

4. 安装 jupyter 和 OpenCV

在 computer vision 运行环境中，在搜索框检索"jupyter""opencv"和"matplotlib"并选中，然后点击"Apply/ 应用"，即可安装最新版本的 opencv-python 软件包，如图 3-15 所示。

5. 使用 OpenCV

使用 Anaconda 中运行 jupyter，在弹出的浏览器窗口中点击"New/ 新建"，即可新建代码文件，导入 opencv 之后即可使用 OpenCV 众多强大的功能。

imread 函数可以从文件中以 GBR 模式读取一般格式的图片，然后通过 cvtColor 函数将 GBR 模式的 img 对象转换为 maplotlib 中 imshow 函数默认的 RGB 模型，并用 show 函数显示出来，如图 3-16 所示。

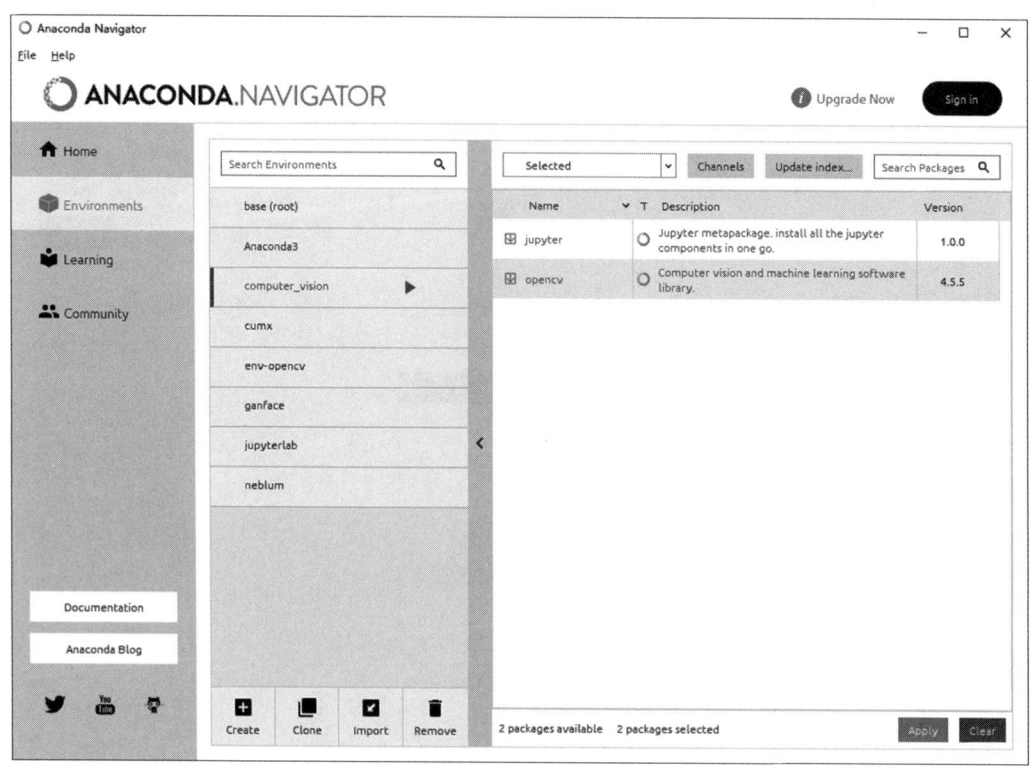

图 3–15 Anaconda 安装步骤 3

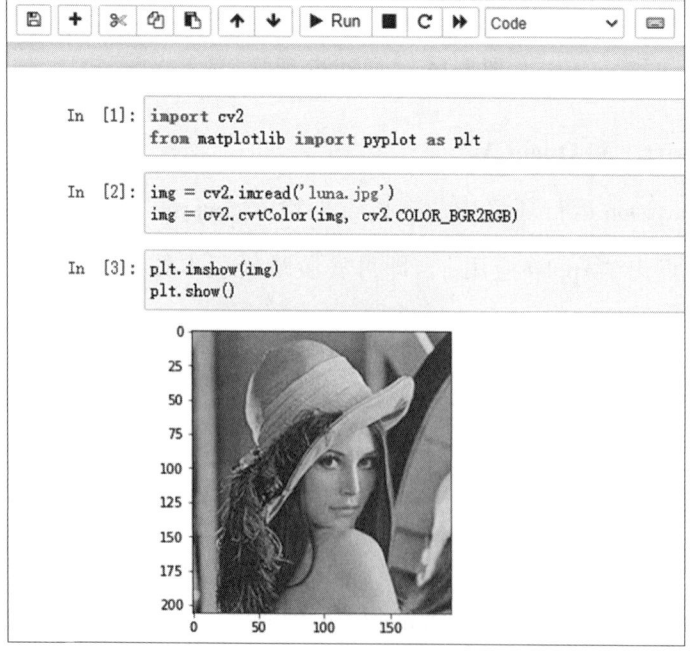

图 3–16 show 函数

6. opencv-python 的使用

（1）缩放图像。如图 3-17 所示，OpenCV 中的 resize 函数可以对图像进行缩放，默认使用双线性插值法进行像素插值。同时，OpenCV 中还提供了最近邻域插值、区域插值等方式，可根据需求选取正确的方式。最近邻域插值法所获得的图像质量较差，因此不推荐使用，但该方法算法简单，速度较快，因而可在追求速度时选用；区域插值法可以避免缩小图像时出现的波纹现象等。

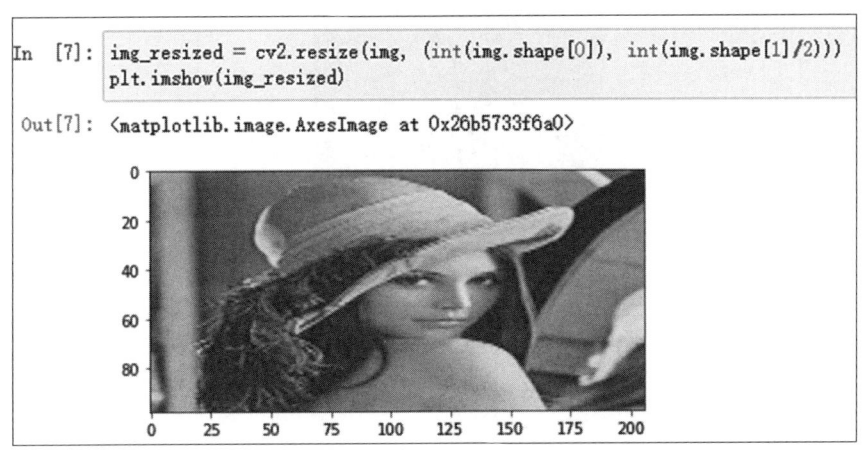

图 3-17　缩放图像

（2）仿射变换。如图 3-18 所示，OpenCV 中的 warpAffine 函数的功能极其强大，可以同时对图像进行缩放、旋转、位移三种仿射变换操作。

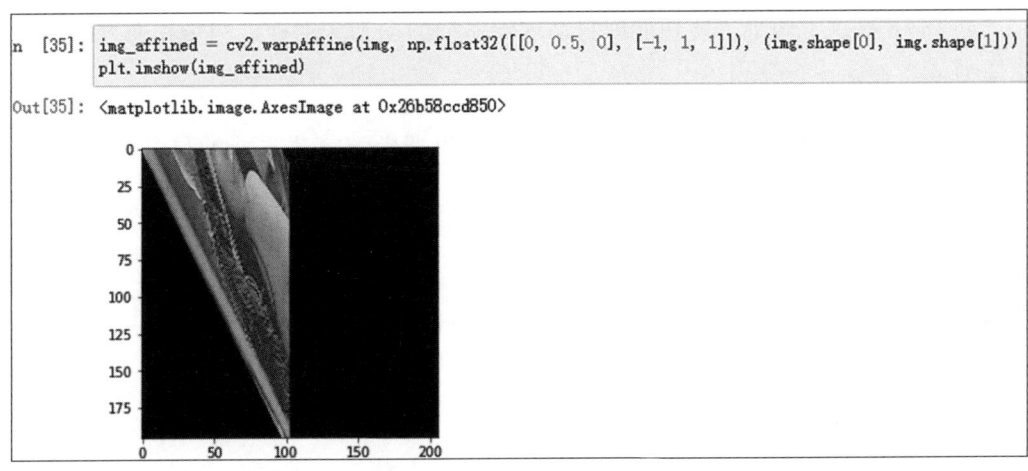

图 3-18　仿射变换

（3）截取图像。如图 3-19 所示，结合 numpy 中的数组截取功能，可以对内存中的图像对象进行截取，并可进一步保存或重新读取到内存中。

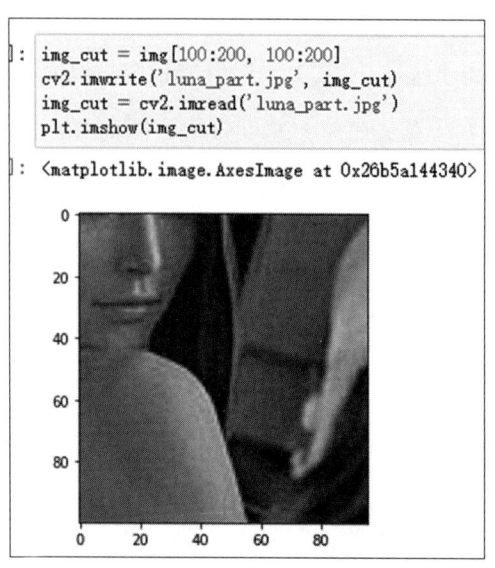

图 3-19 截取图像

二、深度学习框架 PyTorch

PyTorch 是一个基于 Torch 的 Python 开源深度学习库，用于计算机视觉、自然语言处理、语音识别等应用领域。

（一）PyTorch 简介

PyTorch 提供了两个主要功能即自动求导系统的动态深度神经网络和强大的 GPU 加速的张量计算。

PyTorch 的前身是 Torch，Torch 是一个大量机器学习算法支持的科学计算框架。PyTorch 的底层和 Torch 框架一样，不仅提供了 Python 开发接口，还以 Python 重新实现了很多内容，不仅更加灵活，而且支持动态图。

PyTorch 提供最大程度的灵活性和速度，是首选的深度学习研究平台之一。

（二）PyTorch 的优点

1. 简洁

PyTorch 的设计追求最精简高效的封装，尽量避免复杂的设计。PyTorch 的设计遵循"张量→自动求导变量→神经网络层/模块"三个抽象层次。三个抽象之间联系紧密，可以同时相互转换或进行修改和操作。简洁的设计还可以使代码更易于理解，更少的抽象、更直观的设计使得 PyTorch 的源码十分易于阅读。

2. 速度

PyTorch 的灵活性不以速度为代价，在许多评测中，PyTorch 的速度表现胜过 TensorFlow 和 Keras 等框架。框架的运行速度和程序员的编码水平有极大关系，但同样的算法，使用 PyTorch 实现的那个更有可能快过用其他框架实现的。

3. 易用

PyTorch 的面向对象的接口设计来源于 Torch，而 Torch 的接口设计以灵活易用而著称，Torch 的设计理念也影响了一些其他的框架开发者如 Keras。PyTorch 继承了 Torch 的优点，是所有的框架中面向对象设计的最优雅的一个，API 的设计和接口都与 Torch 保持高度一致。PyTorch 的设计符合人们的自然思维，让用户尽可能地专注于实现自己的想法，而不必考虑太多关于框架本身的限制和特性。

4. 动态计算图

PyTorch 还提供了一个出色的计算框架，可以提供动态计算图，使得运行时修改计算图成为可能。Pytorch 避免了在 TensorFlow 等框架中使用的静态图，从而允许使用者在运行中改变网络的计算方式。很多研究人员更喜欢 PyTorch，因为与 TensorFlow 相比更加直观。

5. 高度可扩展

PyTorch 与 C++ 代码深度集成，与深度学习框架 Torch 共享 C++ 后端。因此，允许用户使用基于 cffi for Python 的扩展 API 在 C/C++ 中实现功能。此功能扩展了 PyTorch 用于新用例和实验用例，从而使其成为研究用途的首选。

（三）安装 PyTorch 开发库

PyTorch 支持 Windows、Mac、Linux 等众多操作系统，在 Windows 中的安装方法主要有两种，分别是命令模式和 Anaconda 模式。

（1）命令模式。如图 3-20 所示，在 PyTorch 的官网中，选择最新的稳定版本 PyTorch，根据计算机的计算平台选择安装 CUDA 版本或 CPU 版本，网页自动生成命令行下需要执行的命令，然后在命令行或 PowerShell 下运行即可。

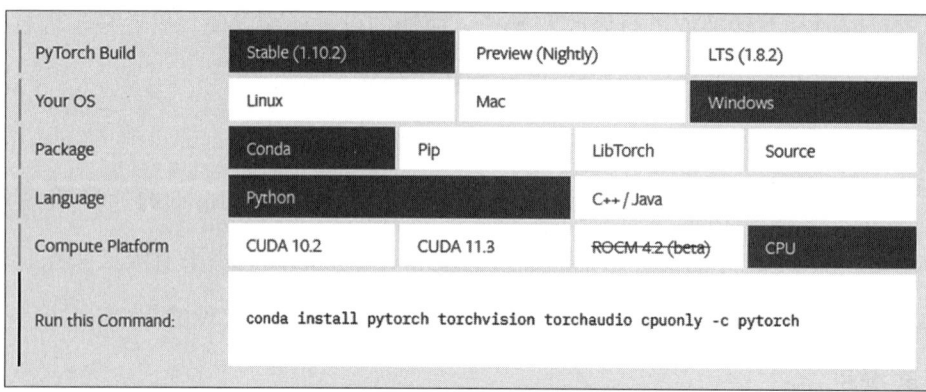

图 3-20 命令模式

（2）Anaconda 模式。如图 3-21 所示，选择正确的运行环境，然后在 All 软件包中搜索"pytorch"并安装即可。

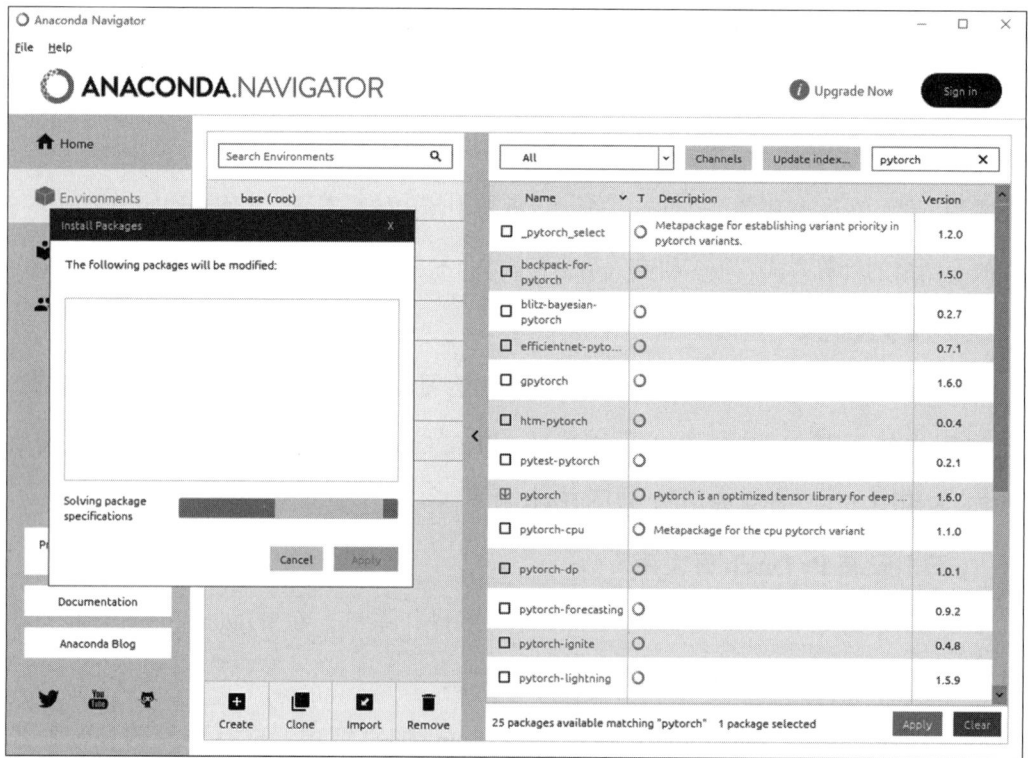

图 3-21 Anaconda 模式

（四）使用 PyTorch

首先导入 Torch 和其他必要的软件包，然后就可以使用 Torch 强大的功能。

张量类似数组和矩阵，是一种特殊的数据结构，可以理解为高维数组或高维矩阵，使用方法和 Numpy 中的 ndarrays 几乎一致。在 PyTorch 和其他很多深度学习框架中，神经网络的输入、输出以及网络的参数等重要数据都是使用张量来进行描述，几乎所有重要的工作都是围绕张量来展开。

如图 3-22 所示的代码，从 numpy 数组转换为 Torch 的张量，并修改了其中第 1 个元素的值。

图 3-22　修改元素值

PyTorch 的基本使用情况如下。

（1）自动求导。假设有一个函数，$y=x^2$，即 y 是 x 的平方。因此在 $x=3$ 的时候，它的导数为 6。

```
Plain Text
        x = torch.tensor(3.0,requires_grad=True)
y = x * x
```

判断 x，y 是否是可以求导的

```
Plain Text
print(x.requires_grad, y.requires_grad)
>True
```

对 y 求导,可通过 backward 函数来实现

```
Plain Text
y.backward()
```

查看此时 x 的导数"x.grad",即梯度:

```
Plain Text
print(x.grad)
>tensor(6.)
```

(2)模型存取。有两种方法可以序列化和恢复 PyTorch 模型。

第一种只保存和加载模型参数:

```
Plain Text
torch.save(model.state_dict(), PATH) # 仅保存参数
```

然后,

```
Plain Text
model = TheModelClass(*args, **kwargs) # 实例化一个空模型
model.load_state_dict(torch.load(PATH)) # 加载上面存储的参数
```

第二种保存和加载整个模型:

```
Plain Text
torch.save(model, PATH) # 同时保存模型类和模型参数
```

然后,

```
Plain Text
the_model = torch.load(PATH) # 同时加载模型类和模型参数
```

在这种情况下,PyTorch 会利用 Python 的 pickle 机制保存模型类和模型参数,但是没有保存模型定义,所以在移植到新环境下的时候会出现找不到模型定义的问题。因此通常选择第一种方式进行模型的保存和读取。

(3)模型库。torchvision.models 模块的子模块中包含了一些常用的图像识别模型结构,包括:

1)AlexNet;

2)VGG;

3)ResNet;

4)SqueezeNet;

5)DenseNet。

直接实例化这些模型是会使用随机初始化的权重来创建这些模型的。

```
Plain Text
import torchvision.models as models
resnet18 = models.resnet18()
alexnet = models.alexnet()
squeezenet1_0 = models.squeezenet1_0()
densenet_161 = models.densenet_161()
```

对于 ResNet 和 AlexNet,torchvision 也提供了预训练的模型。

```
Plain Text
import torchvision.models as models
resnet18 = models.resnet18(pretrained=True)
alexnet = models.alexnet(pretrained=True)
```

三、其他深度学习框架

能够完成功能是评价一个工具是否合格的标准，而评价工具是否优秀的一个重要标准就是其是否能够有效地把业务逻辑与工具使用逻辑进行有效解构，能够让使用者只需要专注于自己需要解决的问题，而不必纠缠于工具的各种特性与使用限制和技巧。

现代图像处理工具在易用性方面取得了非常大的进展，随着算法的研究和越来越广泛的应用，深度学习项目中的流程能够越来越清晰，对关键流程的封装慢慢形成了比较标准的做法。

下面是openmmlab框架的预测阶段代码，包含了深度学习项目开发中的关键步骤：

Line 4：模型初始化；

Line 5：模型预测；

Line 6：结果呈现。

```
Plain Text
import cv2
import mmseg.apis import init_segmentor, inference_segmentor, show_result_pyplot

img = cv2.imread(IMG_PATH)

model = init_segmentor(CONFIG_FILE)

result = infrence_segmentor(model, IMG_PATH)

show_result_pyplot(model, img, result)
```

下面是应用openmmlab框架进行模型训练的代码，包含了深度学习项目开发中模型开发和实现的主要步骤：

Line 4：构建数据集；

Line 5：构建模型；

Line 6：训练模型。

```
Plain Text
from mmdet.datasets import build_dataset
from mmdet.models import build_detector
from mmdet.apis import train_detector
datasets = build_dataset(...)
model = build_detector(...)
train_detector(model, datasets)
```

四、算法开发流程

在进行算法开发之前，首先必须要明确算法的目的，也就是需要解决的问题是什么。基于商业理解，整体设计算法的思路和框架。例如，在自动驾驶算法中，交通标志识别的问题可能需要图像处理、图像分割以及图像识别等算法；而在规划行车路线的时候，又是一个图的路径规划问题。不同的目的需要不同的算法。

其次，按照分析目的的不同，有目的性地收集、整合、清洗相关数据，是算法开发的一个基础。此时最重要的是保证获取数据的真实可靠性。而事实上，不能一次性将所有数据都采集全，因此，在数据标注阶段可能会发现还缺少某一部分数据源，反复调整优化。

接下来的模型训练过程统称"建模"，指通过分析手段、方法和技巧对准备好的数据进行探索分析，从中发现因果关系、内部联系和业务规律，为商业目的提供决策参考。训练模型的结果通常是一个或多个机器学习或深度学习模型，模型可以应用到新的数据中，得到预测、评价等结果。训练得到模型之后，需要对模型进行评估和考察。往往不能一次性获得一个满意的模型，需要反复地调整算法参数、数据，不断评估训练生成的模型。

以既定指标对模型进行评估之后，如果达到了上线标准，即可将模型正式部署应用到实际的生产过程中，同时在此过程中继续收集运行时指标和报表，以线上标准再次评估模型的有效性，如果模型达到了最初的目标，即可判断算法有效，反之则需要回到问题定义或样本收集过程，进行下一轮的算法开发迭代。算法开发的流程如图 3-23 所示。

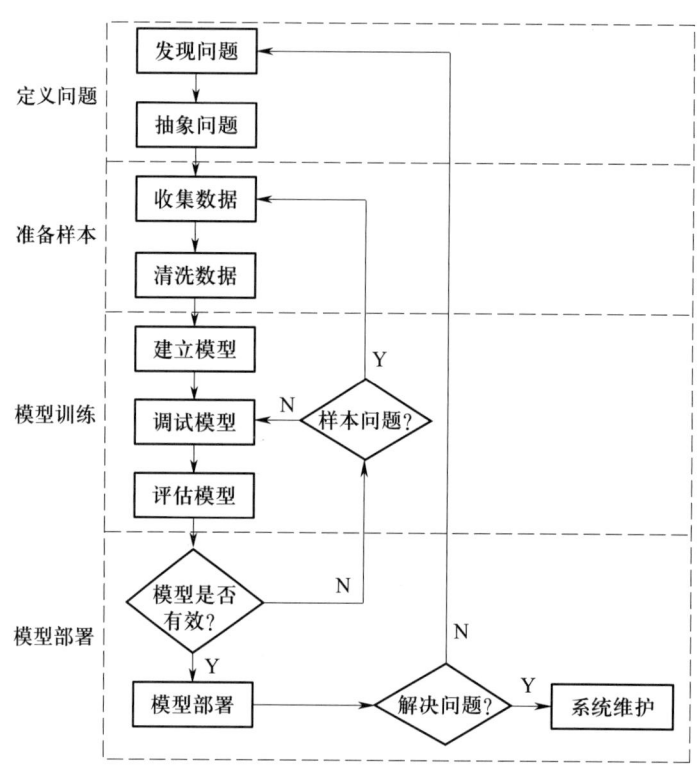

图 3-23 算法开发的流程

（一）定义问题

1. 分类问题

分类是根据图像的语义信息，将图像结构化为某一个或多个事先确定好的类别的信息来描述图片，即给定一张图片或一段视频判断里面包含什么类别的目标。分类问题是最简单、最基础的图像理解任务，也是深度学习方法最先取得突破和实现大规模应用的领域。其中，ImageNet 是最权威的评测集，每年的 ILSVRC 催生了大量的优秀深度网络结构，为物体检测、图像分割、物体跟踪、行为分析、人脸识别等其他高层视觉任务提供了基础。在应用领域，人脸、物体、场景的识别，文字识别等都可以归为分类任务。

2. 检测问题

区别于分类任务关注整体，给出的是整张图片的内容描述，检测则关注特定的物体目标，要求同时获得这一目标的类别信息和图像中的位置信息。相比分类，检测给出的是对图片前景和背景的认识理解，不仅需要从背景中分离出感兴趣的目标，还需要确定这一目标的描述（即类别和位置），因此，检测模型的输出是一个列表，其中每一项使用数据组的形式给出检出目标的类别和位置，一般常用矩形检测框表示。

例如面向疾病预防的病变检测，包括有无病变、病理类型，是健康检查的基础任务。基于图像技术的病变检测，是计算机视觉技术在智慧医疗中的突出体现，非常适合引入深度学习。在基于计算机视觉的病变检测方法中，一般通过监督学习方法或过滤和数学形态学等经典图像处理技术，计算并且提取身体部位或器官在健康状态下的特征。其中，基于监督学习的机器学习方法所使用的训练样本需要专业医师提供全面的病理影像，并附带手工标注。

工业产品的表面缺陷对产品的美观度、舒适度、使用性能和效能等带来非常不良的影响，所以生产企业必须对产品的表面缺陷进行检测以便及时发现并加以控制。基于机器视觉技术的检测方法可以很大程度上避免人工检测方法中的抽检率低、准确性低、实时性差、效率低、劳动强度大等弊端，在现代工业中得到越来越广泛的研究和应用。

3. 检索问题

人脸检索是指实现目标照片的人脸检测、特征提取，并在海量规模人脸库（特征库）中进行匹配，检索出最匹配的一个或多个结果。在图像检索的发展中，主要经历了三个阶段：基于元数据的图像检索、基于文本标注的图像检索和基于内容的图像检索，人脸检索则可以归类于基于内容的图像检索。与人脸识别不同的是，在大数据环境下，这种相似人脸检索技术已成为人脸图像研究中的一个热点，在安防、军事以及娱乐领域有着广泛的应用价值。

同时，在海关对入关人员的身份排查场景中需要极高的准确率，而在人流量十分巨大的安检工作等应用场景中又要求检索的实时性，不同的应用场景对算法的检索效率提出了多方面的极高的要求，检索算法需要在存储效率、处理效率、查询效率等多个方面找到满足使用需求和更高效的解决办法。

4. 分割问题

分割包括语义分割和实例分割。语义分割是对前背景分离的拓展，要求分离开具有不同语义的图像部分，而实例分割是检测任务的拓展，要求描述出相比检测框更为精细的目标的轮廓。分割是对图像的像素级描述，它赋予每个像素类别意义，适用于理解要求较高的场景，如无人驾驶中对道路和非道路的分割，运动跟踪中目标的轮廓等。

（二）准备样本

1. 标注

数据收集是如今深度学习获得巨大成功的基石，而人工标注是这个过程中绕不开的步骤。在让机器能够学到知识之前，必须给算法提供足够多且准确的学习素材，因为现阶段的人工智能研究是没办法自行产生知识的。

在工业检测、安防监控、医疗影像等领域，往往能够产生大量的原始未标注的数据，这样的数据不包含知识，必须经过人工的标注才能支持深度学习的监督型算法，得到能够替代人或辅助人工作的模型和算法。

（1）图像分类标注。图像分类标注是一个给图像添加标签的过程，其中标签是一个确定的固定的预定义集合。任务的目的是为整个图像添加一个或多个分类标签。在一个关于野生动物分类模型的训练过程中，需要提供大量的野生动物照片和已知的分类，用以训练分类模型。在数字识别或文字识别的场景下，预定义集合就是 10 个阿拉伯数字或英文中文字符的全集。

（2）图像边界框标注。图像边界框标注是指为提供的图像中的某些对象周围绘制框。这个边框应尽可能地靠近对象的每个边缘，排除与任务不相关的部分。

边界框的一种典型应用是针对汽车自动驾驶的模型。模型需要在捕获到的交通图像内识别车辆、行人、交通标志等实体，并在其周围绘制边界框。因此，开发人员通过为机器学习模型提供带有边界框标注的图像，帮助正在进行自动驾驶的车辆实时区分出各类实体，并正确地控制行驶方向和速度。

（3）图像分割标注。有别于标注框这种主要关注绘制对象的外部边缘或边界的分类任务不同，语义分割需要更加精确和具体的坐标信息。它将整个图像中的每个像素分别与标签或分类相关联。在语义分割场景中，通常需要预定义一系列的标签，以便能够从中选择需要标记的内容。

语义分割和多边形标注类似，需要在一组像素周围绘制线条，并裁剪掉不属于主体的像素。

医学成像也是语义分割的另一个常见的应用场景。针对所提供的患者的医学影像，从医学角度将不同的身体部位，关联到正确的部位标签。因此，语义分割可以帮助处理"在扫描图像中标记脑部病变"之类需要非常专业的知识的特定领域的任务。

2. 清洗和降噪

（1）统一格式。统一基础数据的文件存储格式和组织形式。例如图像数据集，则全部统一为 jpg 格式或 NumPy 数据格式。在数据收集阶段把数据格式尽可能地统一，能够大大简化后续处理流程的复杂度。

（2）调整尺寸。对于图像数据类型，根据模型的需要将图片样本数据全部调整为相同的特定的分辨率尺寸。

（3）灰度图像。根据模型需要，将输入图像转换为灰度图像，或 RGB 彩色图像。

（4）去噪平滑。为提升输入图像的质量，用中值滤波器、高斯滤波器等对图像进行去噪平滑处理。

3. 增广和增强

大规模数据集是成功深度神经网络取得良好效果的前提。图像增广技术指的是通过对训练图像做规则或随机的改变，来产生相似但又不同的训练样本，从而扩大训练数据集的规模，使模型得到更充分、更全面、更多样化的训练，使得训练的模型具有更强的泛化能力，常用于数据量不足或者模型参数较多的场景。

常用的图像增广方法包括：

（1）镜像；

（2）缩放；

（3）翻转或旋转；

（4）裁剪或遮挡；

（5）增加人为的噪声；

（6）改变亮度、对比度、饱和度及色调；

（7）多种增广方式的结合。

4. 模型设计

深度学习项目中通常会面对一些常见的设计选择，不仅需要对深度学习的核心原理和常规模型有充分了解，还需要在特定问题的领域有深刻的业务理解。

5. 深度学习框架选型

TensorFlow 自发布以来，短时间就成为了最流行的深度学习框架，但距离 TensorFlow 发布一年后 PyTorch 就发布了，且受到研究人员的极大关注。到 2018 年，已经有大量的深度学习平台可供选择，包括 TensorFlow、Keras、PyTorch、Caffe、Parrots、MXNet 等。

很多研究人员之所以转向 PyTorch，有一个主要因素是 PyTorch 设计上非常注重端用户，API 设计十分简单且直观，错误信息更直观易于理解，API 文档也非常完整准确。PyTorch 中的特征，例如预训练模型、数据预处理、载入常用数据集都非常受欢迎，这些特征也慢慢被其他一些框架逐渐借鉴。

随着人工智能的发展，有很多开发框架可供选择来建立深度计算机视觉网络。

6. 成本函数设计

成本函数需要根据具体问题的场景具体选择，如分类问题需要交叉熵损失函数，回归问题一般选用均方误差损失函数。有些成本函数是标准的，但有些问题领域需要结合业务理解仔细考虑。

（1）分类问题：交叉熵，折页损失函数；

（2）回归：均方误差；

（3）对象检测或分割：交并比；

（4）策略优化：KL 散度；

（5）词嵌入：噪声对比估计；

（6）词向量：余弦相似度。

7. 评价标准设计

良好的评价标准有助于更好地评估模型效果和调整模型，对于模型训练中常见的过拟合、退化等问题可以及时的发现并寻找解决方案。

8. 正则化设计

L1 正则化和 L2 正则化都是常见且常规的正则化方法，L2 正则化在深度学习中更受欢迎。

L1 正则化可以产生更加稀疏的参数，这有助于解开底层表示。由于每个非零参数会往成本上添加惩罚，与 L2 正则化相比，L1 更加倾向于零参数，即与 L2 正则化中的许多微小参数相比，它更喜欢更多的参数为零。L1 正则化使参数更干净、更易于解释，因此可以作为特征选择的标准。

9. 输入标准化

我们通常可以将特征缩放至以零为均值的特定范围内，如［−1，1］。忽略特征缩放或特征的不适当缩放可能引发梯度爆炸或弥散。有时我们可以用归一化方法从训练数据中计算均值和方差，以使数据更接近正态分布。

10. 激活函数设计

在深度学习中，ReLU 是目前最常用的非线性激活函数。如果学习速率太高，则许多节点的激活值可能会处于零值。如果改变学习速率没有帮助，我们可以尝试 leaky ReLU 或 PReLU 等类 ReLU 函数。

11. 优化器设计

Adam 优化器是深度学习中最流行的优化器之一，适用于很多种问题，包括带稀疏或带噪声梯度的模型。其易于精调的特性使得它能更快速获得很好的结果。实际上，默认的参数配置通常就已经能工作得很好。Adam 优化器结合了 AdaGrad 和 RMSProp 的优点，结合了动量方法和学习率调整方法。

（三）模型训练

1. GPU 训练

深度学习的训练过程往往非常消耗计算性能，单机 CPU 服务器训练一个模型通常至少需要几个小时，大型模型甚至需要以月为单位。

训练过程的算力消耗可能来自两个部分，一部分来自数据处理和加载阶段，另一部分来自参数迭代即模型训练阶段。

数据处理阶段的瓶颈问题可以使用分布式计算或更多进程来处理数据,但当模型训练阶段成为训练的主要瓶颈时,就需要更多的技术或技巧来解决,最直接的方法是用GPU服务器进行训练来加速。

GPU着重加强了浮点运算能力,尤其适合处理任务单一但是繁重的工作,功能性比CPU服务器更强,但是在深度学习这样的浮点运算密集型应用领域尤为适合。

2. 分布式并行训练

深度学习技术经历了爆发期之后,就越来越广泛地被应用到各个实际的应用领域,包括计算机视觉、自然语言理解、语音识别、兴趣推荐等。在这些不同的领域中,深度学习技术都取得了亮眼的成果,因此人们对于它的信任感越来越强,要求也越来越高,随之而来的问题就是模型规模越来越大。

模型规模的扩大,对硬件的发展提出要求,需要更快的计算速度,更大的内存,此时甚至可以降低对功耗的要求。然而,因为单进程计算和内存容量的限制,单一设备的算力及能够容纳的模型的容量,都会受到物理条件的限制,芯片的计算速度和内容容量都慢慢达到了天花板,难以满足巨大模型的需求。

为了解决算力增速不足的问题,分布式训练成为了必然的解决方案,以提升算力,提高容量。

简单的算力堆叠并不一定会带来算力的线性增长。因为神经网络的训练过程并不仅是多个逻辑过程并行,还会包含若干串行流程,不仅要求尽可能多的设备同时进行计算,还需要在不同设备之间传输数据,只有设计出完整高效的算法,协调好集群中的通信,才能正确高效地进行分布式训练。

(四)模型部署

深度学习模型可以分为实时在线分析模型和离线批量分析模型两个大类。针对实时预测,服务通常部署为API形式以供客户端调用,例如使用流行的Restful形式接收客户端的图片内容,实时分析结果并同步回传给客户端;离线预测也是在服务器端甚至是服务器集群中部署,比如定时任务型部署,会按照策略定时从分布式文件系统中读取图像数据,经过模型分析,然后把分析结果写到数据库或其他存储系统以供其他模块或后续使用。

1. 部署为在线服务

一般互联网产品的后端 AI 计算会以在线服务的形式部署，例如人脸验证、语音服务、智能推荐等。由于一般是大规模部署，在考虑功耗和成本的同时需要最大化吞吐量和时延。通过使用 C/S 架构，将一个完整的深度学习模型的部署在高性能的服务器上，客户端只需要网络而无需使用昂贵的设备，即可使用 AI 的能力。

2. 部署为离线服务

针对历史归档型数据通常会以离线部署方式提供服务，例如对最新几个小时的交通检测图像进行违章分析，提取其中违章车辆的车牌号码等。

3. 部署在终端设备

在移动设备或嵌入式平台下，设备可能无法联网或对延迟要求极高，模型就会以本地形式部署在终端设备。因为一般终端设备的计算能力和存储能力都会受到很大限制，这就对模型的规模和计算效率提出了更高的要求。鉴于这种客观限制，模型可能需要经过压缩、剪枝或为了特定计算环境做针对性优化。

第三节　计算机视觉基础算法

考核知识点及能力要求：

- 计算机视觉算法实现原理。

21 世纪初，人工智能方向在不断拓展新的方法和可能性，其中作用于视觉相关的人工智能神经网络是当下最为常见和广泛运用的一种。视觉相关的算法涵盖了多种数学概念,信号处理等概念,其中最基础的要从机器是如何感知到颜色开始,再来讲解机器是如何对感知到的数学概念进行运算,从而输出人类可以理解的值与图像。

一、电子相机与颜色

在正式开始计算机视觉基础算法前,我们首先要知道人类是如何让计算机开始"拥有"视觉,这是通过一个电子相机的转化得来的。每一个光子,通过电子相机的传感器,会被转化为一个电子值,其拥有红色、绿色和蓝色三个值即我们通常所谓的RGB值。1930年,国际照明委员会(CIE)对RGB的表达进行了标准化。其中红色波长是700 nm,绿色波长是546.1 nm,蓝色波长是435.8 nm。

1. XYZ颜色表达

由于在某些情况下,会出现条件等色(谱成分不同而看上去完全相同的两种颜色),即两种本来不一样的颜色,但是某些时候人会感知为同一种颜色。我们为了更好地处理这种情况,从而引入了一种新的颜色表达,即XYZ颜色表达。对此,国际照明委员会也标准化了它的表达。

$$\begin{bmatrix} X \\ Y \\ Z \end{bmatrix} = \frac{1}{0.17697} \begin{bmatrix} 0.49 & 0.31 & 0.20 \\ 0.17697 & 0.81240 & 0.11063 \\ 0.00 & 0.01 & 0.99 \end{bmatrix} \begin{bmatrix} R \\ G \\ B \end{bmatrix} \quad (3-1)$$

如果我们将 XYZ 的值分别除以 $X+Y+Z$ 的和,我们会得到对应的 xyz 的色度坐标:

$$x = \frac{X}{X+Y+Z} \quad (3-2)$$

$$y = \frac{Y}{X+Y+Z} \quad (3-3)$$

$$z = \frac{Z}{X+Y+Z} \quad (3-4)$$

当我们了解到XYZ的颜色表达后,在XYZ的色空间(表达域)里有很多易用的特质,其中比较明显的就是可以将亮度和色度分开来。

2. L*a*b* 色空间

在 1976 年 CIE 推荐了均匀色空间，这个空间是一个三维直角坐标系统，是目前使用最广泛的测色系统。L*a*b* 色空间，其中：L* 表示颜色的明度，a* 为正时表示偏红、为负时表示偏绿，b* 为正时表示偏黄、为负时表示偏蓝。

3. RGB 图片举例

如图 3-24 所示，图片中第一行分别对应 BGR 和 b、g、r 通道图，第二行是对应从第一行图片中提取出来的小图像块。图（e）中（1，1）对应的 BGR 像素值是 [130 134 215]，图（f）中（1，1）对应的像素值是 130，对应图（e）中 b 通道的值；图（g）中（1，1）对应的像素值是 134，对应图（b）中 g 通道的值；图（f）中（1，1）对应的像素值是 215，对应图（b）中 r 通道的值。

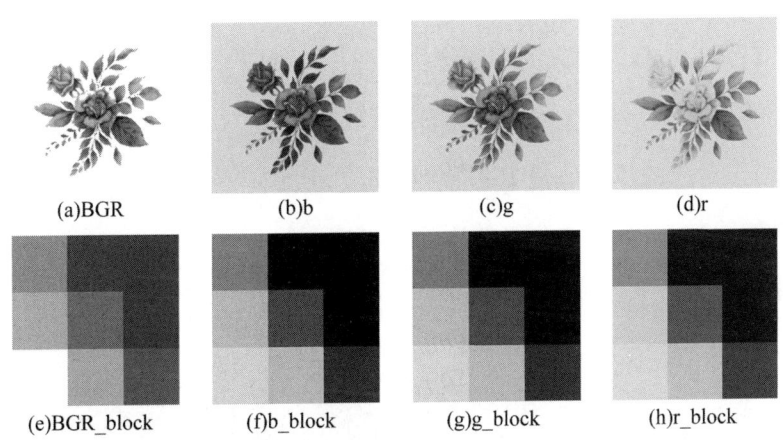

图 3-24　BGR 及其 Block

4. XYZ 图片举例

如图 3-25 所示，图片中第一行分别对应 XYZ 和 X、Y、Z 通道图，第二行是对应从第一行图片中提取出来的小图像块。图（e）中（1，1）对应的 XYZ 像素值是 [160 151 144]，图（f）中（1，1）对应的像素值是 160，对应图（e）中 X 通道的值；图（g）中（1，1）对应的像素值是 151，对应图（b）中 Y 通道的值；图（f）中（1，1）对应的像素值是 144，对应图（b）中 Z 通道的值。

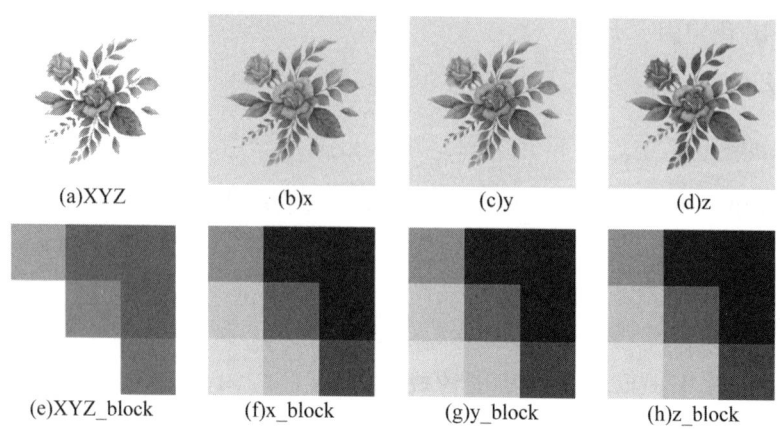

图 3-25　XYZ 及其 Block

5. L*a*b* 图片举例

如图 3-26 所示，图片中第一行分别对应 L*a*b* 和 L*、a*、b* 通道图，第二行是对应从第一行图片中提取出来的小图像块。图（e）中（1，1）对应的 L*a*b* 像素值是 [164 159 143]，图（f）中（1，1）对应的像素值是 164，对应图（e）中 L* 通道的值；图（g）中（1，1）对应的像素值是 159，对应图（b）中 a* 通道的值；图（f）中（1，1）对应的像素值是 143，对应图（b）中 b* 通道的值。

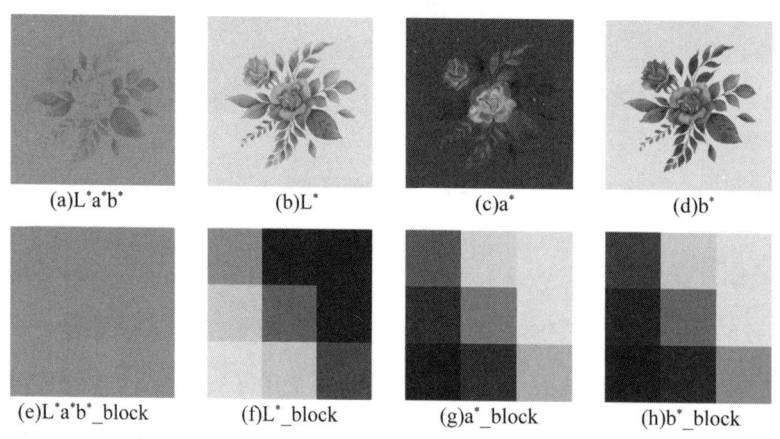

图 3-26　L*a*b* 及其 Block

6. 点运算

在上一个小节中，可以了解到在计算机视觉中，对图片有多种色空间的表达，其中 RGB 色空间是在日常生活中和图像处理中比较常见的一种表达，并且也可以了解到

XYZ 空间和 $L^*a^*b^*$ 空间的概念。

（1）点运算函数。首先来讲一下计算机视觉的图像处理问题中，最简单的一种计算方式：点运算。在点运算中，顾名思义，则是每一个输出的像素值，都只与一个输入的像素值相关。试想假如对于一个连续空间中的函数，会有一个表达式 $f(x)$，针对表达式 $f(x)$ 可以有一个针对每一个点的运算函数 $h(\cdot)$，因此，对于每一个点，可以有一个新的表达式：

$$g(x)=h(f(x)) \quad 或 \quad g(x)=h(f_0(x),\cdots,f_n(x)) \qquad (3-5)$$

（2）点运算函数举例。这里来举个简单的例子，假如对一个图像中，每一个像素点的 B 值，都做一个加法的运算，如图 3-27 所示。

(a) b^* 值增加 50　　　　(b) 原图

图 3-27　点预算函数举例

可以看到如图 3-27（a）所示中是对每一个像素点的 b^* 值都增加了 50 后的效果，如图 3-27（b）所示则是原图，整体的颜色都泛蓝了一些。

（3）线性混合操作。然而，在拍摄的图片中，并不存在所谓的连续空间，因为每一个像素，都是一个离散的点。并且每一个图像中，都可以根据像素的位置来对其标注 (i, j) 的值。这里 i 和 j 可以被理解为是像素在图像中的位置，类似于在二维坐标系中 x，y 的值的概念。并且在某一个图像中，图像中像素点的数量是有限个。那么对于每一个具体的像素点 x 都可以具象表达到 (i, j)，如果要对每一个离散点都做运算，那么这个函数如公式（3-6）所示：

$$g(i,j)=h(f(i,j)) \qquad (3-6)$$

最常用的运算公式可以表达为：

$$g(x) = af(x) + b x a > 0 \qquad (3-7)$$

这里的 a 通常称之为增益，而 b 则称之为偏置。通常来说，这两个值也用来控制图片的对比度和亮度。当然 a 与 b 也可以不为恒定值，而随着空间位置变化而变化，这样就可以获得这样一个表达式。

$$g(x) = a(x)f(x) + b(x) \qquad (3-8)$$

那么随着空间位置变化而进行不同程度的增益，这个概念叫做线性混合操作。其公式如式（3-9）所示：

$$g(x) = (1-a)f_0(x) + af_1(x) \qquad (3-9)$$

（4）线性混合操作举例。如图 3-28 所示的这三个图中，其中当 $a=33\%$ 的时候，可以看到花的图片和森林的图片混合在一起，而当 $a=100\%$ 的时候，我们可以看到，花和树被过度曝光了。这里用的是 openCV 中的 addWeighted 函数来操作的。

(a)background　　(b)$a=0$　　(c)output

(d)background　　(e)$a=33\%$　　(f)output

(g)background　　(h)$a=100\%$　　(i)output

图 3-28　线性混合操作举例

（5）Gamma 校正。刚刚讲到的方法都属于线性变化的部分，那么现在介绍一种非线性变化但是被广泛应用的处理方式，即 Gamma 校正。

从技术上 Gamma 校正可以被分为三步：

1）归一化。在这里我们可以将图片中的像素值转化为一个介于 0~1 的实数，例如某一个值如果是 100，则我们可将其转化为：

$$\frac{100+0.5}{256}=0.39257 \quad (3-10)$$

2）预补偿。在这步操作中，计算上一步所得到的结果的指数运算，这个指数则为预设的 Gamma 值（γ）的倒数。例如 Gamma 值取 2.2，则 $\frac{1}{2.2}=0.454545$ 是对上一步的计算结果要进行的补偿指数，则补偿结果为 $0.39257^{0.454545}=0.653758$。

3）反归一化。最后则是将预补偿计算得出的数字，反向的生成回 0~255 的整数值，这里可以计算 $0.653758 \times 256 - 0.5 = 166.8$，则可以取 167 作为结果作为返回值。

则整个 Gamma 校正的表达为：

$$g(x)=[f(x)]^{\frac{1}{\gamma}} \quad (3-11)$$

按照经验来说，一般 γ 取值 2.2 为比较好的状态。

（6）Gamma 校正举例。

在如图 3-29 所示（a）中，可以看到原图中，白色面包车最右侧的部分，肉眼观察上已经是非常暗，不能有效侦测物体了。在图 3-29（b）、（c）、（d）中，分别将 gamma 的值设定为 0.8、2.2 和 3。可以看到在图 3-29（b）中，当 gamma 为 0.8 时，画面变得更黑了。当 gamma 为 2.2 时，图片的亮度还原到了比较恰当的状态。当 gamma 为 3 时，画面的亮度就会变得相对过亮，躁点也很明显。所以按照经验来说，一般当 gamma 为 2.2 时，可以校正到一个相对好的状态。

(a)origin

(b)gamma=0.8

(c)gamma=2.2

(d)gamma=3

图 3-29　Gamma 校正举例

二、进阶图像处理

边缘检测是图像处理中的一个重要概念,边缘从逻辑的概念上,则是图像的像素梯度出现了大幅的变化。在连续的函数概念上,可以理解是在二维连续集上有函数 $f(x, y)$,也可以通过求导获得该函数在 x 和 y 分量的偏导数,根据定义可以得到:如式(3-12)、式(3-13)所示。

$$\frac{\mathrm{d}f(x, y)}{\mathrm{d}x} = f(x + \Delta x, y) - f(x, y) \tag{3-12}$$

$$\frac{\mathrm{d}f(x, y)}{\mathrm{d}y} = f(x, y + \Delta y) - f(x, y) \tag{3-13}$$

然而在图像中,没有连续的概念,因为每一个像素的值都是离散的点,所以在计算梯度变化率的时候,delta 即 Δ,则为需要计算的对应的 x 或 y 的值。公式的表达为:

$$\frac{\mathrm{d}f(x, y)}{\mathrm{d}x} = f(x+1, y) - f(x, y) \tag{3-14}$$

$$\frac{\mathrm{d}f(x, y)}{\mathrm{d}y} = f(x, y+1) - f(x, y) \tag{3-15}$$

下面主要介绍一下用来计算图像中的边缘的几种不同的算子。

1. Prewitt 算子

Prewitt 算子是一种一阶微分算子的边缘检测,利用图像中的上下左右邻点的灰度差,来去除伪边缘。其中需要对图像空间中两个方向的临域卷积来完成。两个模板分别检测水平边缘和垂直边缘。

举例来说,对于某图像 $f(x, y)$,Prewitt 边缘检测输出图像 G,图像的 Prewitt 边缘检测算子可由下面的公式来确定。在 x 方向上,可以有公式:

$$G_x = |f(i-1, j-1) + f(i-1, j) + f(i-1, j+1) - f(i+1, j-1) - f(i+1, j) - f(i+1, j+1)| \tag{3-16}$$

在 y 方向上,可以有公式:

$$G_y=|f(i-1, j+1)+f(i, j+1)+f(i+1, j+1)-f(i-1, j-1)-f(i, j-1)-f(i+1, j-1)|$$

（3-17）

用矩阵的表达则可以表达为：

$$\boldsymbol{G}_x = \begin{bmatrix} 1 & 1 & 1 \\ 0 & 0 & 0 \\ -1 & -1 & -1 \end{bmatrix} \quad （3-18）$$

$$\boldsymbol{G}_y = \begin{bmatrix} 1 & 0 & -1 \\ 1 & 0 & -1 \\ 1 & 0 & -1 \end{bmatrix} \quad （3-19）$$

下面来举一个图像中实际应用的例子：

如图 3-30 所示，可以看到通过 Prewitt 算子，得到了一个边缘的结果，在图中，用了 Prewitt 算子的图，已经勾勒出了 Lena 图片里面的轮廓。

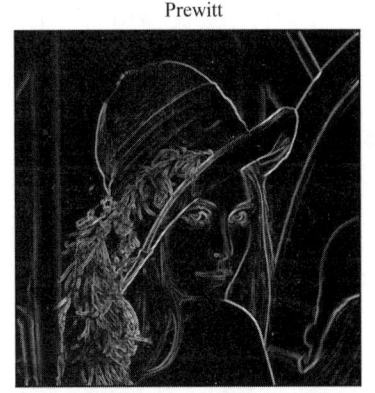

图 3-30　Prewitt 算子实际使用

2. Sobel 算子

Sobel 算子是通过离散微分的方法来计算图像的边缘部分，其道理和前面介绍的 Prewitt 算子类似，不过 Sobel 的算法提高了对平缓地区边缘地区的响应，相比于前文的算子，效果会更好一些。

在 Sobel 边缘检测算子提取图像边缘的过程大致可以分为下面三个步骤。

步骤一：

提取 x 方向的边缘，x 方向的算子可以表达为：

$$G_x = \begin{bmatrix} -1 & -2 & -1 \\ 0 & 0 & 0 \\ 1 & 2 & 1 \end{bmatrix} \quad (3-20)$$

步骤二：

提取 y 方向的边缘，y 方向的算子可以表达为：

$$G_y = \begin{bmatrix} -1 & 0 & 1 \\ -2 & 0 & 2 \\ -1 & 0 & 1 \end{bmatrix} \quad (3-21)$$

步骤三：

综合两边的信息，这里有两种方法，一种是对对应像素平方和的算术平方根：

$$I(x, y) = \sqrt{I_x(x, y)^2 + I_y(x, y)^2} \quad (3-22)$$

另一种则是求对应像素的像素值之和：

$$I(x, y) = |I_x(x, y)^2| + |I_y(x, y)^2| \quad (3-23)$$

下面举一个图像中实际使用的例子：

如图 3-31 所示，可以看到 Sobel 算子也可以勾勒出图片的轮廓，且比 Prewitt 算子的效果更明显一些。

图 3-31　Sobel 算子实际使用

三、深度学习

深度学习是目前在计算机视觉中最为常见的一种处理方法，它被引入机器学习使其更接近于人工智能。深度学习是学习样本数据的内在规律和表示层次，这些学习过程中获得的信息对诸如文字、图像和声音等数据的解释有很大的帮助，最终让机器能够像人一样具有分析学习的能力。深度学习在搜索技术、数据挖掘、机器学习、机器翻译、自然语言处理、多媒体学习等相关领域都取得了许多成果，解决了很多复杂的模式识别难题，使得人工智能相关技术取得了很大的进步。

（一）神经网络

深度神经网络是当代人工智能中最重要的算法结构之一，大部分当代的正在广泛使用的，有诸如人脸识别，车辆检测，背景去除等模型。神经网络可以大体简单描述为一个拥有输入层，隐含层和输出层的结构。其中顾名思义，输入层是信息输入的层，而输出层则是得到反馈结果的层，中间的隐含层则是用来对数据进行处理与运算的部分。在每一层的神经网络结构里，神经元是最小的单位，每一个神经元会储存对应的信息。神经元通过与对应权重的运算来传递信息至下一层的神经元。这个结构的设计和生物界动物的大脑结构类似，在人类的大脑内，大概有100亿个神经元，神经元与神经元之间存在着复杂的连接关系，而信息也在这之间传递。

如图3-32所示，最左侧的神经元组成的为输入层，中间神经元组成的则为隐含层，最右侧神经元组成的则为输出层。图中的神经网络结构也被称为全连接神经网络。即每一层的神经元都与下一层的全部神经元相连，这也是最经典的网络结构。

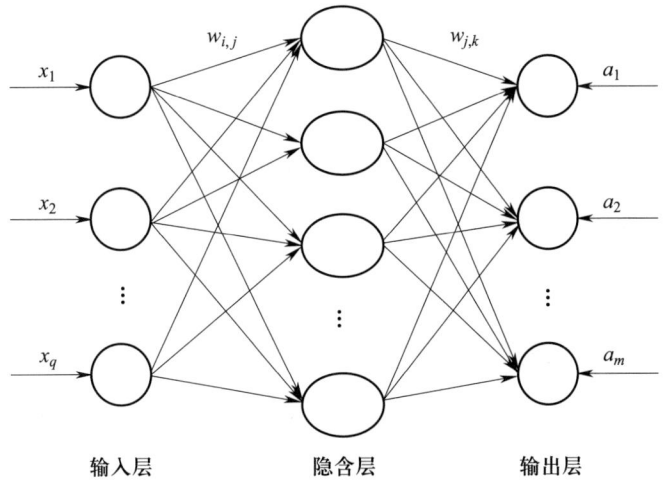

图 3-32 神经网络

（二）神经元、权重与层

1. 神经元

神经元是神经网络中的基础组成部分之一。每一个神经元的值可以被理解为是由其对应的输入乘以权重加上一个偏置值而得到的公式。

$$s_i = w_i^T x_i + b_i \tag{3-24}$$

这里 s 的值则是每个神经元的值，w 的值则是权重值，x 则是输入的值，b 则是偏置值。

2. 激活函数

激活函数也是神经元计算中的重要函数，一般来说在计算完一个神经元的值后，会将值置入一个非线形的激活函数中去，得到一个新的值，这个值也会成为置入到下一层中的对应的输入。

$$y_i = h(s_i) \tag{3-25}$$

3. 激活函数举例

下面介绍几种比较常见的激活函数：

（1）修复线性单元（rectified linear unit，ReLU）。

$$h(y) = \max(0, y) \tag{3-26}$$

如图 3-33 所示，可以看到这个函数的作用则是将所有神经元输出为负的值都归零，这样可以提高网络的稀疏性，一定程度上减少神经元之间的联系，可以一定程度预防过拟合。

（2）双曲正切。

$$h(y) = \tanh(y) \tag{3-27}$$

如图 3-34 所示，输入的值除 0 外，会被快速收敛到更接近 1 或 –1，这类激活函数，在分类问题上会被广泛用到。

（三）神经网络中常用的损失函数

在机器学习中，通常把模型关于单个样本预测值与真实值的差称为损失，损失越小，模型越好，而用于计算损失的函数称为损失函数，即

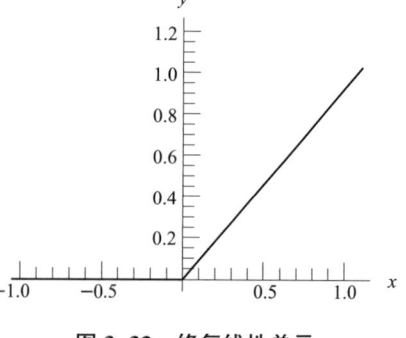

图 3-33 修复线性单元

损失函数用于衡量模型所作出的预测值离真实值（ground truth）之间的偏移程度，从而优化神经网络的参数。损失函数的图像如图 3-35 所示。常用的损失函数有以下几种：

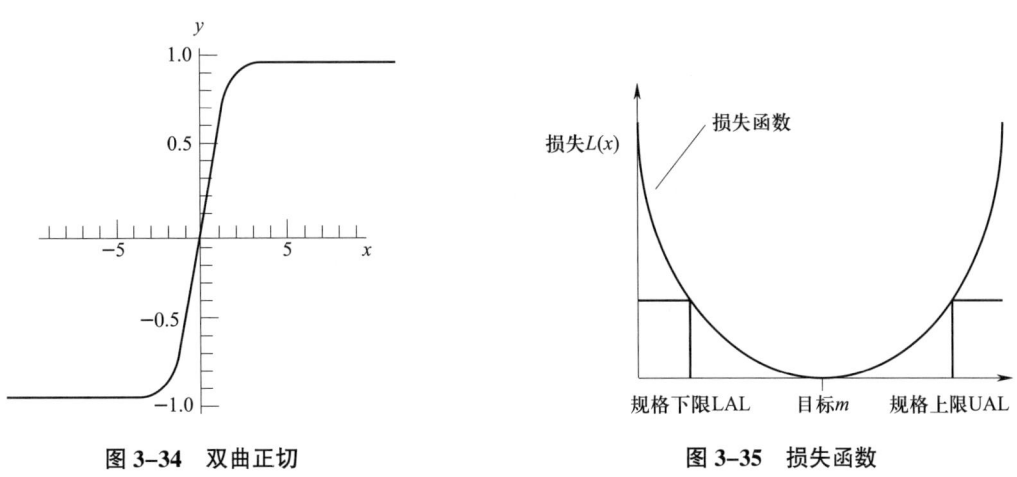

图 3-34　双曲正切　　　　　　　图 3-35　损失函数

1. 平均绝对误差函数（mean absolute error loss，MAE Loss）

MAE Loss 是回归损失中常见的一个损失函数，它衡量的是预测值与真实值之间的平均误差幅度，作用范围是 0 到正无穷。其基本形式如公式（3-28）所示。

$$\text{MAE} = \frac{\sum_{i}^{n} |y_i - y_i^p|}{n} \tag{3-28}$$

L1 Loss 收敛速度快，能够对梯度给予合适的惩罚权重，使梯度更新的方向可以更加精确。但它对异常值十分敏感，梯度更新的方向很容易受离群点所主导，不具备鲁棒性。

2. 均方差损失函数（mean squared error loss）

均方差损失是机器学习、深度学习回归任务中最常用的一种损失函数，也称为 L2 Loss，它衡量的是预测值与真实值之间距离的平方和。其基本形式如公式（3-29）所示。

$$J_{\text{MSE}} = \frac{1}{N} \sum_{i=1}^{N} (y_i - \hat{y}_i)^2 \tag{3-29}$$

L2 Loss 对离群点或者异常值更具有鲁棒性，但在 0 点处的导数不连续，使得求解效率低下，导致收敛速度慢；而对于较小的损失值，其梯度也同其他区间损失值的梯度一样大，不利于网络的学习。

3. Softmax Loss 损失函数

Softmax Loss 可分为 softmax 和交叉熵损失两部分。首先将每个神经元的输入进行 softmax 操作，得到预测概率（输出等于输入占当前所有神经元输入之和的比值），然后利用交叉熵损失函数计算损失，其表达式为：

$$\begin{aligned} L_{\text{softmax}} &= -\frac{1}{n} \sum_{i=1}^{n} \log \frac{e^{W_{y_i}^T f_i}}{\sum_{j=1}^{c} e^{W_j^T f_i}} \\ &= -\frac{1}{n} \sum_{i=1}^{n} \log \frac{e^{\|W_{y_i}\| * \|f_i\| * \cos(\theta_{y_i})}}{\sum_{j=1}^{c} e^{\|W_j\| * \|f_i\| * \cos(\theta_j)}} \end{aligned} \quad (3-30)$$

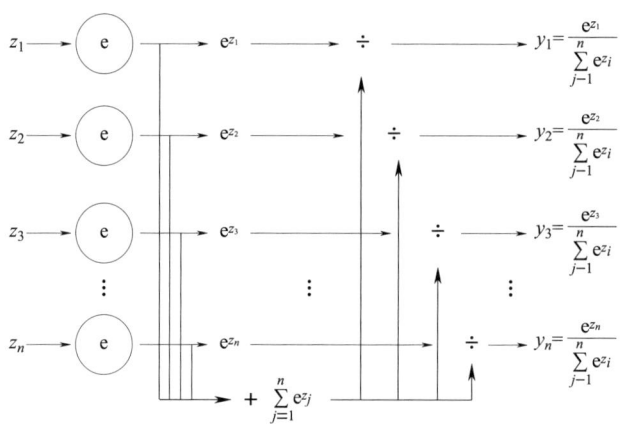

图 3-36　Softmax Loss 损失函数

其中，N 是样本数量，n 是类别数量，f 是最后一个全连接层的输入，W_j 是最后一个全连接层参数矩阵 W 的第 j 列。$W_{y_i}^T x_i$ 称为第 i 个样本的目标逻辑，本质上是预测为某个类别对应的输出值。Softmax Loss 损失函数如图 3-36 所示。

思考题：

1. 简述计算机视觉技术有可能应用的领域，并分析计算机视觉技术的优势。

2. 描述智慧金融中计算机视觉技术的应用有哪些。

3. 算法开发一般会包含哪些过程？每个过程完成的主要任务有哪些？

4. 模型训练过程中一般会对数据进行数据增强，为什么要进行数据增强以及常见的数据增强方法有哪些？

5. 什么是边缘检测？常见的边缘检测算法有哪些？

6. 分别介绍一下神经网络中的激活函数和损失函数的定义及作用，并列举常用的一些激活函数和损失函数。

第四章
计算机视觉产品验证

本章主要围绕计算机视觉产品验证，详细介绍计算机视觉产品验证技术体系的基本架构和主要技术规范，围绕计算机视觉相关的人工智能场景展开叙述，简要介绍了计算机视觉系统相关的主要硬件组件以及使用方法，并解读了其主要组件的验证方法，最后讲解了计算机视觉相关软件算法和模型的主要验证方法。通过本章的学习，可以基本掌握计算机视觉领域基础组成部分以及其验证方法，了解计算机视觉场景下对已完成的计算机视觉系统进行的一般验证方法。

- **职业功能：** 人工智能产品验证。
- **工作内容：** 计算机视觉产品验证。
- **专业能力要求：** 能执行计算机视觉人工智能场景的验证流程；能执行计算机视觉应用主要组件的使用流程；能完整验证计算机视觉应用组件的功能、性能等；能完整验证计算机视觉开发的算法和模型的精度。
- **相关知识要求：** 计算机视觉人工智能场景的主要环节和验证方法；计算机视觉应用的主要组件和使用流程；计算机视觉应用主要组件的功能验证方法和性能验证方法；计算机视觉算法和模型的精测验证方法。

第一节 计算机视觉人工智能场景的主要环节和验证方法

考核知识点及能力要求：

● 了解计算机视觉和人工智能的概念，了解计算机视觉在不同人工智能场景中的应用环节；

● 了解计算机视觉在人工智能场景下的部署和验证方法。

计算机视觉赋予机器自然视觉的能力，用摄影机和计算机代替人类视觉系统捕捉外部的图像信息，并从获取的图像中提取特征信息，通过解释分析实现对目标的分类、识别、跟踪等功能。人工智能是一门使用机器模拟、扩展人的智能的技术科学，包含机器学习、深度学习、图像处理、语音识别等多个领域的技术和方法。计算机视觉与人工智能是相辅相成、密不可分的。

一、计算机视觉在人工智能场景的主要环节

目前，计算机视觉技术在帮助机器识别自然环境中不同类型的物体方面发挥着重要作用，在人工智能场景有着广泛的应用，例如智能安防、智慧城市、智慧金融、智能制造、智慧医疗、智慧交通等。下面具体介绍三个人工智能场景中计算机视觉的应用。

（一）智慧楼宇

以人工智能技术为中心赋能办公楼宇行业，整合前沿的图像算法技术和相关软硬件，为办公楼宇场景提供对应智慧解决方案，帮助楼宇物业管理和业主降本增收，为楼宇带来更佳的客户体验。

应用环节：

（1）刷脸通行：楼宇内员工通过人脸识别技术，实现楼宇内全场景的"一脸通"，解放用户的双手，提高通行效率。通过人脸识别技术，实现刷脸过闸、刷脸控梯、刷脸开门、刷脸访客、刷脸考勤等应用场景，在给用户提供高质量的通行体验的同时，实现企业对员工的精细化管理。

（2）共享办公：通过人脸识别技术，员工可以体验刷脸共享打印、刷脸会议签到、刷脸存取货物等共享办公场景，在享受快捷办公体验的同时，提高设备和场所的利用效率，实现企业的降本增效。

（3）安全无忧：通过安防布控技术，实现对人群的无感监控和智能预警，给传统的安防摄像头赋能，让系统具备主动感知威胁和违规，主动告知管理人员，主动出具告警记录历史统计的能力。

（4）智慧迎宾：通过互动娱乐方式，抓取人员结构化数据（性别、年龄等），为用户提供产品的精准广告推荐。通过人脸识别设备与大屏互动的形式，为来宾提供极具科技感的欢迎体验。

（二）智慧场馆

覆盖杭州国际博览中心主体建筑，由地上五层和地下二层组成，设有展览中心、会议中心（61个会议室）、综合物业、屋顶花园（城市客厅）、地下商业及车库（4 148个停车位）等，涉及会议、展览、酒店、商业、写字楼五个业态。

应用环节：

（1）智慧安防：人工智能大数据系统、MAC特征采集系统、可视化应急指挥平台、大数据可视化平台等。

（2）智慧体验：AR导航等。

（3）智慧交通：停车引导系统、反向寻车系统、车辆感知系统。

（4）智慧运营：楼宇自控、能耗采集、能源管控等。

（5）智慧服务：智能迎宾签到、人脸闸机等。

（三）智慧水岸

上海市徐汇区滨江"智慧水岸"项目的建设推动并提升人工智能对创新驱动发展、经济转型升级和社会精细化治理的引领带动效能，争取打造成为全国领先的人工智能应用示范地标。同时探索与超大型城市重点区域运行相适应的人工智能深度应用的经验，打造人工智能创新应用示范区，形成人工智能深度应用场景。

"智慧水岸"项目的建设将建立区域的智能感知和数据采集机制，提高对滨江区域安防、环境、基础设施等管理能力，推动社会综合治理、大人流监测预警等领域的智能化管理水平，增强滨江区域的智能防控能力。利用图像识别和机器学习技术，加强交通规划、路网客流监控疏导，提升基础设施运行效率，降低城市运行管理成本。

应用环节：人脸布控，轨迹追踪，人群检测，车辆/高危区域告警，移动端实时交互，物联网统一接入，寻人找物，人员滞留分析，混乱程度分析。

二、计算机视觉环节验证方法

计算机视觉产品在人工智能场景的多个环节中都有出现，说明其在人工智能场景的应用中能起到重要的作用，达到较为满意的效果，对于计算机视觉在人工智能场景中的应用效果可以通过以下思路进行验证：

（1）部署实验环境。

（2）选择测试目标。用于测试的目标物根据应用场景和目的来确定。

（3）采集包含目标的图像类数据。

（4）处理获取的数据并预测结果，做出判别决策。包含对数据的转换、去噪增强、提取特征、分析等操作。

（5）计算评价指标。评价指标可以是预测目标的速度、准确率、方法的适用性等。

下面以计算机视觉在人脸识别项目中的应用为例进行详细说明。

（1）在人工智能场景下部署摄像头等设备，采集包含目标的视频、图像。

（2）设置一定数量的工作人员作为测试目标。

（3）采集包含工作人员的人脸图像数据，当工作人员在采集设备的拍摄范围内时，采集设备会自动搜索并拍摄人脸图像。

（4）预处理获取的数据，提取人脸特征，将待识别的人脸特征与已得到的人脸特征模板进行比较，根据相似程度对人脸的身份信息进行判断。

（5）计算人脸识别的准确率和识别速度，验证方法的效果。

第二节　计算机视觉应用的主要组件和使用流程

考核知识点及能力要求：

- 了解计算机视觉系统组件；
- 了解计算机视觉系统工作过程。

一、计算机视觉系统的主要组件

计算机视觉系统的目的就是通过计算机视觉产品（光源、镜头、相机、采集卡）将被拍摄的目标转换为图像信号，传送给机器视觉软件（图像处理系统），来代替人眼的测量、检测和判断。其原理是由计算机、图像处理器以及相关设备来模拟人的视觉行为，完成后得到人的视觉系统所得到的信息。

一套完整的视觉检测系统主要包含图像采集部分和图像分析部分，其中图像采集部分是计算机视觉系统的核心，视觉通过照明光源、镜头、相机、图像采集卡等来实现。下面将重点介绍计算机视觉系统中的五大组件模块。

（一）视觉光源（照明光源）

照明光源作为机器视觉系统输入的重要部件，它的好坏直接影响输入数据的质量和应用效果。由于没有通用的机器视觉照明设备，所以针对每个特定的应用实例，要选择相应的视觉光源，以达到最佳效果。常见的光源有：LED 环形光源、低角度光源、背光源、条形光源、同轴光源、冷光源、点光源、线型光源和平行光源等。

（二）镜头

镜头在机器视觉系统中主要负责光束调制，并完成信号传递。镜头类型包括：标准、远心、广角、近摄和远摄等，选择依据一般是相机接口、拍摄物距、拍摄范围、CCD 尺寸、畸变允许范围、放大率、焦距和光圈等。

（三）相机

相机在机器视觉系统中最本质的功能就是将光信号转变为电信号，与普通相机相比，它具有更高的传输力、抗干扰力以及稳定的成像能力。按照不同标准可有多种分类：按输出信号方式，可分为模拟相机和数字相机；按芯片类型不同，可分为 CCD 相机和 CMOS 相机，这种分类方式最为常见。

（四）图像采集卡

图像采集卡虽然只是完整机器视觉系统中的一个部件，但它同样非常重要，它直接决定了摄像头的接口：黑白、彩色、模拟、数字等。比较典型的有 PCI 采集卡、1394 采集卡、VGA 采集卡和 GigE 千兆网采集卡。这些采集卡中有的内置多路开关，可以连接多个摄像机，同时抓拍多路信息。

（五）机器视觉软件

机器视觉软件是机器视觉系统中自动化处理的关键部件，根据具体应用需求，对软件包进行二次开发，可自动完成对图像采集、显示、存储和处理。在选购机器视觉软件时，一定要注意开发硬件环境、开发操作系统、开发语言等，确保软件运行稳定，方便二次开发。

二、计算机视觉系统工作过程

机器视觉系统是指通过机器视觉产品（相机、镜头、光源）将被摄取目标转换成图像信号，传送给电脑，根据像素分布和亮度、颜色等信息，转变成数字化信号；再配合适当的图像处理软件，对图像进行识别、检测以及做出各种信号的输出，给出设备动作的信号。一个完整的机器视觉系统的主要工作过程如下：

（1）工件定位检测器探测到物体已运动至接近摄像机视野的中心，向图像采集卡发送触发脉冲。

（2）图像采集卡按事先设定的程序和时延，分别向摄像机和照明设备发出启动脉冲。

（3）摄像机停止目前的扫描，重新开始新的一帧扫描；或者摄像机在启动脉冲来到之前处于等待状态，启动脉冲来到后启动一帧扫描。

（4）摄像机开始新的一帧扫描之前，打开曝光机构，曝光时间可以事先设定。

（5）另一个启动脉冲打开灯光照明，灯光开启时间应与摄像机曝光时间匹配。

（6）摄像机曝光后，正式开始一帧图像的扫描和输出。

（7）图像采集卡接收模拟视频信号并通过 A/D 将其数字化，或者直接接收摄像机数字化之后的数字视频。

（8）图像采集卡将数字图像放到处理器或者计算机的内存中。

（9）处理器对图像进行处理、分析、识别，获得测量结果或逻辑控制值。

（10）处理结果控制流水线的动作或进行定位，纠正运动的误差等。

第三节　计算机视觉应用主要组件的功能验证方法和性能验证方法

考核知识点及能力要求：
- 了解计算机视觉系统组件选型。

一、计算机视觉系统的主要组件的选型验证方法

在前述计算机视觉组件中，由光源、镜头和相机组成的图像采集系统是计算机视觉的核心组成部分，图像采集系统的选用会直接影响到系统的成像质量。下面具体介绍上述三个重要组件的选型以及相关知识。

（一）光源

在实际项目中，图像实际成像的效果跟光照条件有密切的关系。光源的选择和照明的合理性至少可以直接影响 30% 的成像质量，因为良好的光照条件能够取得良好的成像效果，从而有效区分目标物体和背景，降低识别的难度。因此，光源是机器视觉系统中非常重要的一部分。首先我们需要了解，机器视觉中的光源起到的作用有哪几个方面。

（1）照亮目标，提高亮度。

（2）形成有利于图像处理的成像效果，降低系统的复杂性和对图像处理算法的要求。

（3）克服环境光干扰，保证图像稳定性，提高系统的精度、效率。

通过恰当的光源照明设计，可以使图像中的目标信息与背景信息得到最佳分离，这样不仅大大降低图像处理的算法难度，还提高系统的精度和可靠性，但非常遗憾，目前没有一个通用的机器的视觉照明系统可以应对不同的检测要求，因此针对每个特定的案例，都需要设计适应的照明装置，以达到最佳效果，而不合适的照明，则会引起很多问题。机器视觉光源如此重要，却往往被忽视。

目前机器视觉光源主要采用LED（发光二极管），其由于具有形状自由度高、使用寿命长、响应速度快、颜色多样、综合性价比高等特点在行业内广泛应用。

（1）形状自由度高。一个LED光源是由许多单个LED组合而成的，因而跟其他光源相比，可做成更多的形状，更容易针对用户的情况，设计光源的形状和尺寸。

（2）使用寿命长。为了使图像处理单元得到精确的、重复性好的测量结果，照明系统必须保证相当长的时间内能够提供稳定的图像输入。LED光源在连续工作10 000到30 000小时后，亮度衰减，但远比其他型式的光源效果好。此外，用控制系统使其间断工作，可抑制发光管发热，寿命也将延长一倍。

（3）响应速度快。LED发光管响应时间很短，响应时间的真正意义是能按要求保证多个光源之间或一个光源不同区域之间的工作切换，采用专用控制器给LED光源供电时，达到最大照度的时间小于10 s。

（4）颜色多样。除了光源的形状以外，得到稳定图像输入的另一方面就是选择光源的颜色。相同形状的光源，由于颜色的不同得到的图像也会有很大的差别。实际上，如何利用光源颜色的技术特性得到最佳对比度的图像效果一直是光源开发的主要方向。

（5）综合性价比高。选用低廉而性能没有保证的产品，初次投资的节省很快会被日常的维护、维修费用抵消。其他光源不仅耗电是LED光源的2～10倍，而且几乎每月都要更换，浪费了维修工程师许多宝贵的时间。而且投入使用的光源越多，在器件更换和人工方面的花费就越大，因此选用寿命长的LED光源从长远看是很经济的。

1. 机器视觉照明技术基础知识

（1）照射方式。选择不同的光源，控制和调节照射到物体上的入射光的方向是机器视觉系统设计的最基本的参数，它取决于光源的类型和相对于物体放置的位置，一般来说有两种最基本的方式：直射光和漫射光（见图 4-1），所有其他的方式都是从这两种方法中延伸出来的。

直射光：入射光基本上来自一个方向，射角小，它能投射出物体阴影。

漫射光：入射光来自多个方向，甚至于所有的方向，它不会投射出明显的阴影。

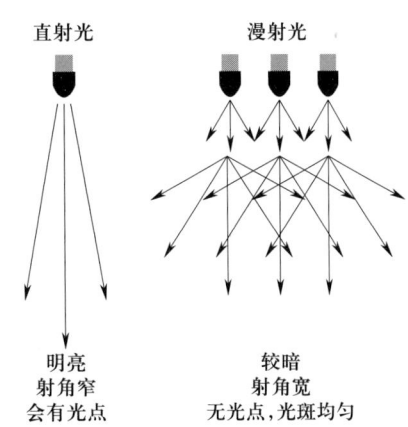

图 4-1　直射光和漫射光

（2）反射方式。如图 4-2 所示，物体反射光线有两种不同的反射特性：直反射和漫反射。

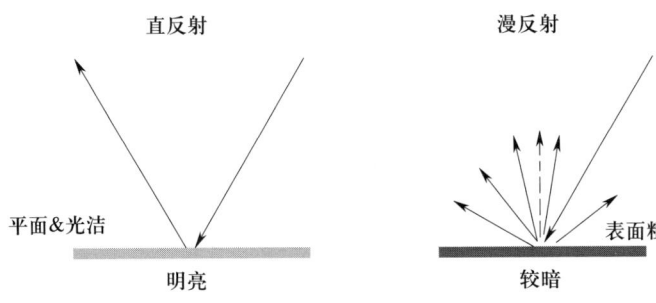

图 4-2　直反射和漫反射

直反射：光线的反射角等于入射角。直反射有时用途很大，有时又可能产生极强的眩光。在大多数情况下应避免镜面反射。

漫反散：照射到物体上的光从各个方向漫散出去。在大多数实际情况下，漫散光在某个角度范围内形成，并取决于入射光的角度。

（3）颜色。光谱中很大的一部分电磁波谱是人眼可见的，在这个波长范围内的电磁辐射被称作可见光，如图 4-3 所示，可见光范围在 400 ~ 760 nm（有的人可以观测到 380 ~ 780 nm），即从紫色（380 nm）到红色（780 nm）。

如图 4-4 所示，色环就是在可见光光谱中的色彩的排序，形成红色连接到另一端的紫色，机器视觉中应用到的色环通常包括6种不同的颜色，分为两大类：暖色和冷色，暖色由红色调构成，冷色来自蓝色调，通常用相反色温的光线照射，图像可以达到最高级别的对比度，相同色温的光线照射，可以有效滤除，因此灵活利用色温特性，对选择光源很有帮助。

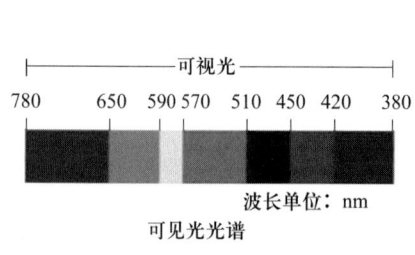

图4-3 可见光光谱

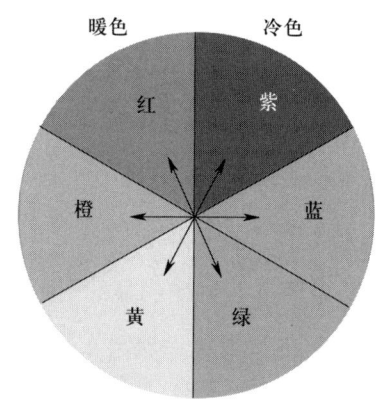

图4-4 色环

（4）明视场和暗视场。明视场是最常用的照明方案，采用正面直射光照射形成，而暗视场主要由低角度或背光照明形成，对于不同项目检测需求，选择不同类型的照明方式，一般来说暗视场会使背景呈现黑暗，而被检物体则呈现明亮。

（5）光源分类。目前主要有以下几种分类方式：

1）颜色。常用光源颜色集中在可见光范围，主要有白光（复合光）、红色光、蓝色光、绿色光，另外红外光也比较普及，而紫外光由于各种原因，应用较少。

2）外形。各厂家会根据不同光源外形特性进行分类，也是目前的主流分类，比如环形光源、环形低角度光源、条形光源、圆顶光源（碗光源/穹顶光源）、面光源等。

3）工作原理/特性。按照不同的应用方式或者原理进行分类，主要有无影光源、同轴光源、点光源、线光源、背光源、组合光源以及结构光源等。

2. 常见的光源类型及照明方式

（1）一般目的的照明（直接照明）：如图4-5所示，光直接射向物体，得到清楚的影像。

图 4-5 机器视觉环形光源（1）

当需要得到高对比度物体图像的时候，这种类型的光很有效。但是当我们用它照在光亮或反射的材料上时，会引起像镜面的反光。通用照明一般采用环状或点状照明。环光是一种常用的通用照明方式，其很容易安装在镜头，可给漫反射表面提供足够的照明。

（2）暗场照明：如图 4-6 所示，暗场照明是相对于物体表面提供低角度照明。

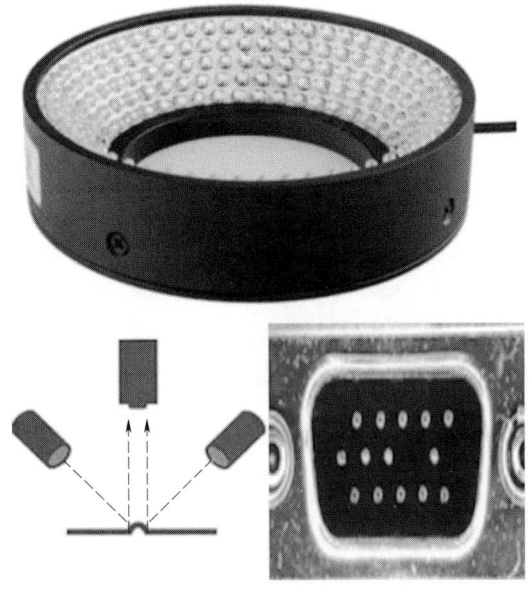

图 4-6 机器视觉环形光源（2）

使用相机拍摄镜子使其在其视野内,如果在视野内能看见光源,就认为是亮场照明;相反的,如果在视野中看不到光源,就是暗场照明。因此光源是亮场照明还是暗场照明与光源的位置有关。典型的暗场照明应用于对表面有突起的部分的照明或表面纹理变化的照明。

(3)背光照明:如图4-7所示,从物体背面射过来均匀视场的光,通过相机可以看到物面的侧面轮廓。

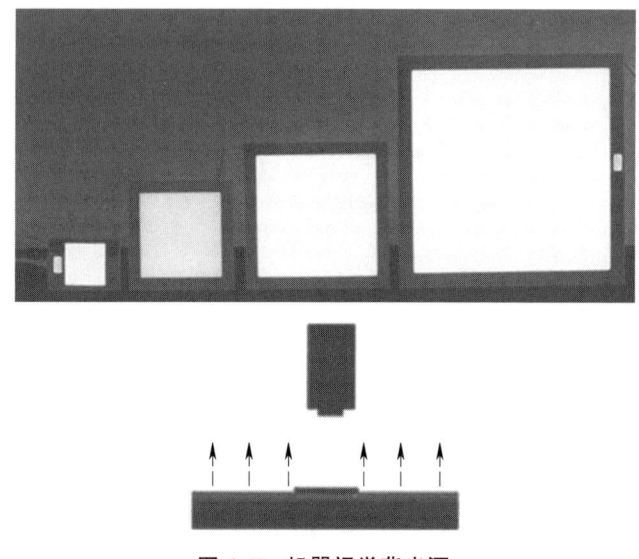

图4-7 机器视觉背光源

背光照明常用于测量物体的尺寸和定物体的方向。背光照明产生了很强的对比度。应用背光技术的时候,物体表面特征可能会丢失。例如,可以应用背光技术测量硬币的直径,但是却无法判断硬币的正反面。

(4)漫射照明:如图4-8所示,连续漫反射照明应用于物体表面的反射性或者表面有复杂的角度。

连续漫反射照明应用半球形的均匀照明,以减小影子及镜面反射。这种照明方式对于完全组装的电路板照明非常有用。这种光源可以达到170球面度立体角范围的均匀照明。

(5)同轴照明:如图4-9所示,同轴光的形成,通过垂直墙壁出来的发散光,射到一个使光向下的分光镜上,相机从上面通过分光镜看物体。

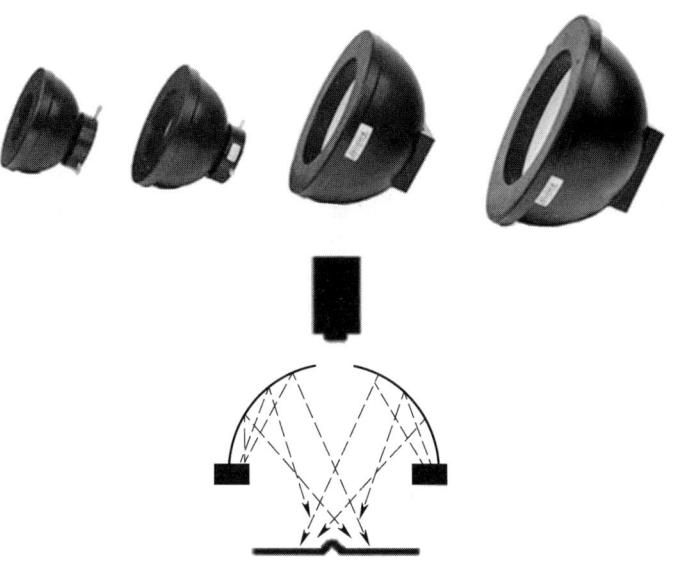

图 4-8 机器视觉漫反射圆顶光源

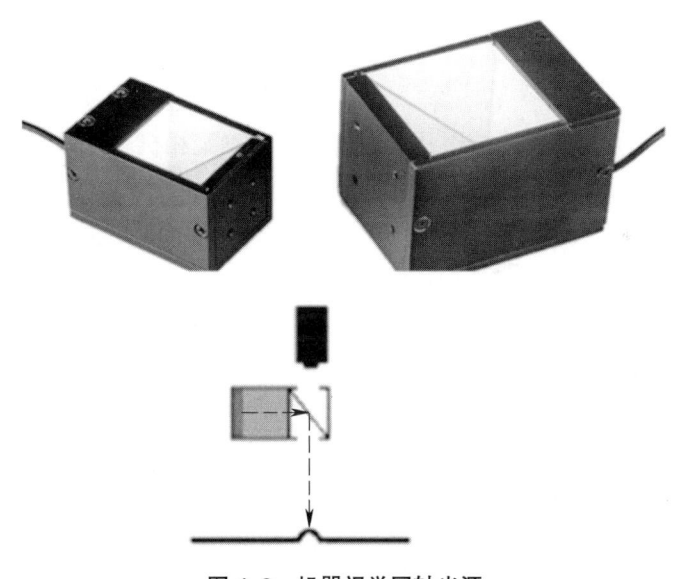

图 4-9 机器视觉同轴光源

这种类型的光源对检测高反射的物体特别有帮助,还适合受周围环境产生阴影的影响,检测面积不明显的物体。

(6)偏振片:只允许振动方向平行于其允许方向的光能通过,垂直分量被截止。

3. 光源验证方法

针对具体的应用,从众多的方案中选择一个最好的照明系统是整个图像处理系统稳定工作的关键。在验证时可以根据 LED 光源多形状及多颜色等特点，总结为以下两种方法：

（1）观察试验法（Look and Experiment——最常用的）。

尝试利用不同类型的光源在不同的位置照射物体，然后通过相机观察图像。

（2）科学分析法（Scientific Analysis——最有效的）。

分析成像的环境，推荐最好的解决方法。

4. 具体方法

（1）观察试验法。

1）准备工作。

Ⅰ 测试样品要丰富，要有不同种类的完好样品及问题样品，尽可能地让样品出现所有的问题，特别是要有最难检测但实际有问题的样品。

Ⅱ 有多款备用测试光源，LED 光源常见的几大类，以及不同的颜色都要有。

2）环境要求分析。

Ⅰ 从客户那里了解对系统结构及运行的要求，确定相机、光源、被测物的空间结构关系。确定的参数有：视场（FOV）、工作距离（WD）。

Ⅱ 空间结构有：直射、侧射、背部照射。

直射结构的光源——部分环形光源、同轴光源、圆顶光源；侧射结构的光源——部分环形光源、条形光源、线光源、点光源；背部照射——方形背光源、条形背光源。

3）物体表面纹理及颜色分析。

Ⅰ 如图 4-10 所示，物体表面是曲面还是平面？物体表面是否光滑？反光是否很强？曲面检测宜用圆顶光源，光滑平面宜用同轴光源，粗糙平面宜用明视场光源。

Ⅱ 物体的透光性怎样？

透光性好的物体可以用 IR 光源。

Ⅲ 分清背景（我们不需要检测的）是什么颜色？前景（我们要检测的）是什么颜色？好的光源就是有一个好的对比度——背景与前景很清楚。

Ⅳ 前景颜色多变化。

宜用彩色光源及白色光源。

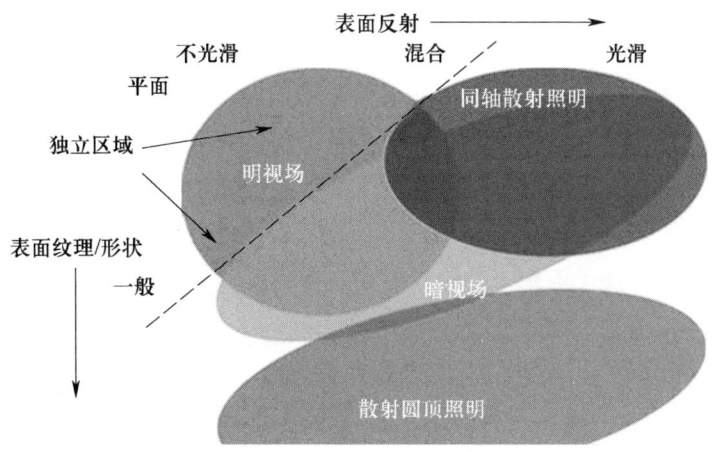

图 4-10 看物体表面选光源

4）实物测试。我们可以初步选定一款光源开始测试。可能会遇到的问题（与光源有关）：

Ⅰ 前景亮度不够？前景是什么颜色？建议换成与前景颜色相同的光源测试。

Ⅱ 整个图像亮度不够？建议将光源靠近物体一些，或者采用频闪，或者换波长短一些的光源。

Ⅲ 图像泛白？建议降低光源亮度，或将镜头的光圈减小。

Ⅳ 图像亮度不均匀？检查光源放平没有？

（2）科学分析法。该方法主要是根据被测物表面特性以及要检测的瑕疵特性等，从光源照射方向、角度、颜色等方面进行分析，并经过实验验证得出最终选型。常用分析角度如下：

1）需要前景与背景更大的对比度？——考虑用黑白相机与彩色光源。

2）环境光的问题？——尝试用单色光源，配一个滤镜。

3）闪光曲面？——尝试用散射圆顶光。

4）闪光、平的，但粗糙的表面？——尝试用同轴散射光。

5）看表面的形状？——考虑用暗视场（低角度）。

6）检测塑料的时候？——尝试用紫外或红外光。

7）需要通过反射的表面看特征？——尝试用低角度线光源（暗视场）。

8）组合光源有时也能解决问题。

9）频闪能够产生比常亮照明20倍强的光。

（二）镜头

如果将机器视觉系统与人类视觉系统进行类比，那么相机的传感器芯片就如同人的视网膜，而镜头则相当于眼睛内的晶状体。各种现实世界中的图像都通过这个"晶状体"对光线进行变换（汇聚）后，投射在"视网膜"上。

机器视觉成像系统使用的镜头通常由凸透镜和凹透镜结合设计而成。

单个凸透镜或凹透镜是进行光束变换的基本单元。凸透镜可对光线进行汇聚，也称为会聚透镜或正透镜。

凹透镜对光线具有发散作用，也称为发散透镜或负透镜。

两种透镜成像均遵循高斯成像公式，通过把它们结合使用，在校正各种像差和失真后，设计出具有不同结构和技术指标的复合镜头系统。与镜头相关的主要技术参数有镜头分辨率、焦距、最小工作距离、最大像面、视场/视场角、景深、光圈和相对孔径及其安装接口类型等。根据以上技术参数，在设计复合镜头系统时，镜头的选型步骤如图4-11所示。

1. 镜头分辨率

镜头的空间分辨率、相机像素分辨率和相机的空间分辨率、系统空间分辨率和系统分辨率是几个极容易混淆的概念。

镜头空间分辨率表示它的空间极限分辨能力，常用拍摄正弦光栅的方法来测试。如果从信号处理的角度来看，任何非周期图像信号都可以被看作是周期图像（或子图像）的叠加，而任何周期图像又都可以被分解为亮度按正弦变化的图形的叠加。因此，通过研究镜头对亮度按正弦变化图形的反应，就可以研究镜头的性能和分辨率。正弦光栅就是亮度按照正弦变化的图像，如图4-12所示。

其中栅格黑白相间，可把黑色看作是正弦波谷，把白色看作是正弦波峰。正弦光栅中一对相邻黑线和白线称为一个线对（line pair，lp），它所占据的长度被定义为正弦光栅的空间周期，单位是毫米。正弦光栅空间周期的倒数就是空间频率（spatial frequency），它表示每毫米内的线对数，单位是线对/毫米（lp/mm）。通过拍摄正弦光

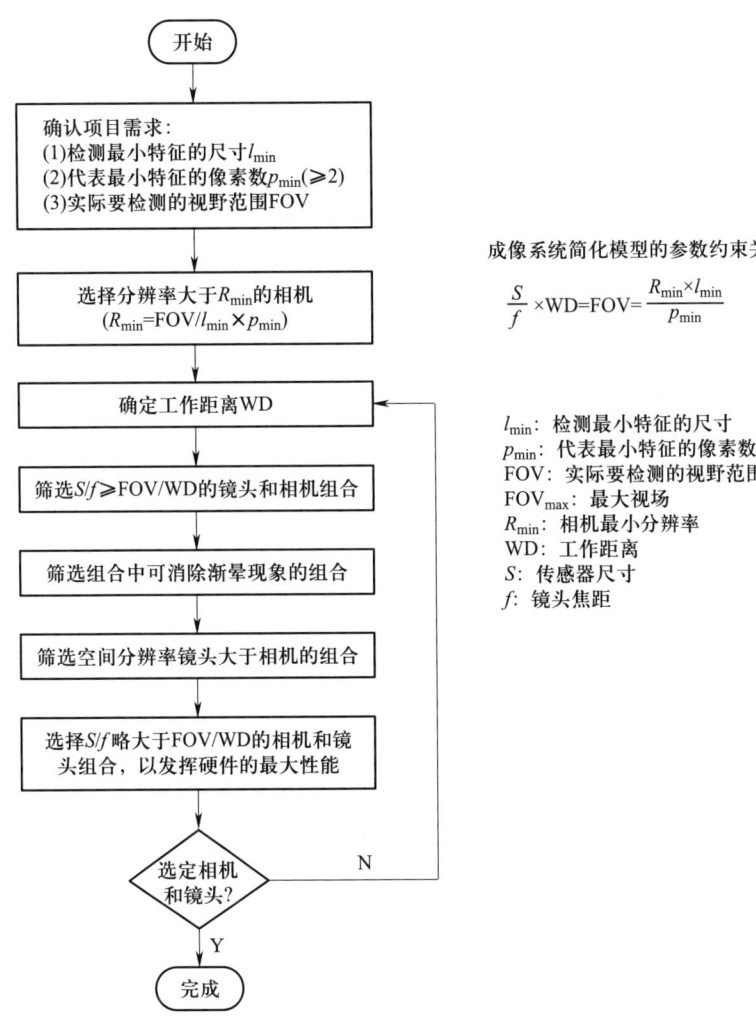

图 4-11 镜头选型步骤

图 4-12 正弦光栅

栅，研究镜头每毫米内能分辨的线对数，就可以获知镜头的分辨率。镜头分辨率越高，则说明其每毫米内能分辨的线对数越多。对于机器视觉系统设计来说，只需要查询镜头参数表即可获知其分辨率。

相机像素分辨率是指相机传感器上纵横方向上的像素数。相机的空间分辨率却表示它的空间极限分辨能力。根据前述相机奈奎斯特定律，相机要能恢复空间图像，必须至少使用2个像素来表示图像的最小单元。如果用研究镜头的空间分辨率类似的方法来研究相机空间分辨率，则正弦光栅中的每对线需要至少2个像素来表示。由此，可以通过像素的物理大小来计算相机的空间分辨率。例如，某相机的像素物理大小为 $8.4\ \mu m \times 9.8\ \mu m$，则相机在横纵方向上的空间分辨率为：

$$\frac{1\ 000}{2\times 8.4}\ \mathrm{lp/mm} = 59.53\ \mathrm{lp/mm} \qquad (4-1)$$

$$\frac{1\ 000}{2\times 9.8}\ \mathrm{lp/mm} = 51.03\ \mathrm{lp/mm} \qquad (4-2)$$

对于由镜头和相机构成的成像系统来说，整个系统的空间分辨率取镜头和相机空间分辨率的最小值。

2. 镜头成像要素

影响镜头成像的因素包括：焦距、最大像面、视场/视场角、渐晕、景深等方面。

焦距是指无限远处目标在镜头的像方所成像位置到像方主面的距离。焦距体现了镜头的基本特性：即在不同物距上，目标的成像位置和成像大小由焦距决定。市面上常见的镜头焦距大小包括 6 mm、8 mm、12.5 mm、25 mm 以及 50 mm 等。对机器视觉成像系统来说，工作距离就是成像系统中所说的物距。由于视觉成像系统模型的假定条件是工作距离相对于镜头焦距为无限远，因此一般在镜头的产品参数中都会说明其最小工作距离。当相机在小于该最小工作距离的环境下工作时，就会出现图像失真，影响机器视觉系统的可靠性。

最大像面是指镜头能支持的最大清晰成像范围（常用可观测范围的直径表示），超出这个范围所成的像对比度会降低而且会变得模糊不清。最大像面是由镜头本身的特性决定的，它的大小也限定了镜头可支持的视场的大小。

镜头的视场就是镜头最大像面所对应的观测区域。视场角是视场的另一种表述方法，类似人眼"视角"的意义。视场角等于最大像面对应的目标张角。通常，在远距离成像系统中，例如望远镜、航拍镜头等场合，镜头的成像范围均用视场角来衡量。而近距离成像中，常用实际物面的直径（幅面）来表示。

由于机器视觉成像系统中的传感器多制作成长方形或正方形，因此镜头的最大像面常用它可以支持的最大传感器尺寸（单位为英寸，1 英寸约为 2.54 cm）来表示。相应地，镜头的视场也可以用最大像面所对应的横向和纵向观测距离或视场角来表示，如图 4-13 所示。

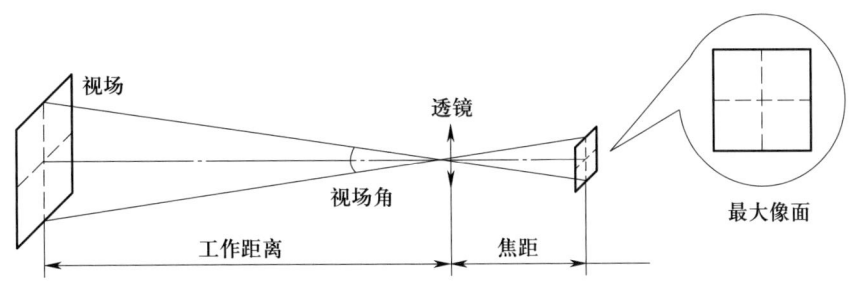

图 4-13 镜头的视场

对于同一相机来说，有公式如下：

$$\tan \omega = \frac{S/2}{f} \quad (4-3)$$

S 为相机传感器在二维平面某个维度上的大小。f 为焦距。2ω 为视场角。

由于相机传感器尺寸固定，因此视场角也可以被看作焦距的另一种表达。因此在生活中，人们常按照镜头的视场角对其进行分类，如望远镜（6°～12°）、远距摄像镜头（12°～46°）、标准镜头（46°～65°）、广角镜头（65°～100°）及超广角镜头（>100°）等。

一般来说，镜头的失真会随着焦距的减小（或视场角的增大）而增大，因而在构建机器视觉系统（特别是精确测量系统）时，一般都不会选择焦距小于 8 mm 或视场角很大的镜头。

鉴于镜头能清楚成像的范围受到最大像面的限制，因此在为相机选配镜头时，要特别注意相机传感器与镜头可支持最大传感器之间的关系。

一般来说，必须确保所选镜头可支持的最大传感器尺寸大于或等于相机的传感器尺寸。这样做的另一个主要目的是避免渐晕（Vignetting）现象的发生。

如图4-14所示，如果相机传感器的尺寸大于镜头可支持的最大传感器尺寸，所生成的图像就会形成类似隧道的效果，该现象称为渐晕现象。渐晕现象会增加机器视觉系统的开发难度，因此应尽量避免。图4-14中的（a）、（b）分别显示了在镜头可支持的最大传感器尺寸等于或大于相机的传感器尺寸时视觉系统的成像情况，这两种情况下机器视觉系统均能正常工作。

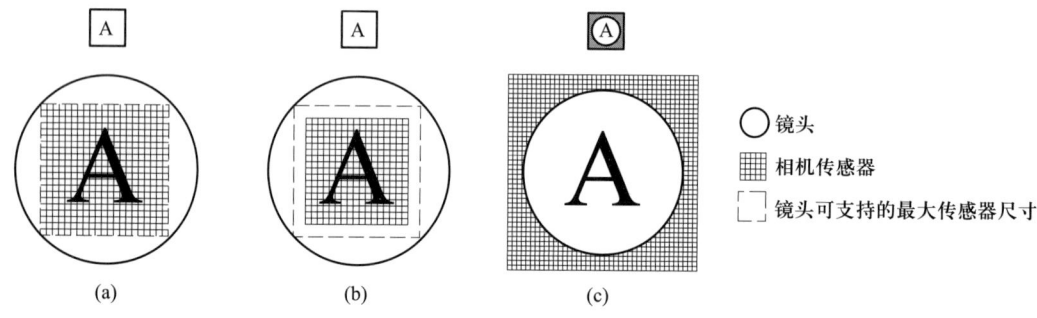

图4-14 镜头渐晕现象

景深也是一个与镜头和成像系统关系十分密切的参数，它是指在镜头前沿着光轴所测定的能够清晰成像的范围，如图4-15所示。

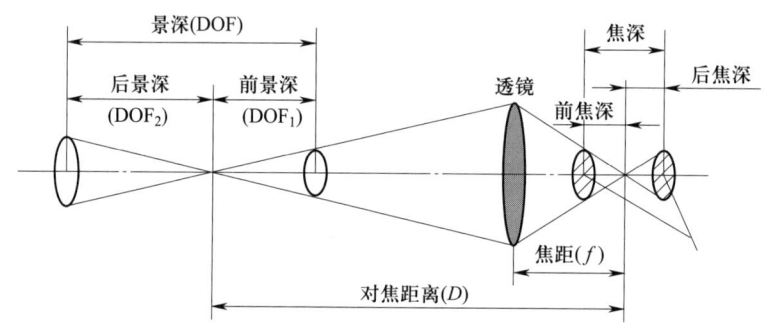

图4-15 镜头景深

在成像系统的焦点前后，物点光线呈锥状开始聚集和扩散，点的影像沿光轴在焦点前后逐渐变得模糊，形成一个扩大的圆，这个圆称为弥散圆（circle of confusion）。若这个圆形影像的直径足够小（离焦点较近），成像会足够清晰，如果圆形再大些

（远离焦点），成像就会显得模糊。当在某个临界位置所成的像不能被辨认时，则该圆就被称为容许弥散圆（permissible circle of confusion）。焦点前、后两个容许弥散圆之间的距离称为焦深。在目标物一侧，焦深对应的范围就是景深。

前景深：
$$DOF_1 = \frac{F \times \delta \times D^2}{f^2 + F \times \delta \times D} \tag{4-4}$$

后景深：
$$DOF_2 = \frac{F \times \delta \times D^2}{f^2 - F \times \delta \times D} \tag{4-5}$$

景深：
$$DOF_3 = \frac{2f^2 \times F \times \delta \times D^2}{f^4 - F \times \delta \times D} \tag{4-6}$$

δ 为容许弥散圆的直径。f 为镜头焦距。D 为对焦距离。F 为镜头的拍摄光圈（aperture）值。光圈值 F 常用镜头焦距和镜头入瞳的有效直径 D_{in} 的比值来表示，它是镜头相对孔径 D_r 的倒数，即：

$$D_r = \frac{D_{in}}{f} \tag{4-7}$$

$$F = \frac{1}{D_r} = \frac{f}{D_{in}} \tag{4-8}$$

从景深公式可以看出，后景深要大于前景深，而且景深一般随着镜头的焦距、光圈值、对焦距离（可近似于拍摄距离）的变化而变化。在其他条件不变时：

（1）光圈越大（光圈值 F 越小），景深越小；光圈越小（光圈值 F 越大），景深越大。

（2）镜头焦距越长，景深越小；焦距越短，景深越大。

（3）距离越远，景深越大；距离越近，景深越小。

在检测目标的高度在一定范围内可能变化的情况下，选择合适的景深，对于机器视觉系统的稳定性尤为重要。

3. 普通镜头和远心镜头

普通镜头与人眼一样，观测物体时都存在"近大远小"的现象，如图 4-16（a）所示。也就是说，虽然物体在景深范围内可以清晰成像，但是其成像却随着物距增大而缩小。如果被测目标不在同一物面上（如有厚度的物体），则会导致图像中的物体变形。另一方面，相机传感器的感光面通常并不容易被精确调整到与镜头的像平面重合（调焦不准），由此也会产生误差。为此，人们设计了远心镜头。

远心镜头（telecentric lens）有较大的景深，且可以保证景深范围内任何物距都有一致的图像放大率，如图4-16（b）所示。多数机器视觉在测量、缺陷检测或者定位等应用上，对物体成像的放大倍率没有严格要求，一般只要选用畸变较小的镜头，就可以满足要求。但是，当机器视觉系统需要检测三维目标（或检测目标不完全在同一物面上）时，就需要使用远心镜头。

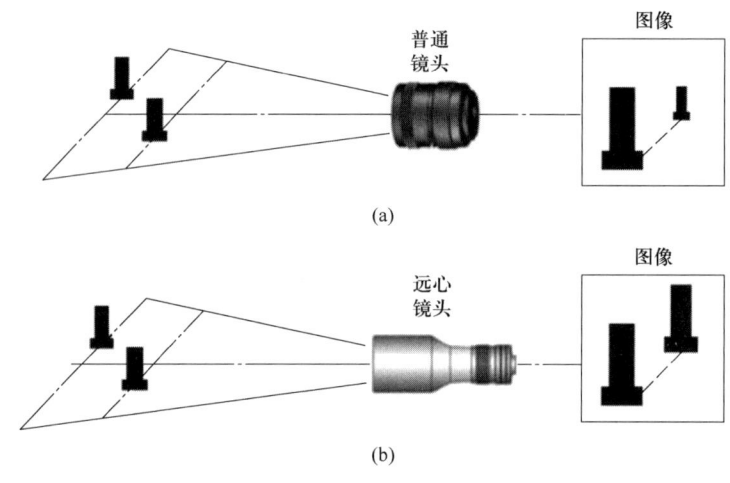

图 4-16 远心镜头

例如，要检测厚度大于视场直径的1/10的物体，或需要检测带孔径、三维的物体等。一般来说，如果被测目标物面变化范围大于视场直径的1/10，就需要考虑使用远心镜头。它可以确保测试过程中物距在一定范围内改变时，系统放大倍数保持不变，从而保证系统的测量精度。

（三）相机的选型

1. CCD/CMOS

早期的相机多基于显像管成像。随着集成电子技术和固体成像器件的发展，以电荷耦合器件（Charge Coupled Device，CCD）为传感器的相机，因其与真空管相比具有无灼伤、无滞后、工作电压及功耗低等优点而大行其道。CCD于1969年由美国贝尔实验室的威拉德·S.博伊尔（Willard S. Boyle）和乔治·E.史密斯（George E. Smith）发明，它能够将光线变为电荷存储起来，并随后可在驱动脉冲的作用下将存储的电荷转移到与之耦合的区域。人们正是利用它的这一特点发明了各种各样的CCD成像设备。

CCD实际上可以被看作是由多个MOS（Metal Oxide Semiconductor）电容组成的。在P型单晶硅的衬底上通过氧化形成一层厚度为100～150 nm的SiO_2绝缘层，再在SiO_2表面按一定层次蒸镀一层金属或多晶硅层作为电极，最后在衬底和电极间加上一个偏置电压（栅极电压），即可形成一个MOS电容器，如图4-17所示。

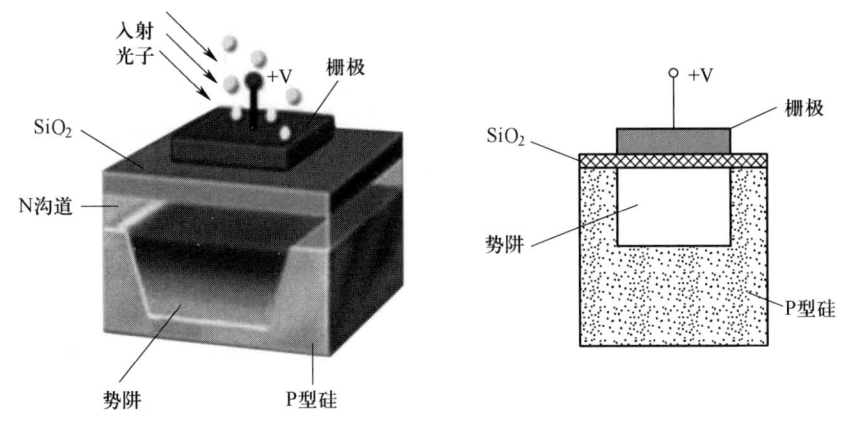

图4-17 MOS电容器

CMOS（Complementary Metal Oxide Semiconductor）图像传感器的开发最早出现在20世纪70年代初。20世纪90年代初期，随着超大规模集成电路（VLSI）制造工艺技术的发展，CMOS图像传感器得到迅速发展。CMOS图像传感器的光电转换原理与CCD图像传感器相同，二者的主要差异在于电荷的转移方式上。CCD图像传感器中的电荷会被逐行转移到水平移位寄存器，经放大器放大后输出。由于电荷是从寄存器中逐位连续输出的，因此放大后输出的信号为模拟信号。在CMOS传感器中，每个光敏元的电荷都会立即被与之邻接的一个放大器放大，再以类似内存寻址的方式输出，因此CMOS芯片输出的是离散的数字信号，之所以采用两种不同的电荷传递方式，是因为CCD是在半导体单晶硅材料上集成的，而CMOS则是在金属氧化物半导体材料上集成的，工艺上的不同使得CCD能保证电荷在转移时不会失真，而CMOS则会使电荷在传送距离较长时产生噪声，因此使用CMOS时，必须先对信号放大再整合输出。

2. 模拟相机和数字相机

CCD/CMOS 芯片完成光电转换后，其输出为模拟或数字电信号。通常该信号还要被进一步放大、矫正，添加同步、调制或采样编码，生成符合各种标准的视频信号后才正式输出。理论上讲，相机的输出信号可以是任意自定义的形式。但是，由于电视系统先于机器视觉发展多年，若以电视系统中已广泛使用的视频方式输出信号，不仅更便于信号的传输，还能最大限度地利用各种现有的成熟软硬件技术，因此除了少数相机输出非标准信号外，大多数相机的输出都是模拟或数字视频信号。机器视觉相机也因此根据其输出信号的形式分为模拟相机和数字相机两大类。

模拟相机的输出信号通常被加工为可以支持隔行扫描（interlacing scan）显示的视频信号，以便其能与传统电视或视频监控等系统兼容，而多数数码相机的输出则直接按照支持逐行扫描（progressive scan）的方式进行编码。我们知道，支持逐行扫描的视频信号将每一帧图像按顺序逐行连续编码，传送到显示设备后，也会被逐行以扫描的方式显示。支持逐行扫描的信号数据量很大，在电视技术发展的初期要通过天线传输的此类信号极其困难。为了能减少信号的数据量，同时不影响图像的视觉效果，人们提出了隔行扫描的方法。

与模拟相机不同，数字相机会通过其内部集成的 A/D 转换器将图像转换为数字信号，并编码为数字视频后，按照 RS-422（平衡电压数字接口电路的电气特性）、LVDS（RS-644，低电压差分信号）、FireWire 1394［火线 1394，国际工业标准（高性能串行总线）之苹果版本］、USB（通用串行总线）、CameraLink（相机链接接口）或 GigE（Gigabit Ethernet，千兆以太网）等标准传输。相机中的 A/D 转换器位数决定了它能从暗到亮识别的灰度级数，常用位深度（bit depth）来表述，如 8 位、10 位、12 位或 16 位等。

对于彩色相机来说，相机的位深度决定了 RGB 各色彩分量中灰度数据的丰富程度，也就决定了相机能识别或表示的颜色数量。对黑白相机来说，位深度则直接决定了相机可以识别的灰度级数。

例如，一个 8 位的黑白数字相机最高能够检测 0（暗）~ 256（亮）个灰度级，而一个 12 位相机则可以检测 0 ~ 4 096 个灰度级。如果要检测的灰度级间隔比较细，则应尽量使用位数高的相机。例如,若要检测 213 和 214 灰度级之间的灰度级,则应使用超过 8 位的相机。

数字视频信号多采用逐行扫描方式代替隔行扫描,且用帧有效(frame enable)和行有效(line enable)信号代替了模拟视频信号中的场同步和行同步信号,来精确控制每行和每帧图像。每行中的单个像素都以独立数字信号的形式,在像素时钟的控制下传送,由于数字视频信号的同步信号(帧有效、行有效和像素时钟)与图像数据并没有像模拟视频信号那样混合在一起传输,因此数字视频信号不存在模拟视频信号的像素抖动问题。此外,数字视频相对于模拟视频有较高的分辨率和帧率、较多的灰度等级、高传输速度、较低的信号衰减和噪声等优点。

第四节 计算机视觉算法和模型的精测验证方法

考核知识点及能力要求:

- 了解计算机视觉的常用算法和对应的经典模型;
- 熟悉计算机视觉模型的常用评价指标,熟悉几种不同的交叉验证方法及其优缺点。

由于计算机视觉在人工智能场景应用的目的不同,有着不同的实现算法,例如图像分割、图像分类、目标识别与跟踪、三维重建等,本节将从图像分类、目标检测、目标跟踪三个方面介绍。计算机视觉算法和模型的优劣可以使用准确度、F1 值、P-R

曲线等评价指标度量。

一、计算机视觉的常用算法

（一）图像分类

图像分类就是利用图像颜色、灰度值、纹理、形状等低层特征对输入图像进行分类，打上类别标签，是计算机视觉领域的核心问题之一。如图4-18所示，构建的一个猫狗分类器，给训练好的分类器输入一张图像，这个分类器可以给图像输出一个类别，也可以是每个类别的概率。

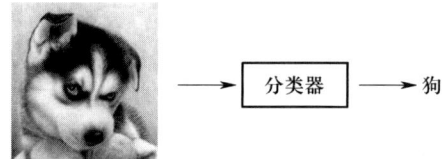

图4-18　图像分类过程

（二）目标检测

在计算机视觉中，目标检测是使用深度学习等技术在复杂场景中检测识别出所需的目标的过程，在一个包含目标的图像或视频中对目标进行检测和定位，可以检测行人、车辆、各种物体。分类需要识别物体是什么，而检测需要先定位目标的位置，再确定目标的类别。不仅能对单个目标进行检测，也能检测出图像中的多个目标。

（三）目标跟踪

目标跟踪任务就是在给定某视频序列初始帧的目标大小与位置的情况下，预测后一帧中该目标的大小与位置。目前主流的多目标跟踪算法是TBD（Tracking-by-Detection）策略，先检测后跟踪。如果对每秒的画面进行目标检测，可以实现目标跟踪，但目标跟踪不一定需要目标识别，也可以根据运动特征来进行跟踪。目标检测是在静态图像上进行的，而目标跟踪需要基于视频。目标跟踪是计算机视觉研究领域的热点之一，有着非常广泛的应用，如交通监控系统中的行人跟踪、车辆跟踪、智能交互系统中的手势跟踪等。

二、计算机视觉模型的评价指标

评估指标的选择决定了能否及时地发现训练过程中出现的问题，也影响了网络模型的迭代优化，用于评估目标识别模型的训练效果和识别正确率的指标主要有：混淆矩阵、精准率、准确率、召回率、F1 值、ROC 曲线和 AUC、MOTA 和 MOTP 等。

（一）混淆矩阵

混淆矩阵是一个表的形式，通常用于描述识别模型对一组具有标签的测试数据集的检测效果。根据混淆矩阵可以得到 TP、FN、FP、TN 四个值，显然 TP+FP+TN+FN=样本总数（见表 4-1）。在多分类问题中，分类结果一般会出现四种情况：第一种是被预测为正样本实际上确实属于正样本，这一类样本的数量统计为 TP；第二类被预测为正样本但实际标签是负样本，这类样本数量统计为 FP；第三类被预测为负样本但其实是正样本，这类样本数量统计为 FN；最后一类是被预测为负样本而标签也确实是负样本，这类样本数量统计为 TN。

表 4-1 　　　　　　　　　　混淆矩阵

预测情况	实际为正	实际为负
预测为正	TP	FP
预测为负	FN	TN

（二）精准率、召回率和 F1 值

精准率 Precision 是指预测为 C 类的样本中有多少是真正属于这一类的，公式为：

$$P = \frac{TP}{TP+FP} \tag{4-9}$$

召回率 Recall 是指在分类任务中 C 类样本是否完全被预测正确，公式为：

$$R = \frac{TP}{TP+FN} \tag{4-10}$$

F1 值表示为精准率和召回率的调和平均值，公式为：

$$F1 = \frac{2 \times P \times R}{P+R} \tag{4-11}$$

（三）准确率

准确率表示的是所有样本都正确分类的概率，在样本不均衡的情况下，即使准确率能到达很高的值也无法代表检测器的效果好。准确率公式为：

$$accuracy = \frac{TP+TN}{TP+FP+FN+TN} \tag{4-12}$$

（四）ROC 曲线和 AUC

ROC 曲线代表受试者的工作特征，可以用于评价一个网络模型在不同阈值下的表现情况，如图 4-19 所示。最终得到的值越接近左上角，说明该模型的检测分类越理想，若一个检测结果的曲线完全包含了另一条曲线，那么可以说明前者的检测效果更好。AUC 值是指 ROC 曲线下的面积，通过 AUC 的值可以直接判断模型检测性能的优劣。

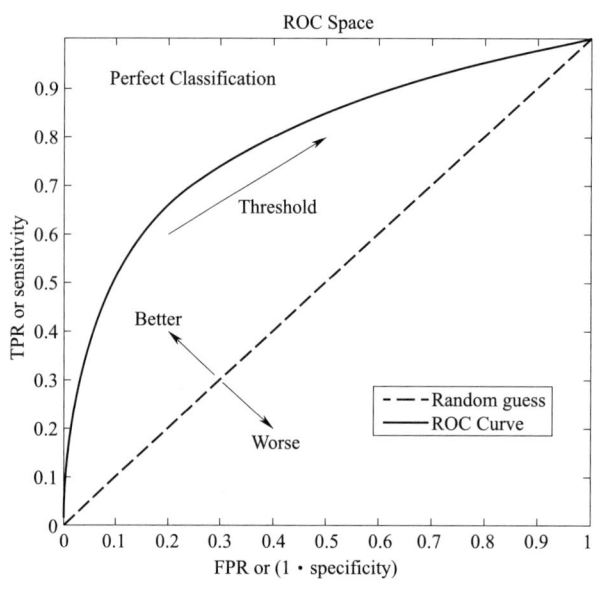

图 4-19 ROC 曲线和 AUC

（五）MOTA 和 MOTP

MOTA 是多目标跟踪的准确度，体现在确定目标的个数，以及有关目标的相关属性方面的准确度，用于统计在跟踪中的误差积累情况，包括 FP、FN、ID Sw。MOTA 具体公式为：

$$\text{MOTA} = 1 - \frac{\sum_t (m_t + f_{p_t} + \text{mme}_t)}{\sum_t g_t} \quad （4-13）$$

m_t：是 FP，缺失数（漏检数），即在第 t 帧中该目标没有假设位置与其匹配；

f_{p_t}：是 FN，误判数，即在第 t 帧中给出的假设位置没有跟踪目标与其匹配；

mme_t：是 ID Sw，误配数，即在第 t 帧中跟踪目标发生 ID 切换的次数。

MOTP 是多目标跟踪的精确度，体现在确定目标位置上的精确度，用于衡量目标位置确定的精确程度。MOTP 具体公式为：

$$\mathrm{MOTP} = \frac{\sum_{i,t} d_t^i}{\sum_t c_t} \qquad (4-14)$$

c_t：表示第 t 帧目标和假设位置的匹配个数；

d_t^i：表示第 t 帧目标与其配对假设位置之间的度量距离。

三、计算机视觉模型的验证方法

算法模型验证是把数据集随机分成训练集、验证集、测试集。用训练集训练出模型；用验证集验证模型，不断调整模型，选出其中最好记录模型的各项设置，然后据此再训练出一个新模型，作为最终的模型；用测试集评估最终的模型。数据集的划分没有明确的规定，如果只是划分成训练集和测试集，通常是 70% 训练集，30% 测试集；如果划分成训练集、验证集和测试集，通常是 60% 训练集，20% 验证集，20% 测试集。

常用的网络模型验证方法是交叉验证法，就是重复地使用数据，把得到的样本数据进行切分，组合为不同的训练集和测试集，用训练集来训练模型，用测试集来评估模型预测的好坏。在此基础上可以得到多组不同的训练集和测试集，某次训练集中的某样本在下次可能成为测试集中的样本，即"交叉"。下面介绍交叉验证的几种方法。

（一）简单交叉验证法

随机地将样本数据分为两部分，例如 70% 的训练集和 30% 的测试集，然后用训练集来训练模型，在测试集上验证模型及参数。接着再把样本打乱，重新选择训练集和测试集，继续训练数据和检验模型。最后选择损失函数评估最优的模型和参数。

优缺点：方法简单，但得到的最佳模型是在 70% 的训练数据上选出来的，不代表在全部训练数据上是最佳的。当训练数据本来就很少时，再分出测试集后，训练数据就太少了。

（二）留一法

假设数据集一共有 m 个样本，依次从数据集中选出 1 个样本作为验证集，其余 m-1 个样本作为训练集，这样进行 m 次单独的模型训练和验证，最后将 m 次验证结果取平均值，作为此模型的验证误差。

优缺点：留一法的优点是结果近似无偏，这是因为几乎所有的样本都用于模型的拟合。缺点是计算量大。假如 $m=1\,000$，那么就需要训练 1 000 个模型，计算 1 000 次验证误差。因此，当数据集很大时，计算量是巨大的，很耗费时间。一般在实际中不太用留一法。

（三）K 折交叉验证法

K 折交叉验证法会把样本数据随机的分成 K 份，每次随机的选择 $K-1$ 份作为训练集，剩下的 1 份做测试集。当这一轮完成后，重新随机选择 $K-1$ 份来训练数据。若干轮（小于 $K-1$）之后，选择损失函数评估最优的模型和参数。

优缺点：可以有效地避免过拟合以及欠拟合状态的发生，最后得到的结果也比较具有说服性。缺点就是训练和测试次数过多。

（四）分层 K 折交叉验证法

分层 K 折交叉验证的工作方式与 K 折交叉验证相同，唯一的区别是它确保每个分类值的观察百分比相同。

优缺点：对于不平衡数据非常有效，分层交叉验证中的每个折叠都会以与整个数据集中相同的比率表示所有类别的数据；但不适合时间序列数据，对于时间序列数据，样本的顺序很重要，但在分层交叉验证中，样本是按随机顺序选择的。

此外，还有蒙特卡洛、时间序列交叉验证等交叉验证方法，就不在此一一赘述了。

思考题：

1. 举例具体说明计算机视觉在人工智能场景中如何应用和验证。

2. 一个完整的计算机视觉系统包含哪些组件？如何工作？

3. 描述两种不同的光源验证方法。

4. 目标检测有哪些常用指标？公式是什么？

第五章
计算机视觉产品交付

　　计算机视觉是从图像或视频中提出符号或数值信息，分析计算该信息以进行目标的识别、检测和跟踪等。更形象地说，计算机视觉就是让计算机像人类一样能看到并理解图像，能够实现相应的计算机视觉产品设计、交付及运维。计算机视觉与中国现代工业化进程互相推进，取得了高速发展。2020年，国内有35%的AI企业聚集计算机视觉领域，市场规模在所有领域中占比达57%，排名第一，商业成熟度较高。计算机视觉主要以图像和视频等高维、密集数据为主要处理对象，信息提取程度更深，应用场景非常丰富，极具商业化价值。

- **职业功能：** 人工智能产品交付。
- **工作内容：** 计算机视觉产品交付。
- **专业能力要求：** 能执行计算机视觉场景交付的主要流程；能执行计算机视觉的主要组件和安装交付流程；能结合计算机视觉业务场景编制产品交付文档；能根据计算机视觉现场情况进行软件的安装调试和维护。
- **相关知识要求：** 计算机视觉场景的主要环节和交付方法；计算机视觉的主要组件和安装、配置、调试的方法；计算机视觉的产品交付文档的规范和撰写要求；计算机视觉基础算法，如图像分类、目标检测、图像分割等。

第一节　计算机视觉场景的主要环节和交付方法

考核知识点及能力要求：

- 了解计算机视觉场景中图像采集、图像处理、人机交互的主要环节；
- 了解计算机视觉场景中硬件的交付方法；
- 了解计算机视觉场景中软件的交付方法；
- 了解计算机视觉场景的系统联调的交付方法。

一、图像采集

在介绍图像处理之前，需先介绍图像是如何采集获取的。获取图像有3种方式：①使用硬件采集图像；②直接读取采集好的图像；③通过某些方法生成一张图像。

（一）硬件采集

工业领域的成像系统多种多样，常见的有CCD、CMOS工业相机、X射线成像仪、红外成像仪和热成像仪。这些系统都可以抽象为物理量的输入，通过传感器使物理量变为电信号，然后存储电信号。成像系统的简化模型如图5-1所示。

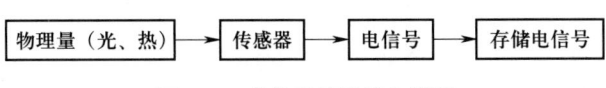

图5-1　成像系统的简化模型

工业领域中大多数是使用工业相机系统进行成像的，工业相机系统由镜头、光源和相机组成。在相机和计算机连接的方式下可能还包含采集卡硬件和图像采集卡，其功能是将图像信号采集到计算机中，以数据的形式存储在硬盘或者内存当中。相机系统负责采集图像，镜头系统负责对外部光线进行偏折，确保被观测的物体可以聚焦到图像传感器上。相机和配套镜头实物如图 5-2 所示。光源系统负责提供充足和特定方向的光照，使得想要获取的特征可以清晰地呈现。光源实物如图 5-3 所示。

图 5-2　相机和配套镜头实物

图 5-3　光源实物

（二）相机接口

1. USB 接口

USB 接口是相机的常用接口，一般使用 USB 3.0，其传输速度可达 4.8 Gibit/s。由于 USB 的传输电流比较小，不适合长距离传输，如果有长距离传输要求，需要使用 USB 中继器，但是中继器需要额外供电。无中继器时，通信距离为 5 m。

USB 接口特点包括支持热拔热插、使用便捷、标准统一、可连接多个设备、相机可通过 USB 线缆供电。同时，USB 相机会占用较大的 CPU 空间。

2. IEEE 1394 接口

IEEE 1394 接口是一个串行接口,但能像并联 SCSI 接口那样提供同样的服务,而成本低廉。它的特点是传输速度快,其单信道带宽为 800 Mibit/s,适合传送数字图像信号。由于 IEEE 1394 接口的传输速率很快,所以其连接线缆对屏蔽性的要求非常高,所以 IEEE 1394 接口的传输距离短,最长为 3 m。

IEEE 1394 的接口特点包括高速率、支持热插拔、数据传输实时性强、采用总线结构、即插即用,但传输距离比较短。随着其他接口速度的提升,IEEE 1394 接口已经很少使用。

3. CameraLink 接口

由国际自动成像协会(Automated Imaging Association,AIA)推出的数字图像信号通信接口协议是一项串行通信协议。它采用 LVDS 接口标准,具有速度快、抗干扰能力强、功耗低的特点。它是从 Channel Link 技术发展而来的,在 Channel Link 技术基础上增加了一些传输控制信号,并定义了一些相关传输标准。协议采用 MDR-26 针连接器。CameraLink 分为 Base、Medium、Full 三种配置。

Base 配置通过单个连接器/电缆传输信号。除了传输串行视频数据的 5 个 LVDS 对(24 位数据和 4 个成帧/使能位)外,该连接器还带有 4 个 LVDS 离散控制信号和 2 个 LVDS 异步串行通信通道,用于与摄像机通信。在最大芯片组工作频率(85 MHz)下,数据量为 2.04 Gibit/s(255 Mibit/s)。

Medium 配置使视频带宽加倍,在 Base 配置中添加 24 位数据和相同的 4 个成帧位。这产生了一个 48 位宽的视频数据通道,数据量可达 4.08 Gibit/s(510 Mibit/s)。

Full 配置为数据通道又增加了 16 位,从而得到 64 位宽的视频通道,可以承载的数据量可达 5.44 Gibit/s(680 Mibit/s)。

标准 CameraLink 传输距离为 10 m。新一代接口标准 CameraLinkHS 由 Dalsa 公司开发,兼容 CameraLink 接口,最大传输速度为 12 Gibit/s(1 500 Mibit/s),最大传输距离可达 40 m。

CameraLink 的接口特点包括高速率、抗干扰能力强、功耗低,其传输距离一般。

4. GigE 千兆以太网接口

接口由 AIA 创建并推广,是一种基于千兆以太网通信协议开发的相机接口标准;

适用于工业成像应用，通过网络传输无压缩视频信号。它是第一个使用价格低廉的线缆进行长距离图像传输的标准。传输数据长度可伸展至 100 m，标准的 GigE 带宽达 1 Gibit/s（125 Mibit/s）。

GigE 的接口特点包括经济性好，可使用廉价电缆和标准的连接器；很容易集成，且集成费用低；可管理维护性及广泛应用性。其传输距离较远。

（三）HALCON 相机驱动

相机驱动程序是一个允许高端计算机软件与相机硬件交互的程序。程序创建了一个计算机硬件与相机硬件、相机硬件与计算机软件沟通的接口，经由主板上的总线或其他子系统与相机硬件形成连接的机制，这样的机制使得相机硬件设备上的数据与计算机交换成为可能。

由于不同的计算机体系结构与操作系统差异，相机驱动程序分为 32 位和 64 位驱动程序，在 32 位的系统上运行时需要采用 32 位驱动程序，在 64 位的系统上运行时需要采用 64 位驱动程序。有时候在 64 位系统上编译 32 位程序也是可以的，这时就需要使用 32 位驱动程序。目前大多数软件已经支持了 64 位程序，所以一般都会编译成 64 位程序，在 64 位系统下运行。64 位系统下可以支持更大的内存和更宽的地址范围。

HALCON 提供了相机和采集卡的驱动程序，如果要使用采集卡，就要选择对应的采集卡来连接 HALCON 驱动。如果是相机直接连接，就选择对应相机的驱动。

下面详细介绍 HALCON 图像采集硬件驱动。

1. BitFlow

BitFlow 是用于比特弗洛（BitFlow）公司旗下产品的图像采集接口。BitFlow 公司是一家从事图像采集卡研发制造的公司，成立于 1993 年。HALCON 对旗下 Alta-AN、Karbon-CL、Karbon-CXP、Cyton-CXP、Neon-CL、RoadRunner、roadruner-cl、R3 和 R3-cl 产品系列提供驱动接口。Cyton-CXP 采集卡如图 5-4 所示。

2. DirectFile

DirectFile 是微软 DirectShow 的文件读取软件，用于读取 DirectShow 文件，是一个虚拟硬件接口。

图 5-4 Cyton-CXP 采集卡

3. DirectShow

DirectShow 是微软公司的一个驱动程序，HALCON 的 DirectShow 接口可以使用兼容 DirectShow 的捕获设备来采集图像。Windows 提供了一个通用的 USB 视频类（UVC），其中的 DirectShow 驱动程序可以使大多数 UVC 设备在没有额外驱动程序的情况下工作。UVC 设备是平时使用的 USB 摄像头，如图 5-5 所示。例如笔记本摄像头，以及以前计算机视频聊天时使用的摄像头。

图 5-5 UVC 摄像头

4. GenICamTL

GenICamTL（generic interface for cameras transport layer）是标准化的传输层编程接口。无论是怎样的传输层（带或不带帧抓取器），GenICamTL 都可以为这些设备提供标准接口的 API。它允许枚举设备访问设备寄存器、流数据和传递异步事件。GenICamTL 也有自己的标准功能命名约定（standard features naming convention，

SFNC），HALCON 支持使用这种协议的相机传输信息。

相机通用接口（generic interface for cameras，GenICam）的目标是为各种设备（主要是相机）提供通用编程接口。无论采用何种接口技术，它们的编程接口都是相同的。GenICam 还包含数据容器（generic data container，GenDC）和控制协议（generic control protocol，GenCP）。如果一个相机不仅可以传送图像信息，还可以进行图像处理，并把图像处理信息传输出来控制其他设备，则将这样的相机称为智能相机，如图 5-6 所示。

5. GigEVision

HALCON 支持使用符合 GigEVision 接口的相机，即网口相机。GigEVision 是一种基于千兆以太网通信协议开发的相机接口标准。由自动化成像协会对该标准的持续发展和执行实施监督。如图 5-7 所示是 GigEVision 接口相机。

图 5-6　智能相机

图 5-7　GigEVision 接口相机

（四）HALCON 图像的采集过程

由于 HALCON 的高度封装，HALCON 图像的采集过程还是比较简单的。

1. 打开设备

在打开硬件设备时，会使用 open_framegrabber 函数。

2. 设置相机参数

通过 set_framegrabber_param 函数来设置相机，用 get_framegrabber_param 来查询参数。

set_framegrabber_param 函数的参数中：

（1）第一个参数 AcqHandle 是相机的句柄。

（2）第二个参数 Param 是要设置的相机的参数。

（3）第三个参数 Value 对应要设置的相机的参数的值。

get_framegrabber_param 函数的参数中：

（1）第一个参数 AcqHandle 是相机的句柄。

（2）第二个参数 Param 是要读取的相机的参数。

（3）第三个参数 Value 对应要读取的相机的参数的值。

不同的相机可以设置的参数有所不同。

3. 获取图像

图像获取的过程分为两个阶段：光信号转换为数字信号的过程和图像在各种存储器中的运转。

图像获取涉及的存储器如下：

（1）主存：挂载在存储设备主板上的专用存储器，即相机里面的存储器。

（2）图像采集设备里的存储器：即采集卡的存储器。

（3）上位机存储器：即计算机的内存。

首先，光电传感器把光信号转换为电信号，数模转换器把电信号转换为数字信号。相机把数字图像存储在主存中，采集设备可以实时获取主存内的数据，上位机发出采集信号时，可以读取到采集卡的图像。这里会出现一个问题：上位机采集图像时，不需要等待相机的采集过程，可以直接采集设备存储器的图像。这涉及两种采集方式——异步获取和同步获取。

（1）异步获取。图像采集到上位机的时候，是从采集设备获取的，而不是实时获取到发出采集信号时的图像，即取像和处理是并行的，所以异步获取的时候，采集信号会提前发出，这样保证采集到的图像是想要的图像。异步获取对图像处理时间把控比较严，图像处理时间如果波动很大，采集到的图像会因为处理的时间延迟，而得不到实际的图像。如图 5-8 所示是异步获取的流程。

（2）同步获取。同步获取是上位机发出采集信号，然后通过相机取像，将数据传输到上位机，即取像和处理是串行的，如图 5-9 所示。这样取像能保证取到的图像是实时图像，但是取像周期较长。

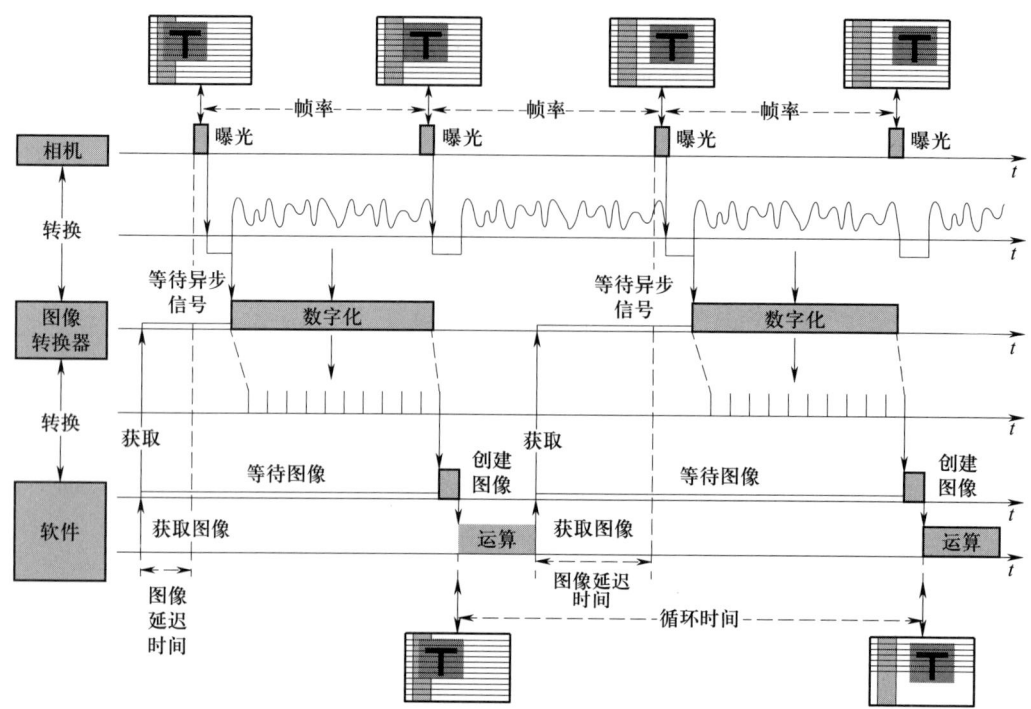

图 5-8 异步获取的流程

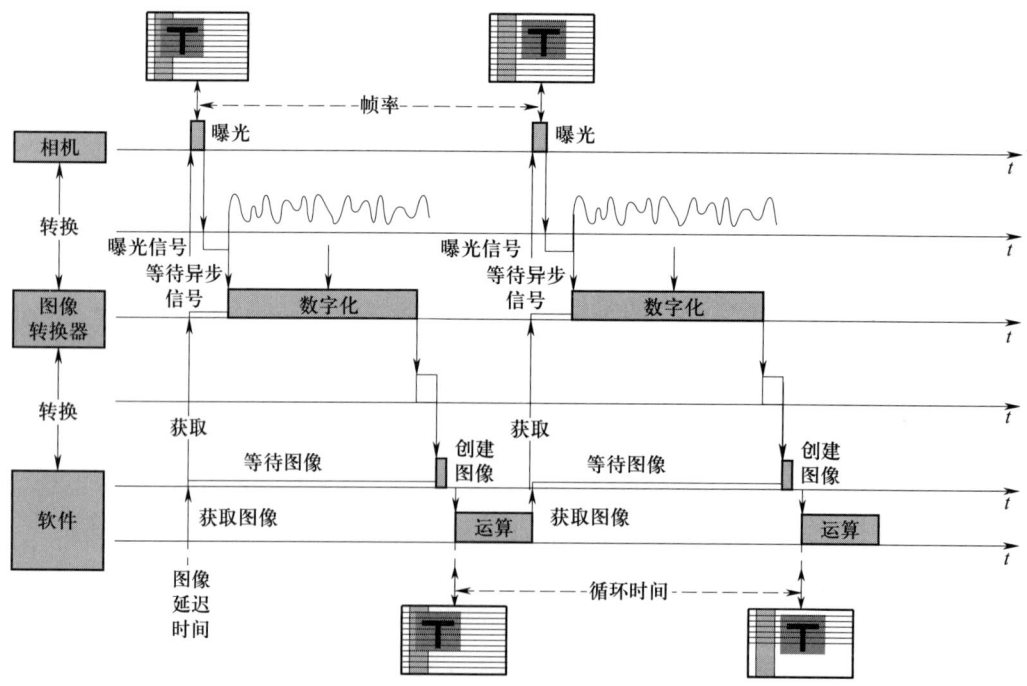

图 5-9 同步获取的流程

在 HALCON 中，进行异步取像的时候先使用 grab_image_start 函数，在该函数的参数中：

（1）第一个参数 AcqHandle 是取像句柄。

（2）第二个参数 MaxDelay 在新的版本中已经没有作用，填 –1 即可。

然后，使用 grab_image_async 来异步获取图像，在该函数的参数中：

（1）第一个参数 Image 是获取到的图像。

（2）第二个参数 AcqHandle 是取像句柄。

（3）第三个参数 MaxDelay 是异步抓取开始到图像交付之间的最大可容忍延迟，单位为 ms，超过这个延迟就不获取图像。

同步获取不需要使用 grab_image_start 函数，如果使用了，也会终止这个函数，重新执行同步获取。同步获取的函数是 grab_image，在这个函数的参数中：

（1）第一个参数 Image 是获取到的图像。

（2）第二个参数 AcqHandle 是取像句柄。

4. 结束取像

结束取像时使用 close_framegrabber 函数，close_framegrabber 函数关闭取像句柄指定的图像采集设备，释放分配给数据缓冲区的内存，并使图像采集设备可用于其他进程，第一个参数 AcqHandle 就是取像句柄。

图像采集的过程如图 5-10 所示。

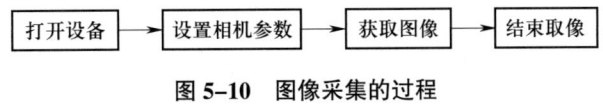

图 5-10　图像采集的过程

二、图像处理

图像处理是对图像进行分析、加工和处理，使其满足视觉、心理以及其他要求的技术。图像处理是信号处理在图像域上的一个应用。目前大多数的图像是以数字形式存储，因而图像处理在很多情况下指数字图像处理。此外，基于光学理论的处理方法依然占有重要的地位。

想要识别图像,首先要分析图像并进行相关的技术处理。

(一)数字图像基础

图像的基本概念、图像取样和量化、数字图像表示、空间和灰度级分辨率、图像纹理、像素间的一些基本关系(相邻像素、邻接性、连通性、区域和边界、距离度量)。

(二)图像格式

在计算机中,有两种类型的图:矢量图(vector graphics)和位映象图(bitmapped graphics)。矢量图是用数学方法描述的一系列点、线、弧和其他几何形状,存放这种图使用的格式称为矢量图格式,存储的数据主要是绘制图形的数学描述;位映象图(bitmapped graphics)也称光栅图(raster graphics),这种图就像电视图像一样,由象点组成,因此存放这种图使用的格式称为位映象图格式,经常简称为位图格式,存储的数据是描述像素的数值。

(三)数字图像增强

图像增强的目的在于改善图像的显示质量,以利于信息的提取和识别。从方法上说,则是设法摒弃一些认为不必要或干扰的信息,而将所需要的信息突出出来,以利于分析判读或作进一步的处理。例如在处理一张不是非常清晰的画作时,需要对不是非常清晰的部分进行上料加色,在边缘进行色料的处理达到突出主体的目的。

(四)边缘检测

图像的边缘检测是图像分割、目标区域的识别、区域形状提取等图像分析领域十分重要的基础,图像理解和分析的第一步往往就是边缘检测,目前它已成为机器视觉研究领域最活跃的课题之一,在工程应用中占有十分重要的地位。边缘就是指图像局部亮度变化最显著的部分,它是检测图像局部显著变化的最基本的运算。

(五)图像压缩

图像压缩是数据压缩技术在数字图像上的应用,它的目的是减少图像数据中的冗余信息,从而用更加高效的格式存储和传输数据。图像压缩可以是有损数据压缩,也可以是无损数据压缩。绘制的技术图、图表或者漫画优先使用无损压缩,这是因为有损压缩方法,尤其是在低的位速条件下将会带来压缩失真。医疗图像或者用于存档的扫描图像等这些有价值的内容的压缩也尽量选择无损压缩方法。有损压缩方法非常适合于自然的图像，例如一些应用中图像的微小损失是可以接受的（有时是无法感知的）。

（六）形态学图像处理

图像出现变形膨胀的地方要进行缩小，图像腐蚀消失的地方进行复现，边界缺少的地方进行填充，区域颜色太暗的地方进行补色增亮。

（七）图像分割

图像分割是指通过某种方法，使得画面场景中的目标物被分为不同的类别。通常图像分割的实现方法是，将图像分为"黑""白"两类，这两类分别代表了两个不同的对象。

（八）图像特征提取与匹配

常用的图像特征有颜色特征、纹理特征、形状特征、空间关系特征。

三、人机交互

人机交互是一门研究系统与用户之间的交互关系的学问。HCI 领域的研究人员观察了人类与计算机交互的方式，并设计了使人类以新颖方式与计算机交互的技术。系统可以是各种各样的机器，也可以是计算机化的系统和软件。人机交互界面通常是指用户可见的部分。用户通过人机交互界面与系统交流，并进行操作，小如收音机的播放按键，大至飞机上的仪表板或是发电厂的控制室。在计算机视觉产品中的人机交互部分主要是指给用户使用的操作界面，包含对前端图像采集设备的系统配置等操作功能，同时也包含视频展示、计算机视觉算法结果展示、其他执行机构运行参数设置、运行状态展示等部分。

四、交付方法

（一）硬件交付

需要交付的硬件产品包括以下几种：

（1）前端视频图像采集设备，主要包括相机、光源等，该硬件产品交付需要确保硬件产品的完整性、易用性，在项目现场进行硬件设备的安装与网络等接入联调工作，需要确保客户可以正常使用该硬件设备，且视频采集等功能运行正常。

（2）服务器等后端系统运行设备，主要包括 GPU 服务器等，服务器一般部署在中心侧机房中，需要确保服务器运行环境安全。

（二）软件交付

需要交付的软件产品包括以下几种：

（1）计算机视觉软件：主要包括 HALCON 等商业软件或自研的相关软件产品等，交付时需要提供算法镜像或者 SDK 等。

（2）软件相关文档：是用来描述程序的内容、组成、设计、功能规定、开发情况、测试结果及使用方法的文字资料和图表，如程序设计说明书、流程图、测试文档、用户手册等。

（三）系统联调

在进行了硬件设备接入及软件产品部署工作后，需要对整体系统进行联调，联调过程可以采用接入某视频，对其进行计算机视觉算法配置解析，通过观察软件产品算法检出结构情况、结果推送情况等，来整体判定系统是否运行正常。

第二节　计算机视觉的主要组件和安装、配置、调试的方法

考核知识点及能力要求：

- 了解计算机视觉的主要采集设备、软件以及处理设备；
- 熟悉计算机视觉的安装、部署以及调试方法，掌握其分别对应的三个主要组件编写。

一、采集设备

(一)采集设备之工业相机

工业相机俗称摄像机,相比于传统的民用相机(摄像机)而言,它具有高图像稳定性、高传输能力和高抗干扰能力等优点。目前,市面上工业相机大多是基于 CCD (Charge Coupled Device) 或 CMOS (Complementary Metal Oxide Semiconductor) 芯片的相机。

工业相机是机器视觉系统中的一个关键组件,其最本质的功能就是将光信号转变成有序的电信号。选择合适的相机也是机器视觉系统设计中的重要环节,相机的选择不仅直接决定所采集到的图像分辨率、图像质量等,同时也与整个系统的运行模式直接相关。

相机按照芯片类型、传感器结构特性、扫描方式、分辨率大小、输出信号方式、输出色彩、输出信号速度、响应频率范围等有着不同的分类方法。

(1)按照芯片类型:可以分为 CCD 相机、CMOS 相机。

1) CCD 相机:使用 CCD 感光芯片为图像传感器的相机,集光电转换及电荷存储、电荷转移、信号读取于一体,CCD 是目前机器视觉最为常用的图像传感器固体成像器件。

2) CMOS 相机:使用 CMOS 感光芯片为图像传感器的相机,将光敏元阵列、图像信号放大器、信号读取电路、模数转换电路、图像信号处理器及控制器集成在一块芯片上,还具有局部像素的编程随机访问的优点。

(2)按照传感器的结构特性:可以分为线阵相机、面阵相机。

1) 线阵相机:传感器上呈线状(一行或三行)分布的相机,其所成图像为一维"线"图像。

2) 面阵相机:传感器上像素呈面状分布的相机,其所成图像为二维"面"图像。

(3)按照扫描方式:可以分为隔行扫描相机、逐行扫描相机。

(4)按照分辨率大小:可以分为普通分辨率相机、高分辨率相机。

(5)按照输出信号方式:可以分为模拟相机、数字相机。

1）模拟相机：从传感器中传出的信号，被转换成模拟电压信号，即普通视频信号后再传到图像采集卡中。

2）数字相机：信号自传感器中的像素输出后，在相机内部直接数字化并输出。数字相机又包含 USB 相机、1394 相机、Gige 相机、CameraLink 相机等。

（6）按照输出色彩：可以分为单色（黑白）相机、彩色相机。

（7）按照输出信号速度：可以分为普通速度相机、高速相机。

（8）按照响应频率范围：可以分为可见光（普通）相机、红外相机、紫外相机。

（二）采集设备之扫描仪

扫描仪（scanner）是一种计算机外部仪器设备，通过捕获图像并将之转换成计算机可以显示、编辑、存储和输出的数字化输入设备。它可将照片、文本页面、图纸、美术图画、照相底片、菲林软片，甚至纺织品、标牌面板、印制板样品等三维对象作为扫描对象提取，也可将原始的线条、图形、文字、照片、平面实物转换成可以编辑及加入文件中的装置。

三维扫描是基于激光测距原理，即通过采集被测物体表面大量点的三维坐标、纹理、反射率等信息，重建线面体积和三维模型数据。越来越多的 3D 扫描仪让人们看到了这台智能机器的魔力。那么 3D 扫描仪有哪些分类呢？

1. 照片三维扫描仪

它采用白光光栅扫描技术。它的扫描原理与照相机相似。它主要采用光学技术、相位测量技术和计算机视觉技术相结合的方法。首先，将白光投射到被测物体上；其次，采用两个带角度的摄像机同步拍摄目标图像；再次，对图像进行解码并计算相位运算；最后，对图像中每个像素点的物体进行三维坐标计算。单侧扫描范围可达 400 mm×300 mm，景深一般为 300～500 mm。最高精度为 0.007 mm。优点：扫描范围大、速度快、精度高、扫描点云杂点少，重复数据自动拼接和自动删除，操作简单，价格低廉。

2. 激光扫描三维扫描仪

扫描范围：相对较低。优点：扫描速度快，携带方便，适用于精度要求不高的物体。缺点：扫描精度低。

三维扫描仪种类繁多，其中以摄影式三维扫描仪和激光扫描仪居多，在工业设计行业得到了广泛的应用。同时，它们在模具产品的检测、维修和制造等领域发挥着重要作用。三维扫描有着广泛的应用，如工业设计、缺陷检测、逆向工程、机器人引导、地貌测量、医学信息、生物信息、犯罪鉴定、数字文物采集、电影制作、游戏创作素材等。

二、软件

（一）硬件自带软件或图像处理软件 HALCON 等商业软件

HALCON 是德国 MVTec 公司研发的高性能通用图像处理算法软件包，由 1 400 多个图像处理算子和多种交互式开发工具组成。HALCON 是满足各类机器视觉应用领域需求的专业软件，可应用于多种行业。

1. 用 HALCON 编程

HALCON 提供多种开发语言的接口，如 C++ 及内建的 .NET 支持接口。通过这些接口，用户可以从编程语言，如 C、C++、C#、Visual Basic 或 Delphi 中，访问超过 1 400 个功能强大的 HALCON 算子。

HALCON 开放式的结构使用户可以访问已定义好的数据结构，从而将其与诸如用户界面和过程控制等软件组件进一步集成在一起。HALCON 内置的高性能内存管理能力使用户可以将全部精力都放在应用开发上。

2. HALCON/.NET

在 HALCON/.NET 中所有的 HALCON 算子和数据结构都以高级类形式出现，大大简化了用户应用程序的开发。HALCON/.NET 可以在 .NET 语言中使用，如 C#、Visual Basic.NET 和 C++。HALCON/.NET 既可以在 Windows 操作系统中使用，也可以在 Linux/UNIX 上与 Mono 一起使用。

3. HALCON codelets

源代码模块或类——HALCON Codelets 可以在 HDevelop 开发环境以外使用。很多模块和相关示例应用可以作为新的应用领域的模板，甚至直接在新开发的程序中调用。

4. HALCON/C++

使用 HALCON/C++ 用户可以访问 HALCON 所有基于复杂 C++ 类的功能。这使得用户开发的程序变得非常紧凑，易于维护。HALCON/C++ 既可以在 Windows 操作系统中使用，也可以在 Linux/UNIX 下使用。

5. 加密技术

源代码模块或类——HALCON Codelets 可以在 HDevelop 开发环境以外使用。很多模块和相关示例应用可以作为新的应用领域的模板，甚至直接在新开发的程序中调用。

HALCON 可以为软件开发者的技术知识加密，保存为外部过程的代码可以加入密码保护。因此可以在不泄露程序源码的情况下共享部分功能。

6. 算子自动并行化（AOP）

多核和多处理器的计算机显著提升了计算机视觉系统的速度。八年多以来，HALCON 提供了通过工业验证的算子并行化，能很好地支持这种速度的提升。当然，并不是全部的视觉操作都能受益于并行化这种方式。因此，HALCON 的智能算法可以确定是否需要用并行化方式——会考虑到具体的算法，算法的输入值和硬件条件。

并行 HALCON 在多核计算机上会自动将数据，例如图像数据分配给多个线程，每一个线程对应一个内核。用户甚至不需要改动已有的 HALCON 程序就能使用自动划分功能，从而立即获得显著的速度提升。

7. 并行编程

HALCON 支持并行编程，如多线程的程序。它不仅仅是线程安全的而且可多次调用。因此多个线程可在同一时刻同时调用 HALCON 算子。利用这种特性，用户可以将一个机器视觉应用软件分解成多个独立的部分，让它们在不同的处理器上并行运行。在一个四核的计算机上运行算子，HALCON 会自动将图像分为四部分，由四个线程并行处理。

8. HALCON 体系结构

HALCON 灵活的体系结构保证了与未来开发的兼容性，举例来说，可转换到其他操作系统或被集成到新的开发环境中，避免了应用程序的重复开发。

9. 图像采集设备接口

HALCON 包含一个功能强大的软件接口，提供一个通用的浏览界面，访问不同的图像采集设备。因此，只需几行代码用户就可以连接自己的设备并采集图像。用户可以使用各种图像采集硬件，包括线阵摄像机、非标准分辨率摄像机和像素位深度大于8位的摄像机。

HALCON通过提供的超过50种图像采集卡和上百种工业摄像机的接口保证硬件的独立性。HALCON同时提供所有通用标准驱动和接口。此外，HALCON还可以在图像采集设备上通过直接运行滤波操作进行实时图像预处理。

由于其采用开放的体系结构，用户也可以将新的图像采集设备加入到HALCON中。此外，用户还可以通过内存将图像传输到HALCON中，或是通过一个虚拟的采集接口从硬盘读取图像。

（二）基于OpenCV库等传统图像处理自研软件

近年来，"人工智能"是伴随着科技发展的一个重要词语，全球多个国家提出了本国发展人工智能的规划方案，我国也在大力发展人工智能，全国各大高校纷纷开设人工智能专业。在人工智能领域，数字图像处理与计算机视觉占据着重要的地位，人脸识别、刷脸支付、无人驾驶等我们日常频繁听到的词语都属于数字图像处理与计算机视觉领域的重要成果。可以说，图像处理与计算机视觉技术与我们的日常生活的关系越来越密切，越来越多的人投身到该技术的学习与研究中。在学习与应用计算机视觉技术的过程中，基本上会接触OpenCV。本节将介绍OpenCV与计算机视觉的联系。

提及计算机视觉（Computer Vision），就不得不提起图像处理（Image Processing）。虽然两者没有明确的界限，但是通常将图像处理理解为计算机视觉的预处理过程。因此，在介绍计算机视觉之前，有必要先介绍图像处理。图像处理一般指数字图像处理（Digital Image Processing），通过数学函数和图像变换等手段对二维数字图像进行分析，获得图像数据的潜在信息，通常包括图像压缩、增强和复原，以及匹配、描述和识别部分，涵盖噪声去除、分割、特征提取等处理方法和技术。计算机视觉是一门研究如何让机器"看"的科学，即用计算机来模拟人的视觉机理，通过摄像头代替人眼对目标进行识别、跟踪和测量等，通过处理视觉数据获得更深层次的信息。例如，通过三维重建技术对环绕建筑物一周的视频进行分析，在计算机中重构出建筑物3D模型；通过放置在车辆上方的摄像头拍摄车辆前方场景，推断车辆能否顺利通过前方区域等决策信息。对于人类来说，通过视觉获取环境信息是一件非常容易的事情，因此有些人会误认为实现计算机视觉也是一件非常容易的事情,但事实却不是这样。计算机视觉是一个逆问题,通过观测到的信息恢复被观测物体或环境的信息,在这个过程中会缺失部分信息,造成信息不全,增加问题的复杂性。例如,通过单个摄像头拍摄场景时,由于失去了距离信息,常会出现图像中"人比楼房高"的现象。因此,对计算机视觉的研究还有很长的路要走。

无论是图像处理还是计算机视觉,都需要在计算机中处理数据,因此研究人员不得不面对一个非常棘手的问题——将自己的研究成果通过代码输入计算机,进行仿真验证,而这个过程会出现重复编写基本功能程序的问题,也就是人们常说的"重复造轮子"。为了给研究人员提供"车轮",英特尔(Intel)公司提出开源计算机视觉库(Open Source Computer Vision Library,OpenCV)的概念,通过在计算机视觉库中包含图像处理与计算机视觉的通用算法,避免重复、无用的工作。因此,OpenCV应运而生。OpenCV由一系列C语言函数和C++类构成,除支持使用C/C++语言进行开发外,还支持Ruby等编程语言,并提供了Python、MATLAB、Java等编程语言接口,可以在Linux、Windows、macOS、Android和iOS等系统上运行。OpenCV的出现,极大地优化了计算机视觉研究人员对算法验证的流程,受到了众多研究者的喜爱。经过20年的发展,OpenCV已经成为计算机视觉领域最重要的研究工具之一。如图5-11所示为OpenCV的官方标识。

图5-11 OpenCV的官方标识

(三)深度学习软件(Deep Learning)

下面介绍几款深度学习软件。

1. VisionPro Deep Learning

VisionPro Deep Learning是专为制造业设计的深度学习视觉软件。它是以优秀的机器学习算法套件制成的经过现场测试、优化且可靠的软件解决方案。将深度学习技术与VisionPro软件相结合,VisionPro Deep Learning能够解决复杂的应用问题,这些应用对于传统的机器视觉系统而言过于困难、耗时或昂贵。

VisionPro Deep Learning 将全面的机器视觉工具库和先进的深度学习工具结合到了一个通用的开发和部署框架中。它简化了高可变性视觉应用的开发流程。VisionPro Deep Learning 有灵活的图形化编程环境，使工程师能够根据特定的需求构建灵活、高度自定义的深度学习解决方案。该软件利用 Windows 计算机和 GPU 的强大功能，每分钟可以处理数百张图像。编程人员可以根据自己的需求编写端对端的解决方案。除了创新的深度学习工具，用户还可以同时使用广泛的传统机器视觉工具。VisionPro Deep Learning 通过编程集成和 Cognex Designer 图形开发界面让用户可以同时访问 VisionPro 和 Deep Learning 工具集。无论是低级机器集成还是使用 Cognex Designer 部署应用特定的 HMI，VisionPro Deep Learning 都能帮助使用者灵活地开发视觉检测并集成到生产环境。VisionPro Deep Learning 帮助传统的视觉用户使用范例型深度学习工具。这些工具专为制造环境的 AI 检测优化，需要的图像集少，可以提高训练速度。用户友好的 GUI 也为管理和开发应用提供了简单的环境。选择 Blue Locate、Red Analyze、Green Classify 和 Blue Read 工具，帮助使用者解决传统规则式机器视觉无法解决的复杂应用。

2. SuaKIT

SuaKIT 视觉软件能够为手机、半导体、电子和汽车行业的复杂材料和关键组件执行视觉检测和分类。它还能使食品饮料、包装和原材料行业中的手动检测实现自动化。SuaKIT 经过微调的深度学习模型可提供高精度的检测结果。深度学习算法的内部分析流程可提高上游质量以减少检测力度过度和不足的情况，从而优化质量和产量。使用自动化系统可减少对不可靠的手动检测的依赖。全时检测能够提高产量并优化任务时间，从而满足用户的要求。SuaKIT 的高检测率还可减少对额外的高成本检测硬件的需求。SuaKIT 高度一致的检测能够保证每条生产线、每个班次，以及每个工厂都有相同的结果。软件可以存档图像和记录结果以供离线查看和验证。这种有价值的数据可帮助质量工程师优化应用并理解异常结果。

3. ModelArts

ModelArts 是华为面向 AI 开发者的一站式开发平台，提供海量数据预处理及半自动化标注、大规模分布式训练、自动化模型生成及端—边—云模型按需部署能力，帮助用户快速创建和部署模型，管理全周期 AI 工作流。

"一站式"是指 AI 开发的各个环节，包括数据处理、算法开发、模型训练、部署都可以在 ModelArts 上完成。从技术上看，ModelArts 底层支持各种异构计算资源，开发者可以根据需要灵活选择使用，而不需要关心底层的技术。同时，ModelArts 支持像 Tensorflow、MXNet 等主流开源的 AI 开发框架，也支持开发者使用自研的算法框架，匹配使用者的使用习惯。

（四）处理设备

1. 工控机

工控机即工业控制系统计算机，是一种选用系统总线，是对加工过程及机械设备、加工工艺开展检验与操纵的专用工具统称。工控机具备关键的计算机特性和特点，有计算机操作系统、操纵互联网和协议书、数学计算、灵活的工业触摸屏。工业自动化领域的产品和技术性十分独特，归属于正中间商品，是为别的各领域出示平稳、靠谱、内嵌式、智能化系统的工业生产计算机。

2. 服务器

服务器是计算机的一种，它比普通计算机运行更快、负载更高、价格更贵。服务器在网络中为其他客户机（如 PC、智能手机、ATM 等终端甚至是火车系统等大型设备）提供计算或者应用服务。工控服务器具有高速的 CPU 运算能力、长时间的可靠运行、强大的 I/O 外部数据吞吐能力以及更好的扩展性。根据服务器所提供的服务，一般来说服务器都具备承担响应服务请求、承担服务、保障服务的能力。服务器作为电子设备，其内部的结构十分复杂，但与普通的计算机内部结构相差不大，如 CPU、硬盘、内存、系统、系统总线等。

服务器按应用层次分为：①入门级服务器；②工作组服务器；③部门级服务器；④企业级服务器。从外观上区分可以分为机架式、刀片式、台式。

服务器是运用在数据中心或专业机房中，作为数据核算或存储的专用设备，这些数据都非常重要，所以规划时寻求的首先是安稳牢靠，再考虑功能；因此采用了多种先进的技能来确保此设备的杰出工作与数据完整性。

（五）安装、部署、调试方法

1. 工业相机

（1）将镜头正确安装到工业相机上。

（2）将镜头光圈尽可能开到最大（目的是缩小景深范围，以准确找到成像焦点）。

（3）通过变焦距调整（ZoomIn）将镜头推至望远（Tele）状态，拍摄10 m以外的一个物体的特写，再通过调整聚焦（Focus）将特写图像调清晰。

（4）进行与上一步相反的变焦距调整（ZoomOut）将镜头拉回至广角（Wide）状态，此时画面变为包含上述特写物体的全景图像，但此时不能再作聚焦调整（注意：如果此时的图像变模糊也不能调整聚焦），而是准备下一步的后焦调整。

（5）将工业相机前端用于固定后焦调节环的内六角螺钉旋松，并旋转后焦调节环（对没有后焦调节环的摄像机则直接旋转镜头而带动其内置的后焦环），直至画面最清晰为止，然后暂时旋紧内六角螺钉。

（6）重新推镜头到望远状态，看看刚才拍摄的特写物体是否仍然清晰，如不清晰再重复上述第（1）、（2）、（3）步骤；通常只需一两个回合就可完成后焦距调整了，最后旋紧内六角螺钉，将光圈调整到适当的位置。

相机的后焦距也称背焦距，是系统最后一个光学表面顶点至后方焦点的距离。简单来说，是当安装上标准镜头（标准C/CS接口镜头）时，能使被摄影物的成像恰好成在CCD图像传感器的靶面上。一般工业相机在出厂时，对后焦距都作了适当的调整，因此，在配接定焦镜头的应用场合，一般都不需要调整工业相机的后焦。在有些应用场合，可能出现当镜头对焦环调整到极限位置时仍不能使图像清晰的情况，此时首先必须确认镜头的接口是否正确。如果确认无误，就需要对工业相机的后焦距进行调整。根据经验，在绝大多数工业相机配接电动变焦镜头的应用场合，往往都需要对工业相机的后焦距进行调整。

2. 扫描仪

常见扫描仪安装调试步骤：

（1）将扫描仪从包装箱取出来之后，平整地放在工作台上，最好是比扫描仪大一些的工作台。

（2）连接好电源线和数据线，记得此时先不要开机。

（3）在电脑端安装扫描仪驱动和扫描仪软件，驱动一般在随机的光盘或者从官网上下载。

（4）打开扫描仪电源开关，此时计算机会自动搜索驱动程序，一会儿便可以完成安装。如果未能正确安装，打开设备管理器会看到一个不正常的图像设备。在该设备上单击右键，选择"更新驱动程序"，然后浏览到刚才安装驱动的位置，找到"inf"文件即可完成安装。

（5）测试扫描仪，测试扫描仪运转是否正常，扫描出来的图像是否正常。

3. HALCON 安装调试方法（以 HALCON 19.11 为例）

（1）获取安装包，直接官网下载即可。

（2）双击 HALCON 安装包，打开后将弹出界面如图 5-12 所示。

图 5-12 安装步骤 1

（3）点击 Next，会显示用户协议，这里值得注意的是，一定要将协议看完或者拉至最下方，才能勾选"我同意协议"的选择，如图 5-13 所示。

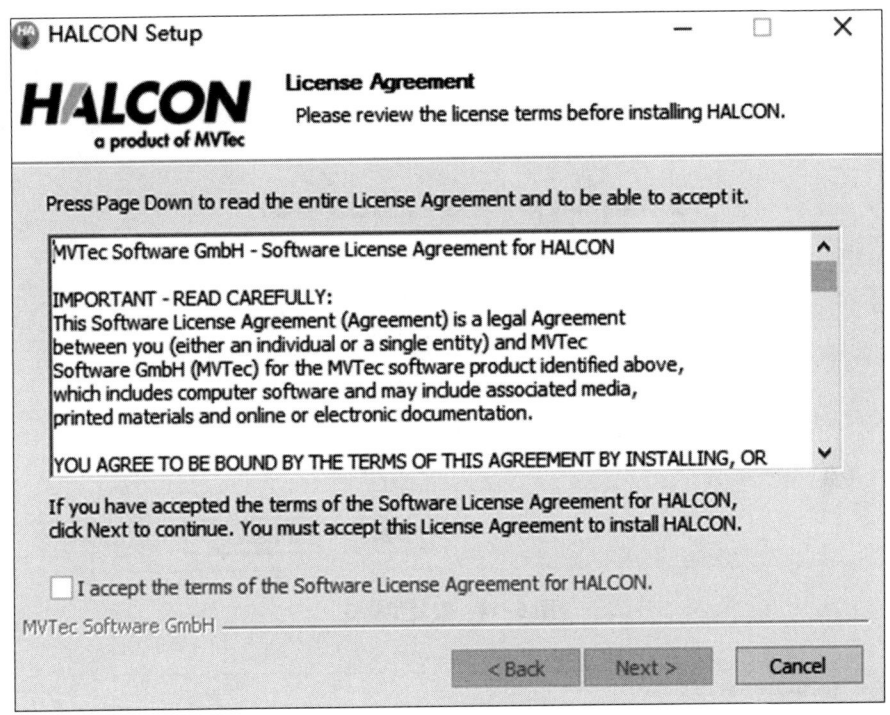

图 5-13　安装步骤 2

（4）这里将提供是否需要检查更新，一般把这里的勾选去掉，如果需要更新，自己手动更新就可以，如图 5-14 所示。

（5）现在一般操作系统都是 64 位，所以可以选择 x64，如果选择 x86 其实也是可以的，建议选择 x64，如图 5-15 所示。

（6）这里直接选择 Full 完全安装即可，如图 5-16 所示。

（7）这里勾选安装 MVTec 的 GigE 驱动，如图 5-17 所示。

（8）选择开发文档语言，没有中文，所以选择第一项英文即可，如图 5-18 所示。

（9）安装路径选择，一般情况下默认安装 C 盘就可以，如果想要安装其他盘也可以，但是一定要注意，不要随意修改路径，更不要选择中文路径，如图 5-19 所示。

（10）如果计算机已经安装了 VS，这里会提供安装一个 VS 插件，勾选安装即可，如图 5-20 所示。

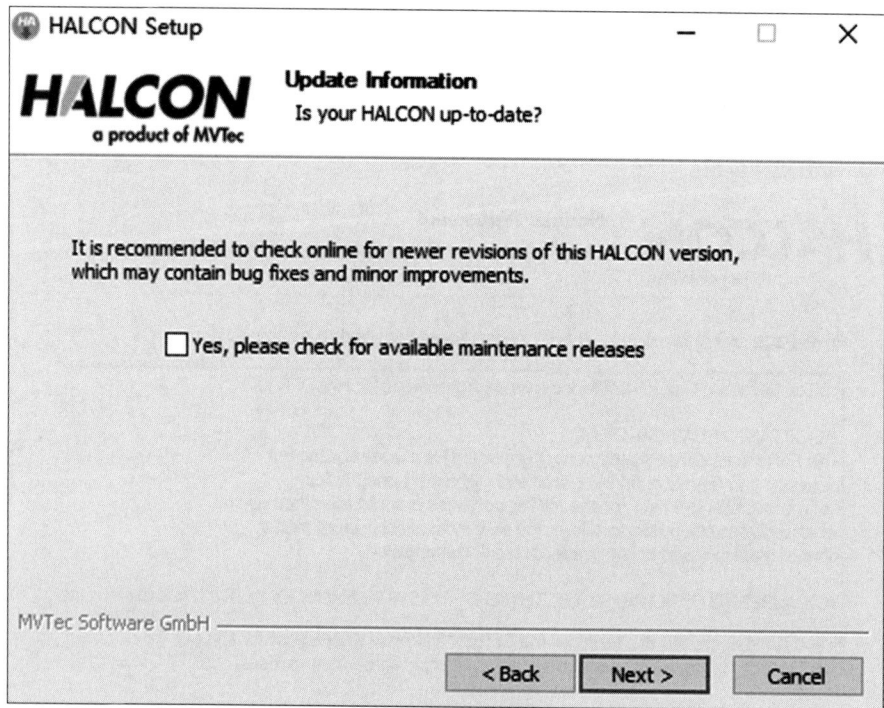

图 5-14　安装步骤 3

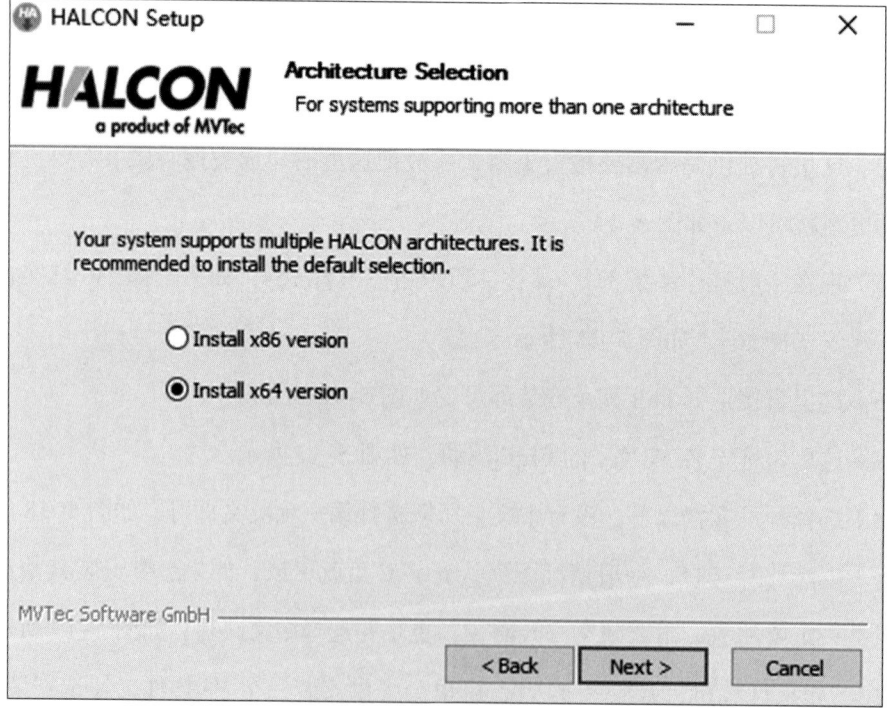

图 5-15　安装步骤 4

第五章　计算机视觉产品交付

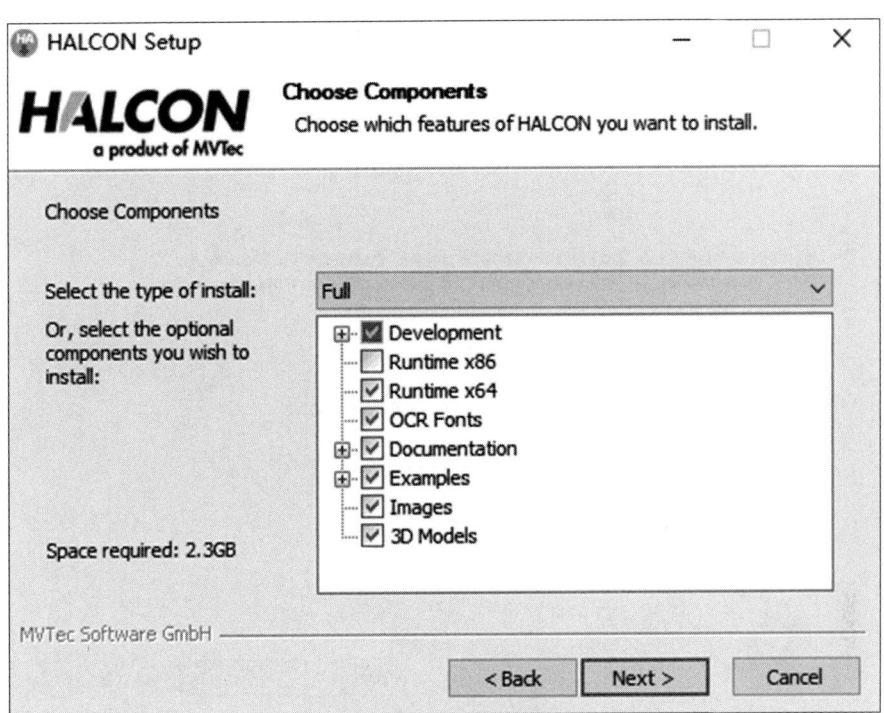

图 5-16　安装步骤 5

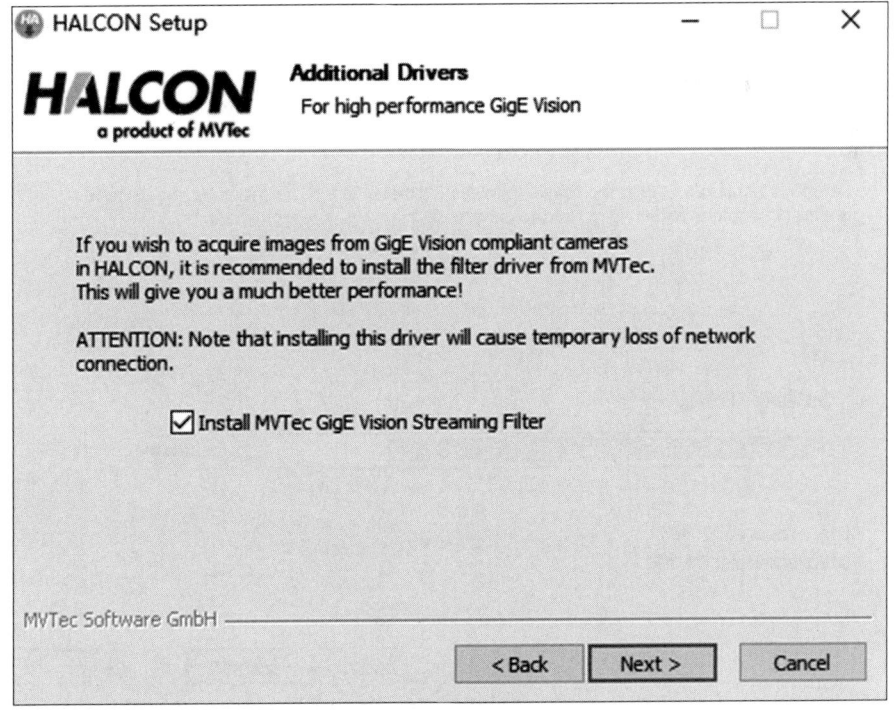

图 5-17　安装步骤 6

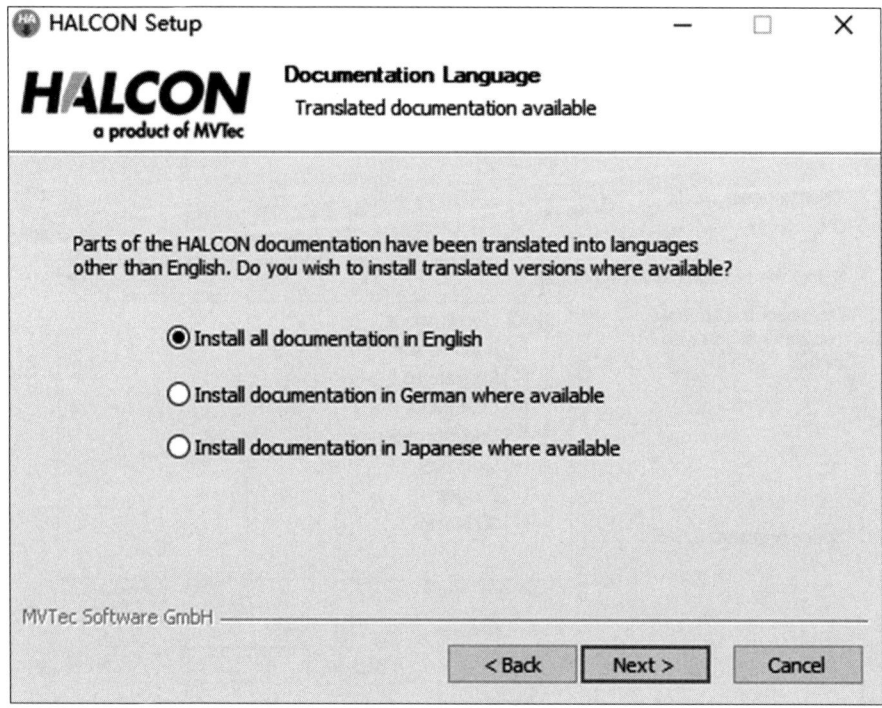

图 5-18 安装步骤 7

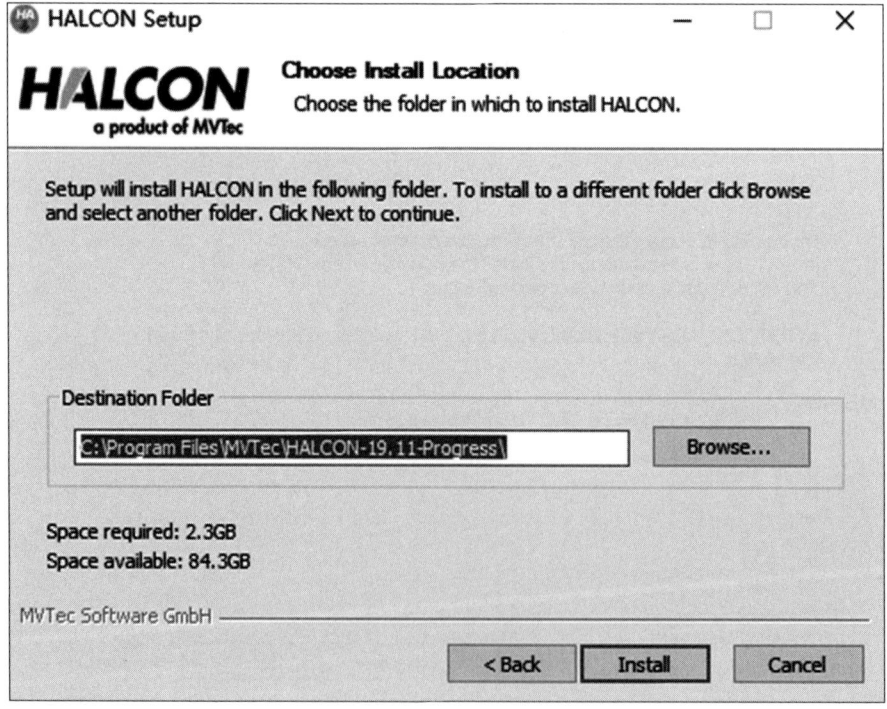

图 5-19 安装步骤 8

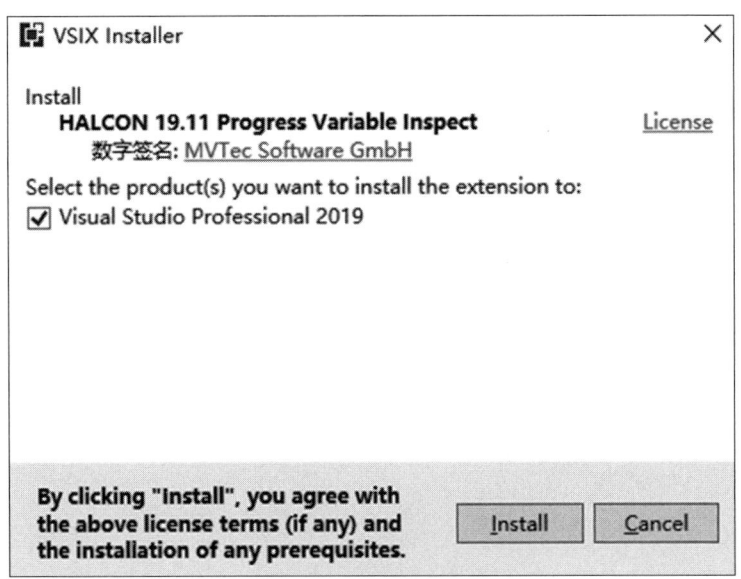

图 5-20　安装步骤 9

（11）经过一段时间安装后，HALCON 软件就安装完成了，这里会有一个提示，是否安装 license，选择不安装，如图 5-21 所示。

（12）这样我们就完成了 HALCON 的安装过程，如图 5-22 所示。

（13）安装完成后，打开会报错（见图 5-23），因为 HALCON 属于商业软件，因此安装完成后需要进行授权，授权方式有两种，一种方式是购买正版授权，另一种方式是使用试用，试用授权仅供学习使用，每月月初需要更新一次。

（14）下载试用授权文件，然后复制到指定目录下，默认安装路径的话，授权路径如下：C:\Program Files\MVTec\HALCON-19.11-Progress\license，如果手动修改了安装路径，可以参考找到 license 文件夹，复制完成后，即可打开 HALCON，如图 5-24 所示。

4. OpenCV 安装调试

（1）下载安装程序。到 OpenCV 官网下载需要的版本，这里以 Windows 版本为例，如图 5-25 所示。

（2）解压安装。双击下载的安装程序，进行解压安装，如图 5-26 所示。

（3）配置环境变量，如图 5-27 所示。选择"计算机"，右键单击属性，点击"高级系统设置"，点击"环境变量"，找到 Path 变量，选中并点击"编辑"，点击"新建"，把 OpenCV 执行文件的路径填进去，点击"确定"，环境变量配置完成。

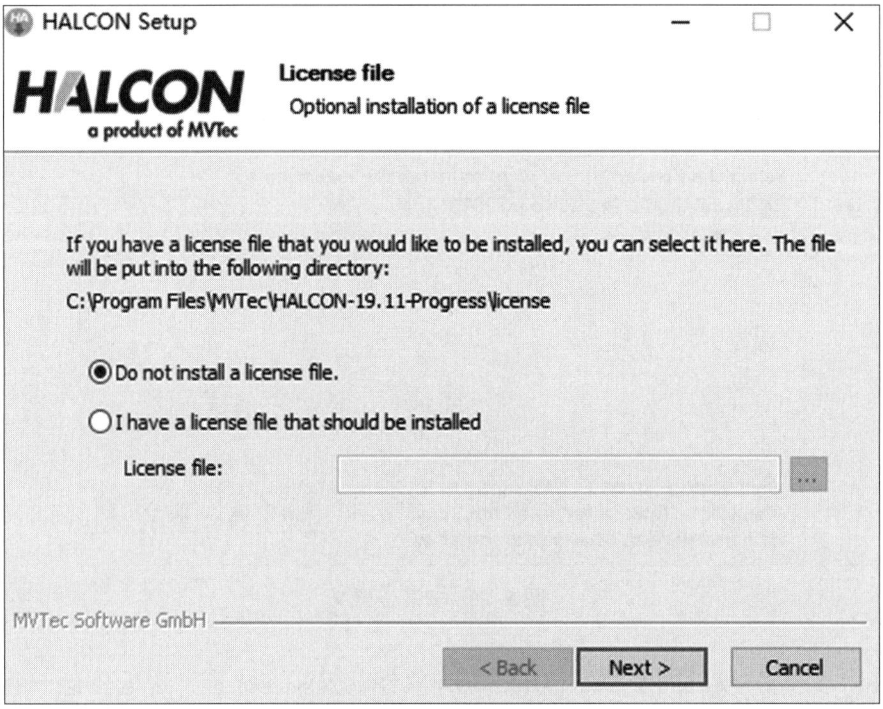

图 5-21　安装步骤 10

图 5-22　安装步骤 11

第五章　计算机视觉产品交付

图 5-23　报错提醒

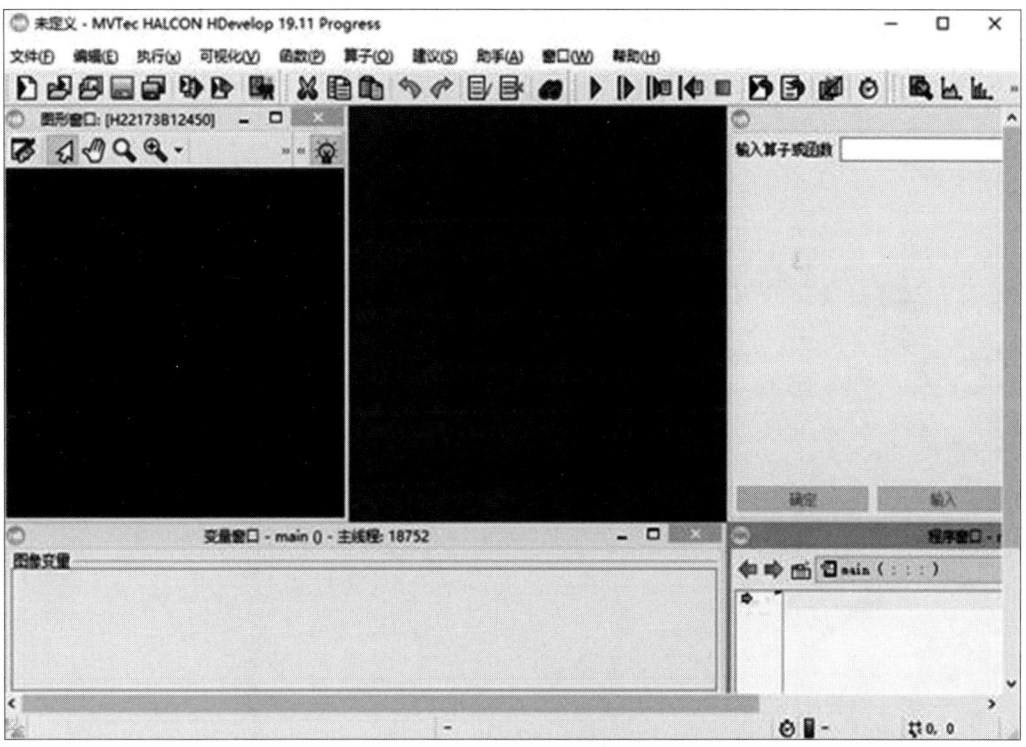

图 5-24　打开 HALCON

201

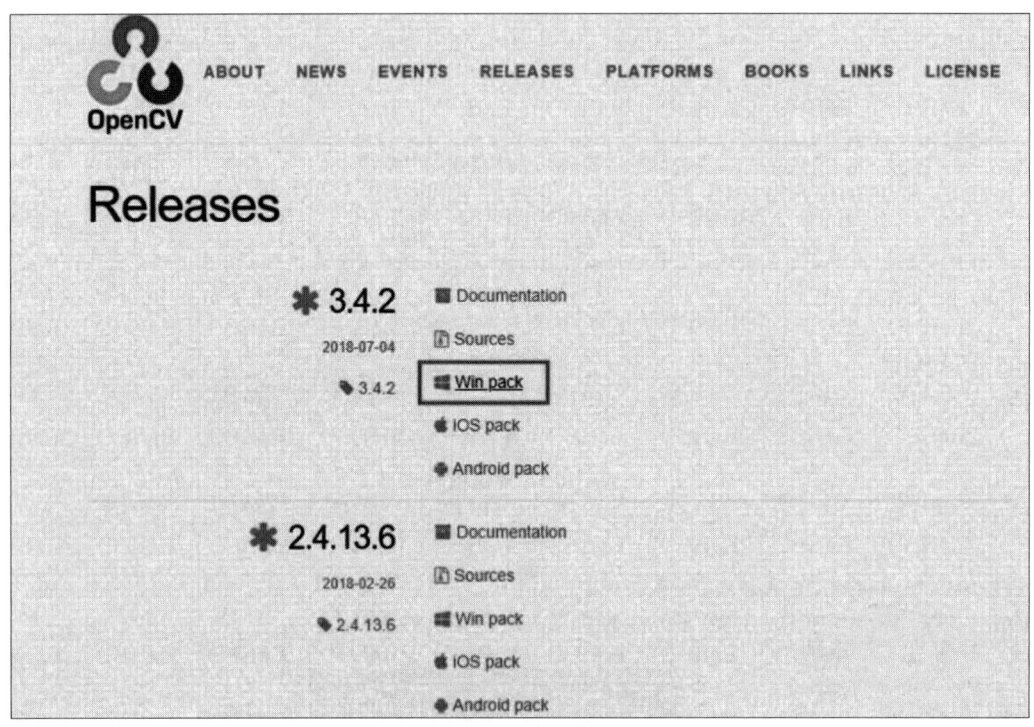

图 5-25　下载 Windows 版

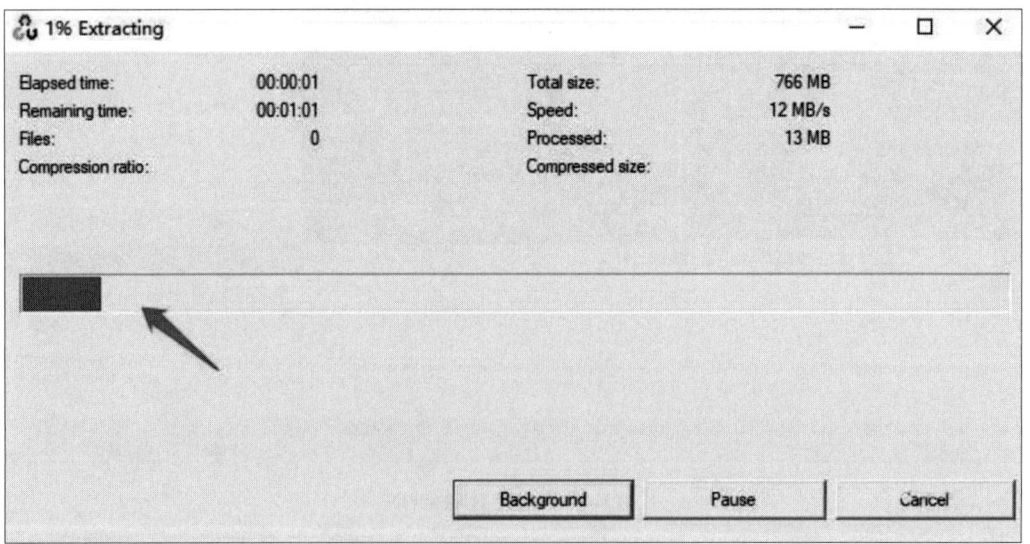

图 5-26　解压安装

第五章 计算机视觉产品交付

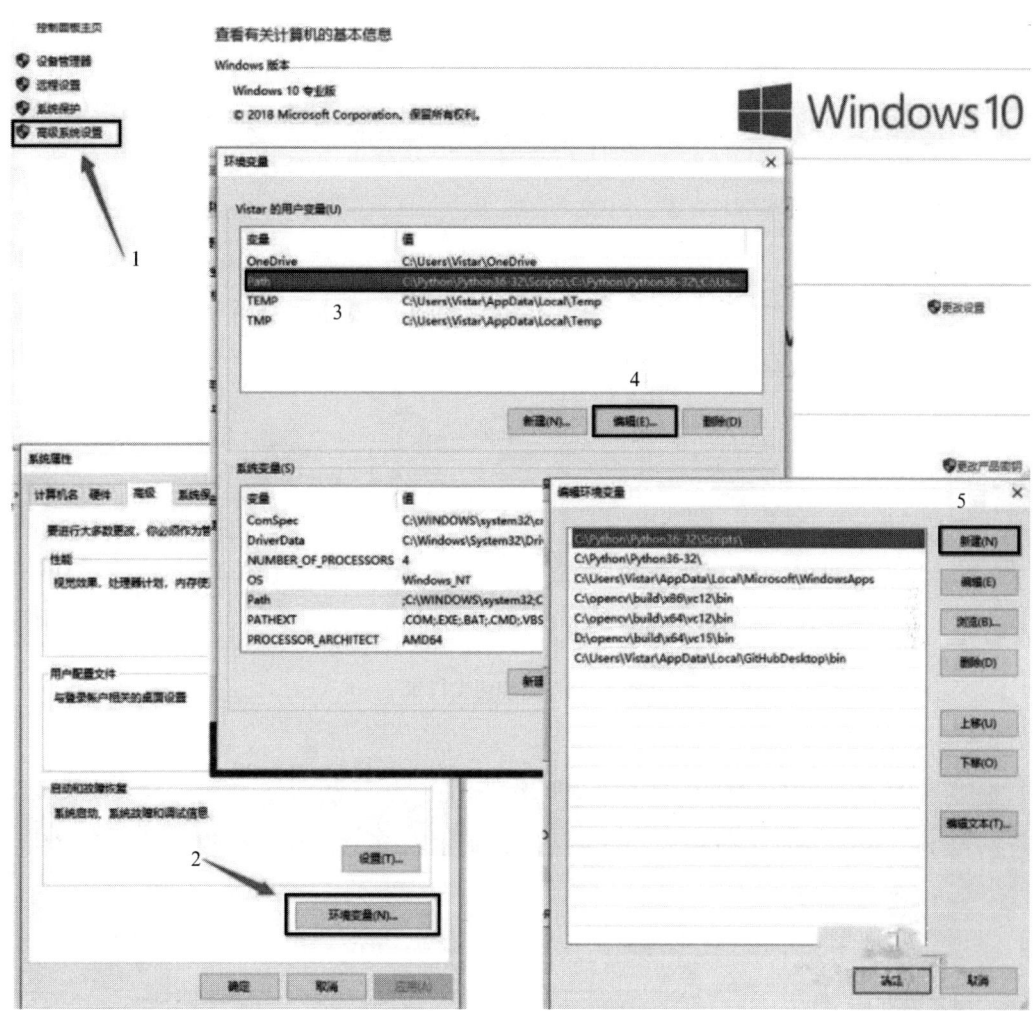

图 5-27 配置环境变量

（4）添加包含目录。打开 Visual Studio 选择项目，点击"配置属性"，点击"VC+"目录，选择包含目录，点击进行编辑，找到包含目录就可以，如图 5-28 所示。

（5）添加目录库。在 Visual Studio 中，依次选择项目，点击"配置属性"，点击"VC++"目录，选择库目录，点击进行编辑，选择自己库的目录，如图 5-29 所示。

（6）库文件路径。库文件的路径，如果配置为 Debug，选择 opencv_world341d.1ib，如果为 Relesae，选择 opencv_world341.1il，如图 5-30 所示。

（7）完成安装依次选择项目。点击"配置属性"，点击"链接器"，选择输入，点击"附加依赖项"，点击进行编辑，添加库文件名，点击"确定"完成，如图 5-31 所示。

203

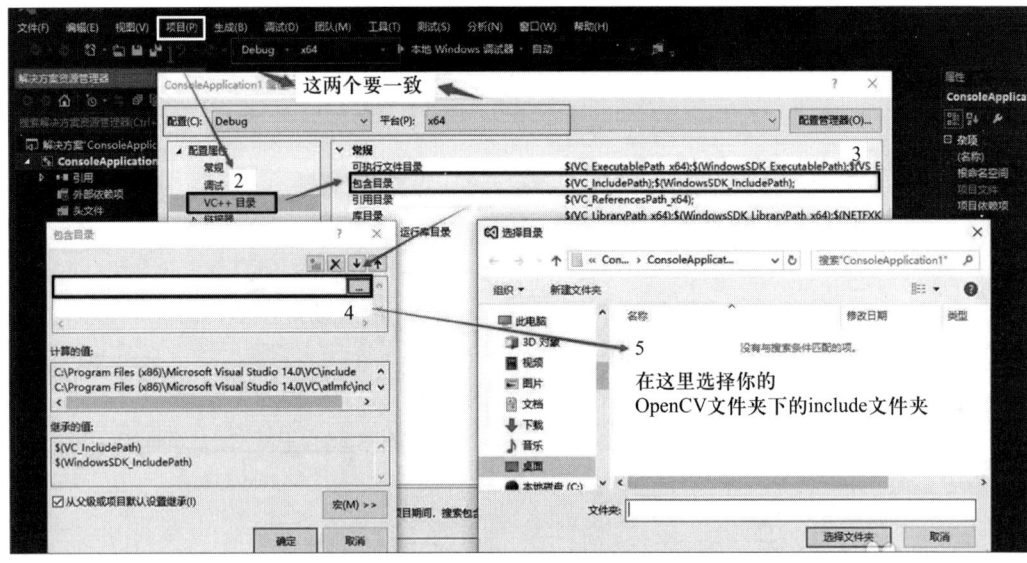

图 5-28　添加包含目录

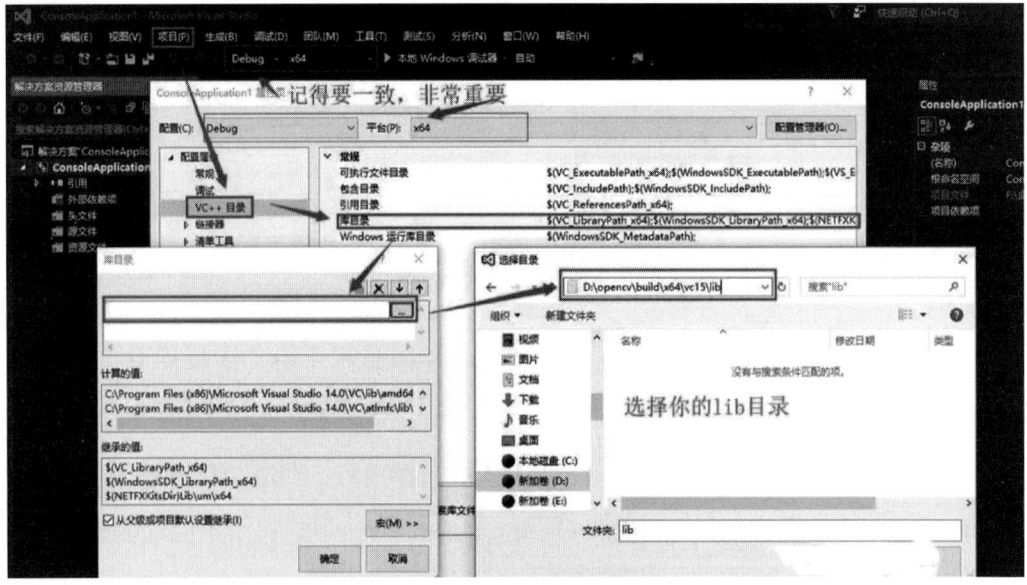

图 5-29　添加目录库

图 5-30　库文件路径

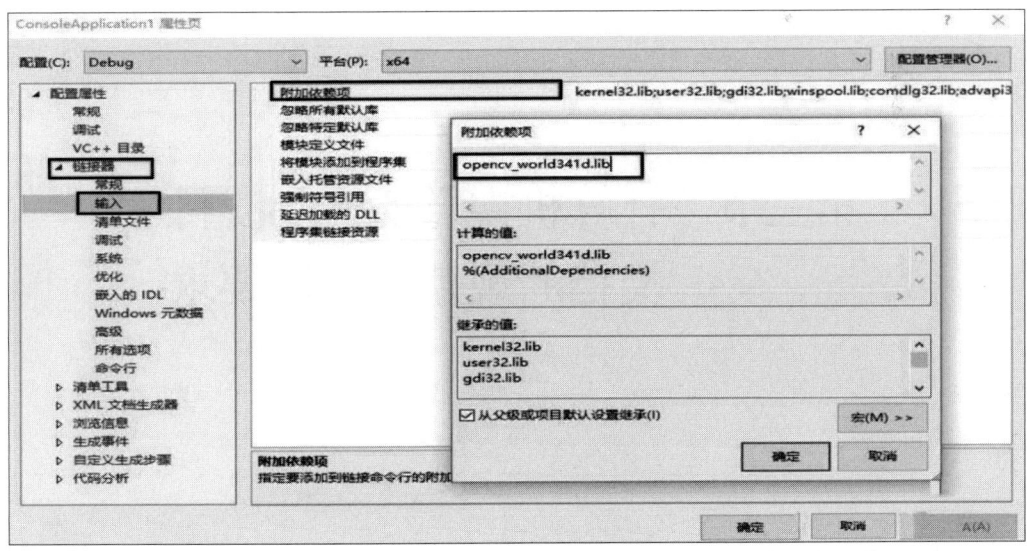

图 5-31　完成安装依次选择项目

5. 工控机的安装调试

（1）手动安装 Windows XP 操作系统。

（2）安装主板驱动和显卡驱动。

（3）安装 Office2003（根据提示进行安装）。

（4）安装 733 和 724 板卡驱动。

（5）安装磨砂卡驱动。

（6）安装打印机驱动（根据提示进行安装）。

（7）安装搅拌站程序并对软件进行调试设置。

（8）Linux。

（9）配置外网网卡 IP、子网掩码、网关、DNS；配置内网网卡：IP 使用 192.168.0 局域网网段，末尾 IP 与公网 IP 一致，子网：255.255.255.0。

（10）安装配置 ssh-server。

（11）测试检查。

设置完毕之后重启服务器，远程连接测试系统运行情况，检查系统日志。

第三节　计算机视觉的产品交付文档的规范和撰写要求

考核知识点及能力要求：

- 掌握计算机视觉的产品交付文档的系统业务需求文档；
- 掌握计算机视觉的产品交付文档的概要设计文档；

- 掌握计算机视觉的产品交付文档的详细设计文档；
- 掌握计算机视觉的产品交付文档的产品测试报告；
- 掌握计算机视觉的产品交付文档的实施培训报告；
- 掌握计算机视觉的产品交付文档的产品安装部署文档。

一、系统业务需求文档

需求分析是一项软件工程的活动。

（一）目的包括以下几个

（1）完整地获取用户要求，清楚地理解所要解决的问题；

（2）描述清楚软件的功能和性能；

（3）指明软件与其他系统元素的接口；

（4）建立软件必须满足的约束（如运行环境等）。

（二）需求分析的任务

需求分析是研究用户要求，以得到目标系统的需求定义的过程。需求分析的基本任务是软件开发人员和用户一起完全弄清用户对系统的确切要求。具体步骤包括下面几个。

1. 需求获取

调查研究的方法有访谈、分发调查表或开会等。

（1）访谈：正式访谈和非正式访谈。

（2）分发调查表：调查表中列出需要的内容，让用户书面回答问题。

（3）开会：可采用开会—讨论—确认的方法进行调查。

2. 形成需求文档

结合调查研究情况，梳理客户需求，形成需求文档。

（三）编写需求分析报告的要求

1. 无歧义性

对最终产品的每一个特性用某一术语描述。若某一术语在某一特殊的行文中使用时具有多种含义，那么应对该术语的每种含义做出解释并指出其适用场合。

2. 完整性

需求分析报告应该包括全部有意义的需求，无论是关系到功能的、性能的、设计约束的还是关系到外部接口方面的需求；对所有可能出现的输入数据的响应予以定义，要对合法和非合法的输入值的响应做出规定；填写全部插图、表、图示标记等；定义全部术语和度量单位。

3. 可验证性

需求分析报告描述的每一个需求应是可以验证的。可以通过一个有限处理过程来检查软件产品是否满足需求。

4. 一致性

在需求分析报告中的各个需求的描述不能互相矛盾。

5. 可修改性

需求分析报告应具有一个有条不紊、易于使用的内容组织；没有冗余，即同一需求不能在需求分析报告中出现多次。

6. 可追踪性

每一个需求的源流必须清晰，在进一步产生和改变文件编制时，可以方便地引证每一个需求。

7. 运行和维护阶段的可使用性

需求分析报告必须满足运行和维护阶段的需要。在需求分析报告中要写明功能的来源和目的。

二、概要设计文档

（一）"概要设计说明书"的一般结构

（1）总述：需求或目标（讲一下事情的起源）、环境、局限。

（2）总体设计：从全局的角度说一下组织结构、功能、处理流程、有哪些模块、模块间的关系，运行环境等。（输出图：系统结构图、系统流程图、数据流程图）。

（3）外部接口：总体说明外部用户软、硬件接口（可用资源）。

（4）模块设计：每个模块"做什么"、简要说明"怎么做"（输入、输出、处理逻辑、与其他模块或系统的接口）、处在什么逻辑位置、物理位置。

（二）模块设计可以写以下内容

（1）模块描述：说明哪些模块实现了哪些功能；

（2）模块层次结构：可以使用某个视角的软件框架图来表达；

（3）模块间的关系：模块间依赖关系的描述，通信机制描述；

（4）模块的核心接口：说明模块传递的信息、信息的结构；

（5）处理方式设计：说明一些满足功能和性能的算法。

（三）概要设计需要注意的地方

（1）用来评价总体设计的可行性；

（2）用来检查设计的模块是否完整，保证每一个功能都有对应的模块来实现；

（3）用来评估开发工作量、指导开发计划（在不写详细设计的情况下）；

（4）概要设计阶段过于重视业务流程是个误区；

（5）概要设计阶段过于重视细节实现是个误区。

三、详细设计文档

（一）流程结构

1. 引言

引言包含：编写目的、背景、参考资料、术语定义及说明。

2. 设计概述

设计概述包含：任务和目标、需求概述、运行环境概述、条件与限制、详细设计方法和工具。

3. 系统详细需求分析

系统详细需求分析包含：详细需求分析、详细系统运行环境及限制条件分析接口需求分析。

4. 总体方案确认

总体方案确认包含：系统总体结构确认、系统详细界面划分。

5. 系统详细设计

系统详细设计包含：系统结构设计及子系统划分，系统功能模块详细设计（采用 HIPO 图进行功能分解与模块描述，用 IPO 或结构图描述各模块的组成结构、算法、模块间的接口关系，以及需求、功能和模块三者之间的交叉参照关系），系统界面详细设计。

每个模块的描述说明可参照以下格式：

```
** 模块编号：**

** 模块名称：**

** 输入：**

** 处理：**

** 算法描述：**

** 输出：**
```

（二）详细设计需要注意的地方

如果有必要，特别是大型的软件系统，详细设计阶段应划分系统功能模块或子系统。

（三）概要设计和详细设计的区别

1. 概要设计阶段

在这个阶段，设计者会大致考虑并照顾模块的内部实现，但不过多纠缠于此。主要集中于划分模块、分配任务、定义调用关系。模块间的接口与传参在这个阶段要定得十分细致明确，应编写严谨的数据字典，避免后续设计产生不解或误解。概要设计一般不是一次就能做到位，而是反复地进行结构调整。典型的调整是合并功能重复的模块，或者进一步分解出可以复用的模块。在概要设计阶段，应最大限度地提取可以重用的模块，建立合理的结构体系，节省后续环节的工作量。

概要设计文档最重要的部分是分层数据流图、结构图、数据字典以及相应的文字说明等。以概要设计文档为依据，各个模块的详细设计就可以并行展开了。

2. 详细设计阶段

在这个阶段，各个模块可以分给不同的人去并行设计。在详细设计阶段，设计者的工作对象是一个模块，根据概要设计赋予的局部任务和对外接口，设计并表达出模块的算法、流程、状态转换等内容。这里要注意，如果发现有结构调整（如分解出子模块等）的必要，必须返回到概要设计阶段，将调整反应到概要设计文档中，而不能就地解决，不打招呼。详细设计文档最重要的部分是模块的流程图、状态图、局部变量及相应的文字说明等。

四、产品测试报告

（一）定义

（1）测试文档是对要执行的软件测试及测试的结果进行描述、定义、规定和报告的任何书面或图示信息。

（2）软件测试是一个很复杂的过程，同时也涉及软件开发中一些其他阶段的工作。

（3）测试文档对于测试阶段工作的指导与评价作用是非常明显的。需要特别指出的是，在已开发的软件投入运行的维护阶段，常常还要进行再测试或回归测试，这时还会用到测试文档。

（4）测试文档的编写是测试管理的一个重要组成部分。

（二）分类

测试文件根据作用不同，通常分为测试计划、测试分析报告两种。

1. 测试计划

详细规定测试要求，测试目的和内容、方法和步骤等。

2. 测试分析报告

对测试结果分析说明，给出结论性意见。

（三）测试的组织

在实现组将所开发的程序经验证后，提交测试组，由测试负责人组织测试。测试一般可按下列方式组织：

（1）测试人员要仔细阅读有关资料，全面熟悉系统，编写测试计划，设计测试用例，做好测试前的准备工作；

（2）为了保证测试的质量，将测试过程分成几个阶段，即代码审查、单元测试、集成测试和验收测试。

（四）测试人员管理

对分析、设计和实现等各阶段所得到的结果，包括需求规格说明、设计规格说明及源程序都应进行软件测试。基于此，测试人员的组织也应是分阶段的。

（1）需求规格说明书评审；

（2）设计评审；

（3）程序的测试。

（五）测试配置管理

（1）测试配置管理作用于软件测试的各个阶段，贯穿于整个测试过程之中。

（2）它的管理对象包括以下内容：测试方案、测试计划或者测试用例、测试工具、测试版本、测试环境以及测试结果等。这些就构成了软件测试配置管理的全部内容。

（六）测试版本控制

测试版本控制的意义在于以下几点。

（1）如果缺乏版本控制，很难保证测试进度和测试的一致性。

（2）在进行测试工作时，很容易出现冗余问题，容易导致本地版本和服务器版本的不一致。

（3）版本控制可以有效提高开发和测试效率，消除很多由于版本带来的问题，确保能够及时并且正确地更新不同的人员所涉及的同一文档。

（七）作用

（1）标记历史上产生的每个版本的版本号和测试状态。

（2）保证测试人员得到的测试版本是最新的版本。

（八）测试风险管理

项目风险管理包括风险管理规划、风险识别、风险分析、风险应对规划和风险监控等各个过程。

五、实施培训报告

实施培训后，需要就培训内容、培训效果进行问题反馈，并形成培训报告，培训报告格式如图5-32所示。

培训实施报告

QR-RL-002-A-___

培训课程名：		类别	□临时　□按年度计划
培训目的：			□外部　□内部
受训人或范围：			□委托外部　□新人
培训内容概要：		培训地点	人事审核　培训人确认
课时安排：	自　年　月　日　时 至　年　月　日　时　共　H		
考核方式	□书面考试　□操作评价　□口头提问调查 □学员自评		

教育培训实施记录

序	应参加人员	签名	效果调查（提问调查自评）	考核结果（考试操作评价）
1			□理解　□大概理解　□不是特别理解　□完全不理解	□通过　□不通过
2			□理解　□大概理解　□不是特别理解　□完全不理解	□通过　□不通过
3			□理解　□大概理解　□不是特别理解　□完全不理解	□通过　□不通过
4			□理解　□大概理解　□不是特别理解　□完全不理解	□通过　□不通过
5			□理解　□大概理解　□不是特别理解　□完全不理解	□通过　□不通过
6			□理解　□大概理解　□不是特别理解　□完全不理解	□通过　□不通过
7			□理解　□大概理解　□不是特别理解　□完全不理解	□通过　□不通过
8			□理解　□大概理解　□不是特别理解　□完全不理解	□通过　□不通过

图 5-32　培训报告格式

产品安装部署文档情况如下文所述。

（1）版本修订记录（必备）：主要包含现有版本的版本号、主要更改内容、更改原因等，它在产品出现问题、追根溯源时可以起到巨大作用。同时，也便于使用人员梳理逻辑。主要格式内容如图 5-33 所示。

（2）产品目标（必备）：可以是功能或者产品上线后想要达到的效果。

（3）需求方及背景（必备）：简述需求产生背景以及原因，需求面向哪些人群（一定要有事实或者数据作为佐证）。

时间	版本	撰写人	主要变更内容	变更原因
2019-03-29	V1.0	×××	增加××××，查看××与××××及××××的关联	1.×××功能单一，不满足实际使用需求； 2.××××年久失修，××与××××及××××没有关联

图 5-33 版本修订记录

（4）预估收益（必备）：最好能用数字量化产品或功能开发产生的收益，也就是 ROI，对收益的正确评判也是产品经理的一项重要能力。这里举个例子，如"优化公司内部系统某流程，预计耗时 13 人天，完成后预计可以为公司其他部门每年节省 35 人天"。这样的描述，清晰且可信。

（5）风险描述：简要概述产品或功能开发过程中可能会遇到的内部风险和外部风险，例如：新项目迁移可能遇到未知问题，这就是内部风险。前端开发缺人、项目撞车，这就属于外部风险。

（6）目标用户（必备）：简要描述一下产品或功能上线后服务的人群，有群体特征的最好也写上。

（7）使用场景：简要描述一下产品或功能上线后使用的场景。

（8）参与人员（必备）：记录产品或功能从孵化到上线过程中负责的工作人员，这样的好处是某个环节一旦出了问题，可以快速地定位到相关的负责人，提高效率，特别是翻看历史记录的时候。主要格式内容如图 5-34 所示。

产品	设计	开发		测试
×××	×××	服务端	×××、×××、×××	××
		客户端	×××	

图 5-34 参与人员

(9)项目周期:主要是方便使用人员进行时间规划,同时可用于进行项目管理,如果所在团队项目的时间管理已经足够好,那么这个模块可以不写。

(10)名词解释:对使用人员可能不了解的名词进行注释。

(11)功能流程(必备):这是 PRD 需求文档里最重要的一个模块,所以在保持简洁的同时要做到尽可能的详细。

流程图的作用不必多说,逻辑清晰的流程图可以帮助使用者快速地厘清业务逻辑,提高效率,减少出错。而在"交互流程"中,建议产品经理可以直接用 Axure 生成的 HTML 网址进行表示,方便且快捷。

接下来是"页面及弹窗",这部分对前端开发意义很大,能有效地避免漏掉某些重要页面。主要内容及格式如图 5-35 所示。

类型	数量	详情
页面	5	1. ××××列表页;2. ××××列表页;3. ××列表页;4. ××列表页;5. ××列表页
弹窗	3	1. ××××;2. ×××××;3. 调整××××
全局提示	5	1. 网络错误;2. 客户端错误;3. 服务端错误;4. 无权限;5. 删除二次确认(删除前需××××××)
错误提示	3	1. ××××必须为100%;2. ×××不能为空;3. ××××错误提示

图 5-35 页面及弹窗

最后便是"功能及说明",这部分主要对产品的每个功能进行详尽的描述。

以 Web 端的一个页面举例,需要介绍这个页面的操作路径、页面上的操作形式、数据的来源、额外的说明等。

具体的示例如图 5-36 所示。

(12)权限 & 角色:简要描述一下使用这个产品或功能的不同特征人群的权限。举个例子,企业做一个自己的日报系统,老板和员工的使用权限肯定是不一样的。

(13)性能需求:简要描述一下产品对性能的要求,如 QPS、请求访问时长等。

(14)营销 & 运营需求:这部分主要是面向 C 端产品,写出方向性就可以,是与运营联动的一个模块。

操作路径：
×××->××××->××

操作：
1. ××××——跳转（××××列表页）
2. 查看全部——跳转（××××页）
3. ××××管理——跳转（××××页）
4. 展开/收起——展开或收起×××
5. 切换××——月/季度
6. 下拉切换年月——与××联动，当××为月时，可以切月份；当××为季度时，可以切季度，季度为Q1、Q2、Q3、Q4
7. 左右箭头切换年月——每次只能切一个

(a)

数据源：
1. ××××——系统计算
2. ×××××——×××
3. ××××——××××

说明：
1. 列表字段：××/××、最近6个月
2. 列表内容：key=×××，value= 百分比 / 分数
3. 卡片字段：××××（百分比、分数、月同比、健康状态）；××××（数量、周同比、查看全部）；××××××（时间、日同比）
4. 不分页
5. 百分数精度 =4 位小数点
6. 无权限的 ××× 置灰

(b)

图 5-36　功能及说明

（15）安全需求：不同产品或功能对于安全的要求往往不尽相同，例如"支付功能"的安全需求比大多其他功能都要高，这个模块建议写上产品或功能安全等级的高低，应该做好哪些预防。

（16）法务需求：主要是专利著作权、版权等可能遇到的法务风险，大多产品或功能不存在这个问题。

（17）异常情况（必备）：简要描述一下用户使用产品或功能时可能碰到的异常情况，例如突然断网等。主要内容及格式如图 5-37 所示。

（18）测试要点（必备）：这部分非常重要，产品经理需要在这个模块介绍产品或功能在上线前有哪些重点功能是需要反复测试的，有哪些异常逻辑是需要注意的。因为测试人员在一些细节的把控上可能没有产品经理做得仔细，如果一些重要的点没能

判断条件	弹窗文案	按钮/toast	备注
网络连接超过 15 s	当前网络异常，请稍后重试	无	
用户为非 ×× 负责人及 ×× 关注人角色	暂无权限，请联系项目负责人	回到首页	
客户端错误码	资源找不到了	无	
服务端错误码	Oops，服务开小差了	无	

图 5-37　异常情况

被测试到就直接通过，在后续的开发中就可能会惹上大麻烦（回炉重造等），从而导致项目延期。

（19）数据埋点及统计需求：写清楚应该在产品中的哪些维度进行数据埋点和与之对应的统计需求。主要内容及格式如图 5-38 所示。

维度	描述
全部 PV	每天访问页面的次数
全部 UV	每天访问页面去重后的用户数
×××列表页PV	计算 ×× 的上传数量,生成趋势图,未来寻求减量措施

图 5-38　数据埋点及统计需求

（20）上线前准备（必备）：分点叙述上线前需要完成哪些事件，如把问题状态都变为"已解决"。

（21）上线后工作（必备）：大多数产品或功能不是上线就结束了，往往需要后续的跟进，如进行回归测试，对用户进行意见调研、实际收益评估等。

（22）设计规范：针对有交互原则的团队。

六、实际案例

项目实践（以车型识别举例）：

车辆检测系统下有很多 CV 相关的应用，如车型识别、车牌识别、车颜色识别等。

我们从车型识别这一个例子着手，探索项目的具体流程。

1. 项目前期准备

（1）数据准备。车型这个主题说大不大，说小不小。全世界的车辆品牌数目大约有三四百个，每个品牌下面又有几十种车系。我们从 0 开始立项，至少需要把常见的车辆车系都包含在内。像大众、丰田、奔驰、宝马、奥迪、现代等热门车辆品牌更是需要拿全数据。每一种车型至少有车头、车尾、车身三种基础数据。

这种情况代表了三种数据，不同场景下这三种数据的重要性大为不同。在项目前期假设我们定下来识别车型这个需求主要应用场景是"停车场识别车辆"，那车头这个数据相对而言就更加重要，需要花更多的心思收集。为什么呢？我们可以想象，停车场的车辆识别摄像头为了捕捉车牌号，一般会将摄像头正对车辆，摄像头传上来的数据很少会有纯侧面车身的数据甚至车尾数据。我们为了项目更快地应用落地，其他类型数据比较缺少的情况是可以暂时放下后期再做优化的。

在数据准备的过程中，首先需要爬虫从网上爬取数据，再由人工筛选过滤掉不可用的数据，将数据统一整合，才能进行下一步工作。

（2）文档准备。数据标注文档，包括项目一共包含多少种车型、每一种车型分别对应什么样式。数据标注中需要注意的问题包括多辆车的图片、角度刁钻的图片是否需要舍弃等。

产品文档包括落地场景说明、需求说明文档等常规文档。这里拿工业车辆识别需求分析下的系统设计：

1）算法需求描述（识别的种类、范围、速度、准确率、稳定性等）；

2）摄像头设备硬件需求描述、环境描述、数据传送描述、摄像头配置描述；

3）平台程序设计（车辆识别系统平台前后端设计）；

4）数据关联描述（车辆信息分析统计关联）；

5）如果摄像头在局域网，且有布控功能（识别车辆黑名单的需求）还需要提供布控流程设计；

6）下发程序（考虑云端到本地的图像特征下发）；

7）点播程序设计（可以从互联网查看本地摄像头）。

2. 项目流程跟踪

（1）软硬件端：按照常规的软硬件项目跟踪开发。

（2）算法：车型识别的流程基本如下：

1）车型图像上传：通过摄像头/web上传；

2）图像预处理：包含了上文成像部分中的模糊图像恢复处理（运动模糊有快速算法去模糊：通过已知速度V、位移S，确定图像中任意点的值）；

3）early vision中的图像分割（将目标图像从背景图中标识出来，便于图像识别，可以考虑边缘检测方法）、图像二值化（将图像中的像素点的灰度值设置为0或者255，使用轮廓跟踪让目标轮廓更为凸显）；

4）图像特征提取；

5）特征比对。

3. 项目测试

（1）摄像头测试；

（2）摄像头与点播程序测试；

（3）点播程序（可实时查看摄像头的程序）与平台后台程序测试；

（4）算法与平台后台测试、备用接口测试；

（5）模型识别时间测试；

（6）模型识别准确率、召回率测试；

（7）服务器稳定性测试；

（8）网络带宽限制测试；

（9）正反向测试；

（10）其他平台、硬件产品常规测试。

计算机视觉产品成果物交付是产品落地验证的重要环节，主要涉及硬件设备与软件产品的交付，主要知识点包括计算机视觉场景的主要环节和交付方法；计算机视觉的主要组件和安装、配置、调试的方法；计算机视觉的产品交付文档的规范和撰写要求等。

计算机视觉产品的硬件交付工作主要分为硬件交付及软件系统交付，其中硬件部分可以分为前端硬件设备与后端硬件设备，前端视频图像采集设备，主要包括相机、光源等；后端系统硬件设备主要有服务器等；软件交付产品主要有计算机视觉软件：主要包括HALCON等商业软件或自研的相关软件产品等。

通过本章内容的学习，能执行计算机视觉场景交付、主要组件交付、安装交付主要流程；能结合计算机视觉业务场景编制产品交付文档；能根据计算机视觉现场情况进行软件的安装调试和维护。

思考题：

1. 计算机视觉的主要交付环节有哪些？
2. 软件交付和硬件交付的区别是什么？
3. 图像处理的方式有哪些？分别是什么作用？
4. 服务器从应用层面分为哪几类？服务器的优点是什么？
5. 计算机视觉方向的交付文档主要分为哪几类？
6. 项目测试的流程一般分为哪几个部分？

第六章
计算机视觉产品运维

计算机视觉是从图像或视频中提出符号或数值信息,分析计算该信息以进行目标的识别、检测和跟踪等。更形象地说,计算机视觉就是让计算机像人类一样能看到并理解图像。能够实现相应的计算机视觉产品设计、交付及运维。

- **职业功能:** 人工智能产品运维。
- **工作内容:** 计算机视觉产品运维。
- **专业能力要求:** 能使用计算机视觉产品操作命令;能在专有硬件上运维计算机视觉产品;能按照计算机视觉产品部署手册对产品进行部署升级;能根据标准流程进行计算机视觉产品的日常巡查。
- **相关知识要求:** 计算机视觉产品的操作与运维技术;计算机视觉产品的专有硬件知识;计算机视觉产品的部署升级方法;计算机视觉产品的日常巡查规范。

第一节 计算机视觉产品的操作与运维技术

考核知识点及能力要求：

- 了解计算机视觉、计算机视觉产品操作与运维技术；
- 了解计算机视觉产品的前端设备及相关设备的安装要求、供电方式、数据传输接口、传输协议、安全技术要求等；
- 了解计算机视觉目标检测的性能度量指标；
- 熟悉视频图像内容分析及描述的应用流程和基本功能；
- 能使用计算机视觉产品操作命令。

计算机视觉是关于如何运用摄像机和计算机来获取被拍摄对象数据与信息的科学。计算机视觉产品操作与运维的主要内容，就是给计算机安装上眼睛（前端设备）和大脑（算法），让计算机能够感知环境。本节首先对与计算机视觉产品操作与运维相关的基本概念进行介绍。

一、摄像机的主要性能指标

摄像机的性能会对计算机视觉产品读取视频流产生很大的影响，因此需要依据实际情况，通过摄像机的基本性能指标对摄像机进行选择。以下对摄像机的主要性能指标进行介绍。

（一）像素

像素是相机传感器上的最小感光单位，通常所说相机的像素是指相机感光元器件上总像素值。感光元器件的像素分为总像素和有效像素。总像素是理论上能够参与成像的像素值。但在实际成像过程中，由于光线等原因，有一部分像素点并不参与成像，真正参与感光成像的像素值称为有效像素。

（二）分辨率

分辨率又称解析度，可细分为显示分辨率、图像分辨率等。

显示分辨率是指显示器能显示的像素点数。显示器可显示的像素越多，画面就越精细。显示分辨率一定的情况下，屏幕越小图像越清晰；屏幕大小固定时，显示分辨率越高图像越清晰。

图像分辨率是单位英寸中所包含的像素点数。图像的分辨率越高，所包含的像素就越多，图像就越清晰。图像分辨率和图像尺寸的值一起决定了文件的大小。

摄像机的分辨率高低决定了所拍摄的图像最终能够打印出高质量画面的大小或者在计算机显示器上所能显示的画面大小。

（三）信噪比

信噪比是在标准照明度（2 000 lx）下，摄像机图像（亮度或绿路）信号的峰值与视频噪波的有效值之比。信噪比的数值与测量条件有关。信噪比越高，说明图像噪声信号越小，摄像机的质量越高。

（四）灵敏度

灵敏度是指在同样的输出视频电子信号的幅度下，需要输入的光强度的大小。摄像机灵敏度越高，在输出相同幅度视频信号的情况下，所需要输入的光强度就越小。

（五）最低照度

最低照度判断摄像机能够在多黑的条件下可以看到可用的影像，是衡量摄像机优劣的一个重要参数，有时直接简称为"照度"。最低照度是当被摄影物的光亮度低到一定程度而使摄像机输出的视频信号电平低到某一规定值时的景物光亮度值。最低照度越低，说明摄像机灵敏度越高。

二、前端设备的安装要求

计算机视觉产品的前端设备通常指摄像机以及与之配套的相关设备（如镜头、云台、控制解码器、防护罩等），为了使得计算机视觉产品有效运行，前端设备的安装应该符合一定的要求。

（一）摄像机的安装

摄像机的安装应符合下列规定：

（1）在搬动、架设摄像机过程中，不得打开镜头盖。

（2）在高压带电设备附近架设摄像机时，应根据带电设备的要求确定安全距离。

（3）在强电磁干扰的环境下，摄像机的安装应与地绝缘隔离。

（4）摄像机及其配套装置安装应牢固稳定，运转应灵活。应避免破坏，并与周边环境相协调。

（5）从摄像机引出的电缆宜留有1 m的余量，不得影响摄像机的转动，摄像机的电缆和电源线均应固定，并不得用插头承受电缆的自重。

（6）摄像机的信号线和电源线应分别引入，外露部分用护管保护。

（7）先对摄像机进行初步安装，经通电试看，细调，检查各项功能，观察监视区域的覆盖范围和图像质量，符合要求后方可固定。

（8）当摄像机在室外安装时，应检查其防雨、防尘、防潮的设施是否合格。

（二）摄像机安装位置、摄像方向及照明条件

摄像机的安装位置、摄像方向及照明条件应符合下列规定：

（1）摄像机宜安装在监视目标附近不易受外界损伤的地方，安装位置不应影响现场设备运行和人员正常活动。安装的高度，室内宜距地面2.5～5 m，室外应距地面3.5～10 m。

（2）电梯轿厢内的摄像机应安装在电梯轿厢顶部，电梯控制面板的对角处，并能监视电梯轿厢内全景。

（3）摄像机镜头应避免强光直射。镜头视场内，不得有遮挡监视目标的物体。

（4）摄像机镜头应从光源方向对准监视目标，并应避免逆光安装；当不能避免逆

光安装时，应采取逆光补偿等措施。

（5）摄像机应避免在高温、潮湿、强磁场下的环境工作。

（6）选择不同灵敏度的摄像机应根据监视目标的环境照度来确定，监视目标的最低环境照度宜高于摄像机最低照度的10倍；但达不到要求时，应增加补光设备。

（三）支架、云台、控制解码器的安装

支架、云台、控制解码器的安装应符合下列规定：

（1）根据设计要求安装好支架，确认摄像机、云台及其配套部件的安装位置合适。

（2）解码器固定安装在建筑物或支架上，留有检修空间，不能影响云台、摄像机的转动。

（3）云台安装好后，检查云台转动是否正常，确认无误后，根据设计要求锁定云台的起点、终点。

（4）检查确认解码器、云台、摄像机联动工作是否正常。

（5）当云台、解码器在室外安装时，应检查其防雨、防尘、防潮的设施是否合格。

（四）视频编码设备的安装

视频编码设备的安装应符合下列规定：

（1）确认视频编码设备和其配套部件的安装位置符合设计要求。

（2）视频编码设备宜安装在室内设备箱内，应采取通风与防尘措施。如果必须安装在室外时，应将视频编码设备安装在具备防雨、防尘、通风、防盗措施的设备箱内。

（3）视频编码设备固定安装在设备箱内，应留有线缆安装空间与检修空间，在不影响设备各种连接线缆的情况下，分类安放并固定线缆。

（4）检查确认视频编码设备工作正常，输入、输出信号正确，且满足设计要求。

三、摄像机的供电方式

常用的摄像机的供电方式主要有三种：集中供电、点对点供电和POE供电（Power Over Ethernet）。

（一）集中供电

集中供电指的是将源设备集中安装在电力室和电池室，电能经统一变换分配后向

各通信设备供电的方式。集中供电的优势为施工较方便，便于维护、统一控制和管理；缺点为前期配置复杂，直流低压供电传输距离过远导致电压损耗高，传输过程中抗干扰能力差。

（二）点对点供电

点对点供电是指直接引出 220 V 交流电，中间使用电线 / 组合线（网线 + 电线），然后在摄像机旁边接一个单独的 DC12/24 V 电源适配器，再接在摄像头上，每一个电源只为一个摄像头提供电源。点对点供电的优势为传输过程中电压损耗低、抗干扰能力强，并且由于每个摄像头对应一个电源，可以迅速排查出故障；缺点是施工复杂，成本较高。

（三）POE 供电

POE 供电指的是在现有的以太网 Cat.5 布线基础架构不作任何改动的情况下，在为摄像机传输数据信号的同时，还能为此类设备提供直流供电的技术。POE 供电的优势为部署灵活，方便快捷，成本较低；缺点在于对网线质量要求较高，传输距离有限。

四、计算机视觉目标检测的性能度量指标

为了对计算机视觉目标检测的性能进行评估，需要了解性能度量指标的基本概念。在二分类任务中，根据样本的真实类别和预测类别的组合可以划分为以下四种情形：

真正例 TP（True Positive）：预测为正例，实际为正例，即算法预测正确；

假正例 FP（False Positive）：预测为正例，实际为负例，即算法预测错误；

真反例 TN（True Negative）：预测为负例，实际为负例，即算法预测正确；

假反例 FN（False Negative）：预测为负例，实际为正例，即算法预测错误。

以下给出准确率、召回率、精确率的概念。

准确率：对于给定的数据集，预测正确的样本数占全部样本数的比率。

$$准确率 = \frac{TP+TN}{TP+FP+TN+FN} \times 100\% \qquad (6-1)$$

精确率：对于给定的数据集，被预测为正例的样本中实际为正例的比率。

$$精确率 = \frac{TP}{TP+FP} \times 100\% \qquad (6-2)$$

召回率：对于给定的数据集，被正确预测的正样本占全部正样本的比率。

$$召回率 = \frac{TP}{TP+FN} \times 100\% \qquad (6-3)$$

准确率不考虑样本是正例还是反例，反映的是算法的整体性能。但在实际需求中，我们经常会关心与正样本相关的情况，精确率和召回率就是适合于此类需求的性能度量。精确率和召回率是一对矛盾的度量。一般来说，精确率高时，召回率往往偏低；而召回率高时，精确率往往偏低。以在西瓜中挑选好瓜为例，若希望好瓜尽可能多地被挑选出来，则可以通过增加选瓜地数量来实现，如果将所有的西瓜都选上，那么所有的好瓜也必然被选上了，但这样精确率就会较低；若希望选出的瓜中好瓜的比例尽可能高，则可只挑选最有把握的瓜，但这样就难免漏掉不少好瓜，使得召回率较低。通常之后在一些简单的任务中，才可能使得精确率和召回率都很高。

在视频图像分析领域，通常还会使用以下一些概念及指标对目标检测的性能进行评估。

正检：视频图像中出现应该被检测的目标或事件，且视频图像分析系统输出了正确的检测结果，对应于真正例（TP）。

漏检：视频图像中出现应该被检测的目标或事件，但视频图像分析系统未输出正确的检测结果，对应于假反例（FN）。

误检：视频图像中未出现应该被检测的目标或事件，但视频图像分析系统输出了检测结果，对应于假正例（FP）。

漏检率：视频图像分析系统漏检事件数与视频图像中应该被系统检测的目标数或事件数的百分比。

$$漏检率 = \frac{FN}{TP+FN} \times 100\% \qquad (6-4)$$

误检率：视频图像分析系统输出的目标或事件中，错误目标数或事件数所占的百分比。

$$误检率 = \frac{FP}{TP+FP} \times 100\% \qquad (6-5)$$

五、视频图像内容分析及描述的应用流程和基本功能要求

（一）视频图像内容分析及描述的应用流程

视频图像内容分析及描述的应用流程如图 6-1 所示。

视频图像源应包括网络视频流和视频/图像文件，宜支持实时的模拟或数字视频信号输入。输入的视频图像（按照设定的分析规则）经过内容分析及描述后，应输出视频图像描述数据（视频图像标签信息等）、图像、视频的一种或几种。视频图像内容分析结果应支持存入数据库、存储设备或用于其他相关应用。

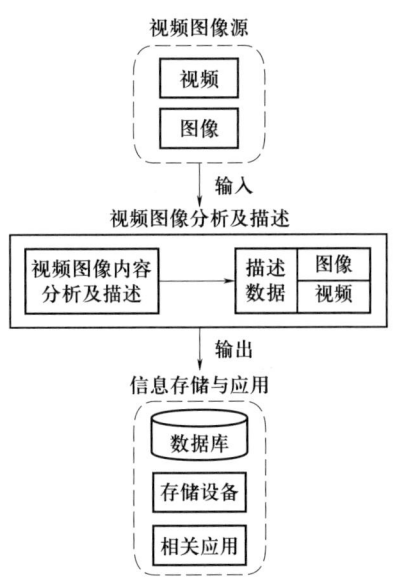

图 6-1　视频图像内容分析及描述的应用流程

（二）视频图像输入要求

视频图像采集的输入过程应满足整个计算机视觉系统的性能要求，选择建立计算机视觉采集系统的方法时，应以分析、处理和检查的类别为依据。成像系统应能够生成可供提取信息的、质量足够高的图像，并且应与处理器的处理速度和检测算法的处理能力匹配。为满足性能要求，成像系统应包括照明光源、镜头和相机。

照明应作为营造成像环境的核心要素之一。在适当的光照条件下采集的图像更便于图像软件处理，可缩短整体处理时间。照明的一个作用是，使用尽可能多的灰度，将检测特征或部门从周围背景中分离出来。

照明指标应考虑如下关键内容：

（1）光谱：计算机视觉中常用光谱包括红外线、可见光、紫外线、X 射线、伽马射线等。

（2）强度：指能够影响时间和检测灵敏度的辐射量。

（3）照明角度：指光线垂直或斜射，该角度能够影响成像质量乃至是否成功成像。

（4）偏振：可产生某些特殊效果（如抑制炫光）来提高图像质量。

图像采集设备应具备如下指标：

（1）内存需求：满足系统吞吐量及整体系统性能提升的需求。

（2）数据传输到计算机内存的速率：最大化 PCI 总线的吞吐量。

（3）提前触发功能：能够及时触发采集动作或控制闪光灯设备。

（4）与运动控制器件的实时集成：配置 RTSI 总线，配合运动控制等硬件使用。

（5）预处理功能：可进行调整大小、旋转、镜像处理等。

（三）视频图像处理要求

处理应包括图像预处理、特征抽取和判别分析：

（1）图像预处理应实现对系统图像信息输入的初步检测，并使用不同算法改善对检测有影响的图像指标，如图像对比度、角度和亮度等。图像预处理可包括数字化、几何变换、归一化、平滑、修复和增强中的一个或多个步骤。

（2）特征抽取应量化图像的关键特征，将数据传输至控制程序。抽取的主要特征包括区域特征、灰度值特征、轮廓特征和纹理特征。常用的特征抽取方法包括傅里叶变换法、窗口傅里叶变换、小波变换法、最小二乘法、边缘方向直方图法等。

（3）判别分析应基于控制程序接受的特征数据进行分析并得出结论。判别分析可包括定性分析、定量分析和特征识别。判别方法一般可包括模板匹配法、图像描述和特征匹配法、机器学习法、图像分割法和形状特征法等。当选择合适的判别分析方法时，应考虑到检测对象的成像特征、检测任务以及检测对象样本的数量。

图像处理过程应将如下内容作为核心指标：

（1）漏检率和误检率：处理时应尽可能降低漏检率和误检率。

（2）处理速度：处理算法应满足生产系统节拍要求，并与资源消耗和检测效果相适应。

（3）资源消耗：处理过程应满足硬件负载，并与图像采集、输入、输出的资源占用相适应。

（四）视频图像输出要求

输出程序应能将检测结果存储于数据库或用户指定位置，并能将测试结果及相应的测试样本存储于数据库中，以满足后续数据管理和使用的需求。

输出文件可包含文件设置相关信息、设备信息、样本信息、检测过程信息、结果报告等。应对输出文件进行编码和存储，并生成结果报告。

输出数据的传输和存储方式包括：

（1）有线传输：串行接口、以太网、现场总线等。

（2）无线传输：WLAN、蓝牙等。

（3）本地存储：可将原始数据或分析数据直接保存在本地计算机或工作站上，而不进行远程网络传输。存储系统应具备高速写入能力和大缓冲区。

（4）远程存储：可通过网络传输原始数据或分析数据，存储于远程存储系统。应具备高速网络数据传输策略及媒介。

六、摄像机的数据传输接口

摄像机通过数据传输接口与计算机进行数据传输。随着摄像机的发展，图像的分辨率越来越大，帧率越来越高，接口的类型越来越多样。以下对常见的 8 种摄像机数据传输接口进行介绍。

（一）CVBS（Composite Video Broadcast Signal）

CVBS 中文称为复合视频广播信号，是最常见的视频接口，最初在广播电视领域应用。CVBS 信号是隔行视频信号，像素值为 720×576（PAL 制）或者 720×480（NTSC 制）。

（二）VGA（Video Graphics Array）

VGA 是计算机的常用模拟输出接口，常见的像素值有 1 024×768、1 280×1 024、1 600×1 200。目前一部分工业相机提供这种输出接口，可以直接接液晶显示器进行显示监看。常见的 VGA 信号的视频在数字化后时钟主频一般不超过 162 MHz，传输的图像数据率一般不超过 3.7 Gibit/s。

（三）DVI（Digital Visual Interface）

DVI 也是计算机的常用输出接口，该接口是数字接口。VGA 接口输出的是模拟信号，经过显卡的 DA 转换，再经过显示器的 AD 转换后，会有一部分损失；而 DVI

信号是纯数字接口,没有信号上的损失。随着时间的发展,DVI 接口在计算机领域越来越广泛,目前有部分工业相机也提供 DVI 接口,可以直接连接液晶显示器进行显示监看。单口的 DVI 最大时钟频率：165 MHz,传输的图像数据率一般不超过 3.7 Gibit/s。

（四）HDMI（High Definition Multimedia Interface）

HDMI 是数字高清多媒体接口。HDMI 接口一开始主要应用于机顶盒、媒体播放机、电视机、摄像机输出等消费领域,因为 HDMI 兼容 DVI 接口,同时 HDMI 可以内嵌声音,所以 HDMI 接口应用越来越广泛。同时 HDMI 接口的连接器体积小,现在很多工业相机也开始使用 HDMI 作为信号输出口。随着时间的发展,很多高速相机也采用该接口作为图像输出口。HDMI 接口的最大缺点就是紧固性不好,如果相机需要移动,容易导致信号接触不良。

（五）SDI（Serial Digital Interface）

SDI 是一种广播级的高清数字输入和输出端口,常用于广播电视的摄像机接口。SDI 接口的传输速率上限为 2.97 Gibit/s。SDI 接口采用和 CVBS 接口一样的 BNC 接口,采用单根铜轴进行信号传输,布线施工非常方便,传输距离可达 300 m,在最初的广电领域和安防领域应用广泛。

（六）CameraLink

CameraLink 是专门为数字的数据传输提出的接口标准,规范了数字摄像机和图像采集卡之间的接口,采用了统一的物理接插件和线缆定义。CameraLink 包括 Base、Medium、Full 三种规范。Base 使用 4 个数据通道,Medium 使用了 8 个数据通道,Full 使用 12 个数据通道。

（七）HS-LINK

HS-LINK 接口是由 DALSA 公司牵头定义,支持更高速的传输带宽,单一线缆为 CameraLink 的 4 倍,信号协议与 CameraLink 兼容,也可称为 CameraLink-HS。CameraLink-HS 的最大传输带宽可达 12 Gibit/s。

（八）CoaXPress

CoaXPress 标准容许相机设备通过单根同轴电缆连接到主机,以高达 6.25 Gibit/s

的速度传输数据，使用 4 根线缆的传输数据速度可达 25 Gibit/s。标准同轴电缆和带宽的采用，使得 CoaXPress 不仅可以很好地应用于计算机视觉领域，也可以应用于广泛采用同轴电缆的医疗与安保市场。

七、视频图像传输协议

传输协议是计算机通信的通用语言，基于传输协议，计算机可以对视频流进行读取。以下对常用的视频图像传输协议进行介绍，实时性较强的视频流通常通过常用协议的不同组合来进行传输。

（一）用户数据包协议 UDP（User Datagram Protocol）

用户数据包协议（UDP）是最基本的网络数据传输协议，利用 IP 协议提供网络无连接服务，常用来封装实时性强的网络音视频数据，即使网络传输过程中发生分组丢失现象，在客户端也不会影响音视频浏览。

（二）传输控制协议 TCP（Transmission Control Protocol）

传输控制协议（TCP）利用 IP 协议提供面向连接网络服务，在不可靠的互联网络上提供一个可靠的端到端字节流而设计。TCP/IP 定义了电子设备如何连入因特网，以及数据如何在它们之间传输的标准。TCP 协议往往要在服务端和客户端经过多次"握手"才能建立连接，因此利用 TCP 传输实时性较强的音视频流开销较大，如果网络不稳定，音视频抖动的现象明显。

（三）超文本传输协议 HTTP（Hyper Text Transfer Protocol）

超文本传输协议（HTTP）在 TCP/IP 协议组的上端运行，网络摄像机通过 HTTP 协议可以在外网对网络摄像机进行操控，很方便地将音视频数据经过复杂网络传输。HTTP 即超文本传输协议，主要为网站上运行的文本、图形、声音、视频和其他多媒体文件设定规则，详细规定了浏览器和网络之间的通信规则。

（四）实时传输协议 RTP（Real-time Transport Protocol）

实时传输协议（RTP）专门针对实时流媒体而设计。RTP 的基本功能是将几个实时数据流复用到一个 UDP 分组流中，这个 UDP 流可以被发送给一台主机（单播模式），也可以被传送给多台目标主机（多播模式）。RTP 协议的时间戳机制，不仅减少了抖动的影响，而且也允许多个数据流相互之间的同步，可以方便地基于I/O事件对视频图像进行字幕添加。

（五）实时传输控制协议RTCP（Real-time Control Protocol）

实时传输控制协议（RTCP）是RTP的姊妹协议，可以处理反馈、同步和用户界面等，但是不传输任何数据。它的主要功能是向源端提供有关延迟、抖动、带宽、拥塞和其他网络特性的反馈信息。通过连续的反馈信息，编码算法可以持续地作相应的调整，从而在当前条件下尽可能地提供最佳的质量。

（六）实时流协议RTSP（Real Time Streaming Protocol）

实时流协议（RTSP）是TCP/IP协议体系中的一个应用层协议，该协议定义了一对多应用程序如何有效地通过IP网络传送多媒体数据。RTSP在体系结构上位于RTP和RTCP之上，它使用TCP或UDP完成数据传输。

八、视频采集设备安全技术要求

视频采集设备的安全技术要求主要有以下9个方面。

（一）设备身份标识与鉴别

（1）具备唯一的识别码作为设备的身份标识，对识别码进行保护，防止被篡改；

（2）具备用于鉴别设备身份的机制，对相关鉴别信息进行保护，防止鉴别信息泄露。

（二）访问控制

（1）支持对网络、存储、文件等重要资源配置访问控制策略；

（2）具备防止对摄像头、麦克风等传感器非授权访问和使用的机制，如提示对话框、状态指示灯、物理开关等；

（3）明确远程访问的实施条件，具备安全的远程访问机制。

（三）网络连接与端口

（1）具备开启、关闭、禁用或者监控设备的WLAN、蓝牙、移动通信、USB、SD、DVBT等无线或有线接口的机制；

（2）具备关闭、禁止或限制使用设备上与实际应用无关的端口、协议和服务的机制。

（四）数据安全

（1）通过数据加密等技术对通信过程中重要用户数据（例如用户的账号、口令、位置、文档、图片、音频、视频等）的完整性和保密性进行保护；

（2）通过数据加密等技术对设备存储的重要用户数据的完整性和保密性进行保护；

（3）未取得用户同意，不得采集、修改用户数据。

（五）软件安装

（1）具备开启或者禁止用户自行安装第三方软件的机制；

（2）未经用户同意，不得自行安装第三方软件；

（3）在用户自行安装第三方软件时，对软件来源和完整性进行验证；当识别出不明来源或完整性遭到破坏的软件时，提醒用户处理。

（六）预置软件安全

（1）预置软件不得包含功能清单之外的其他功能；

（2）具备针对预置软件的安全升级机制，且在软件升级时取得用户的同意；

（3）对固件的完整性进行保护，防止通过供应商及授权第三方之外的途径对固件进行修改。

（七）安全审计

（1）能够对开关机、创建用户、更改配置、安装与卸载软件、软件升级、修改口令、登录失败、特权用户登录等事件进行记录，审计记录应包括事件类型、事件发生时间、触发事件的主体、事件处理结果等信息；

（2）对审计信息进行保护，防止非授权的访问、修改和删除；

（3）支持服务端获取本地相关审计信息的功能。

（八）供应链安全

（1）所使用的关键芯片、关键模组、操作系统等组件应具有明确的生产商、产地、供货商等供应链信息；

（2）在产品交付用户时，不应存在已被公开的存在高风险安全缺陷和漏洞的芯片、模组、软件等组件。

（九）服务保障安全

（1）在交付用户之前，经过充分的安全性测试，尽可能修复已发现的安全缺陷，确保高风险缺陷得到修复；对于未能在开发阶段修复的安全缺陷和漏洞，实施在用户侧进行紧急修复的安全管理流程。

（2）在交付用户之后，建立持续性安全保障机制，当出现信息安全缺陷时，及时通知用户，并提供修复方法或者应急处置方案。

第二节 计算机视觉产品的专有硬件知识

考核知识点及能力要求：

- 了解计算机视觉产品的专有硬件，计算时视觉产品的专有硬件知识；
- 了解前端设备、智能相机、边缘计算硬件和云计算所用到的服务器；
- 能在专有硬件上运维计算机视觉产品。

一、前端设备

（一）光源

光源是为工业机器视觉应用场景提供照明的系统，其主要作用是照亮目标、突出特征，形成有利于图像处理的效果；克服环境光干扰，保证图像稳定性；用作测量的工具或参照物主要包括 LED 光源和光源控制器。

第六章 计算机视觉产品运维

光源产品需要满足高亮度、高均匀和高稳定的要求，恰当的光源照明可以突出待检测物体部分与非检测部分之间的明显差异，增加对比度，有利于后续图像处理算法的精确分析定位。反之，图像处理分析难度会大大增加。

按照类别区分，光源可以分为 LED 光源、卤素灯以及高频荧光灯；按照形状分，光源可以分为环形、条形、平面、线等形状。按照类别区分的几种光源对比见表 6-1。可以看出，相对于其他光源类型，LED 光源寿命长、发光稳定、耗电量也更低，更适合应用于机器视觉领域，所以 LED 光源是机器视觉领域中的主流光源。

表 6-1　　　　　　　　　　光源类别及主要特点对比

光源类型	光亮度	使用寿命 /h	稳定性	特点
荧光灯	亮	5 500~7 500	低	价格低、显色好
卤素灯	很亮	5 500~7 500	中	发热高、照度强、响应速度慢
LED 光源	较亮	60 000~100 000	高	寿命长、耗能低、发光稳定

光源产品的知名生产厂家有：日本 CCS、美国 Ai、国内的奥普特、沃德普、纬朗光电等企业。

（二）工业镜头

镜头是将目标物体的光信号聚焦在相机芯片的光敏面阵上，并形成实相的部件，如图 6-2 所示。

图 6-2　工业镜头

镜头参数包括焦距、视场角、光圈、景深、接口、分辨率、工作距离、视野范围、光学放大倍数、数值孔径等。一些参数的影响效果见表 6-2。

表6-2　　　　　　　　　　　镜头主要参数及影响对象

镜头参数	影响对象
焦距	成像大小：镜头焦距越长所成的图像越大，镜头焦距越短所成的图像越小，合理调整焦距可获得更好成像效果
视场角	成像范围：视场角越大，成像的范围也就越广，可依据实际应用场景估算其大小
光圈	亮度：光圈越大，进光量就越多，图像的亮度也就越高，可根据不同采集目标所需亮度进行调节
景深	焦点前后能呈现清晰图像的距离

根据参数的不同，镜头可按视场、光圈、焦距、接口等进行分类，见表6-3。

表6-3　　　　　　　　　　　　镜头的分类

分类方式	类别
视场	标准镜头、广角与超广角镜头、远摄与超远摄镜头、鱼眼镜头、反射式镜头、变焦镜头、微距镜头、透视调整镜头、皮腔镜头、针孔镜头
光圈	手动光圈、自动光圈（视频输入型、DC输入型）
焦距	短焦距镜头、中焦距镜头、长焦距镜头、电动变焦距镜头
接口类型	C、CS、M系列，卡扣系列（E、EF），PK口、V口及其他接口

选取合适的镜头需要考虑焦距、视场角、光圈以及景深等因素，选取恰当的机器视觉光学镜不仅有助于后续图像处理工作，而且可以有效降低设备成本。

目前高端的镜头仍然依靠进口，国外的知名生产厂家包括德国施耐德、德国卡尔蔡司、日本莱丽特、美国Navitar等；中国企业发展迅速，在低端视场有高性价比的优势，主要厂家有东正光学、慕藤光、普密斯等。

（三）工业相机

工业相机功能是将通过镜头投影到传感器的图像传送到能够储存、分析和显示的机器设备上，如图6-3所示。其本质功能是将光信号转化为电信号，因此要求产品具有较高的传输力、抗干扰力以及稳定的成像能力。相机的性能参数包括分辨率、像元尺寸、像素深度、最大帧率/行频、曝光方式、快门速度、光谱响应特性、信噪比等。

图 6-3 工业相机

工业相机可按不同的方式进行分类,见表 6-4。

表 6-4　　　　　　　　　　工业相机的分类

分类方式	类别
芯片类型	CCD 相机、CMOS 相机
传感器结构特性	线阵相机、面阵相机
扫描方式	隔行扫描相机、逐行扫描相机
分辨率大小	普通分辨率相机、高分辨率相机
输出信号方式	模拟相机、数字相机
输出色彩	单色(黑白)相机、彩色相机
输出信号速度	普通速度相机、高速相机
频率响应范围	可见光(普通)相机、红外相机、紫外相机

以工业相机内图像传感器芯片类型为例,分为电荷耦合元件 CCD(Charge Coupled Device)相机和 CMOS 金属氧化物半导体元件(Complementary Metal Oxide Semiconductor)相机。早期的工业相机以 CCD 为主,CCD 图像传感器的图像质量更高、抗噪音能力更强,但成像速度相对慢,价格高。CMOS 图像传感器集成度高、成像速度快、成本低,虽然图像质量较低,噪声大,但随着其成像技术的不断提升,在工业领域的应用越来越广泛,预计未来 CMOS 相机将成为市场主流。

工业相机具有多种数据和电源接口,包括 USB2.0、USB3.0、IEEE1394、GIGE、Cameralink 和 CoaxPress 等。

选择合适的工业相机是机器视觉系统设计中的重要环节,需要考虑传感器芯片和结构、分辨率、帧率、镜头匹配等多个因素。工业相机不仅直接决定所采集到的图像分辨率、图像质量等,同时也与整个系统的运行模式直接相关。

目前工业相机的知名生成厂家包括:美国康耐视,日本基恩士,德国 Basler 以及国内的海康威视、光虎、华睿科技等。

(四)图像采集卡

图像采集卡的主要功能是对待测目标进行图像信号采集,并将这种信号转换成数据文件进行传输存储,如图 6-4 所示。

图像采集卡需要与相机协调工作来实时完成图像数据的高速采集与读取等任务。图像采集卡内部的主要模块有着不同的功能,以确保图像数据采集、转换、显示、传输、输出过程顺利完成。其主要构成和作用见表 6-5。

图 6-4 图像采集卡

表 6-5　　　　　　　　　　图像采集卡的主要构成及作用

构成	作用
图像输入模块	通过相机和镜头对目标图像进行采集,输入 A/D 转换模块中
A/D 转换模块	将输入的外部图像信号进行放大的同时将其数字化
显示控制模块	负责高质量的图像实时显示,便于获取有效信息
总线接口与控制模块	负责通过计算机内部总线高速输出数字数据,一般是 PCI 接口,传输速率可达 130 Mibit/s,可实现高精度图像传输,且占用 CPU 时间较少
输入/输出控制模块	负责外部设施与设备通信

在选择图像采集卡时,需要考虑到系统的功能需求、图像的采集精度和与相机输出信号的匹配等因素。

二、智能相机

(一)智能相机的组成

光源、工业镜头、工业相机、图像采集卡和图像处理软件等零部件的组合构成了传统基于 PC 的机器视觉系统。近年来随着嵌入式技术的发展,智能相机作为相对完备的解决方案逐步得到关注。

智能相机是高度集成化的微小型机器视觉系统，具有采集、处理信息与通信功能。智能相机一般由图像采集单元、图像处理单元、图像处理软件、网络通信装置等构成，各部分功能见表 6-6。

表 6-6   智能相机组成及功能

组成部分	功能
图像采集单元	将光学图像转换为模拟/数字图像，并输出至图像处理单元，相当于普通意义上的 CCD/CMOS 相机和图像采集卡
图像处理单元	可对图像采集单元的图像数据进行实时的存储，并在图像处理软件的支持下进行图像处理，类似于图像采集/处理卡
图像处理软件	在图像处理单元硬件环境的支持下，完成图像处理功能。如几何边缘的提取、Blob、灰度直方图、OCV/OVR、一维码/二维码，简单的定位和搜索等。在智能相机中，以上算法都封装成固定的模块，用户可直接应用而无须编程
网络通信装置	主要完成控制信息、图像数据的通信任务。智能相机一般均内置以太网通信装置，并支持多种标准网络和总线协议，从而使多台智能相机构成更大的机器视觉系统

（二）智能相机的特点

智能相机的特点有：

（1）结构紧凑、集成度高、性能稳定、故障率低，运算能力等同于 PC。

（2）工作过程可完全脱离 PC 机，与生产线上其他设备连接方便。

（3）能直接在显示器或监视器上输出 SVGA（Super VGA，超级 VGA）或 SXGA 高级扩展图形阵列（Super extended Graphics Array）的视频图像。

（4）提供基本的图像处理库，能进行源码级的二次开发。

（5）增益可调，可控电子快门，全局曝光，快门时间可软件设置。

（6）可对曝光时间以及曝光时刻进行精确外同步控制。

（7）支持外触发和外部闪光灯接口。

（8）自带多路数字 I/O、100 MB 以太网、RS232 口接口。

传统基于 PC 的视觉系统与智能相机的对比见表 6-7。可以看出，智能相机具有体积小、多功能、方便易用、高可靠性等特点，在多种领域具有广阔的应用前景。它体积小,易于安装在生产线和各种设备上,装卸和移动方便;硬件集成了图像采集、处理和通信功能,提高了工作效率和可靠性;固化成熟的机器视觉算法,用户无须自主编程,就可实现常规检测和识别应用等功能,通用性较高;应用最新的数字信号处理 DSP(Digital Signal Process)、现场可编程门阵列 FPGA(Field Programmable Gate Array)及大容量存储技术,智能相机智能化程度不断提高,可满足多种应用需求。智能相机的缺点在于灵活性、可延展性不足。

表 6–7　　　　　　　　智能相机与基于 PC 的视觉系统对比

对比项目	基于 PC 的视觉系统	智能相机
体积	较大	较小
灵活性	较强	较弱
可靠性	较低	较高
通用性	较弱	较强
复杂运算	较强	较弱
智能化程度	较低	较低
易用性	需要计算机技能	不需要计算机技能

三、边缘计算

(一)边缘计算系统

边缘计算系统完成了边缘计算站点中计算、存储、网络资源的组织、编排和管理,提供了统一的系统化服务。边缘计算系统是对边缘基础设施的平台能力封装,也为上层边缘服务提供了平台化支撑。其系统架构如图 6–5 所示。

(二)边缘算力基础设施

1. 边缘算力

(1)边缘服务器。边缘服务器是部署在边缘环境的具有数据中心等同算力的服务器。边缘服务器具有体积较小、环境适应性更优、支持多种安装方式、快速维护和统一管理接口等技术特点,可应用于环境条件复杂、性能需求多变、运维管理难度大的场景,对于推动未来边缘计算业务快速发展、减少边缘设备部署及运维成本等具有重要意义。

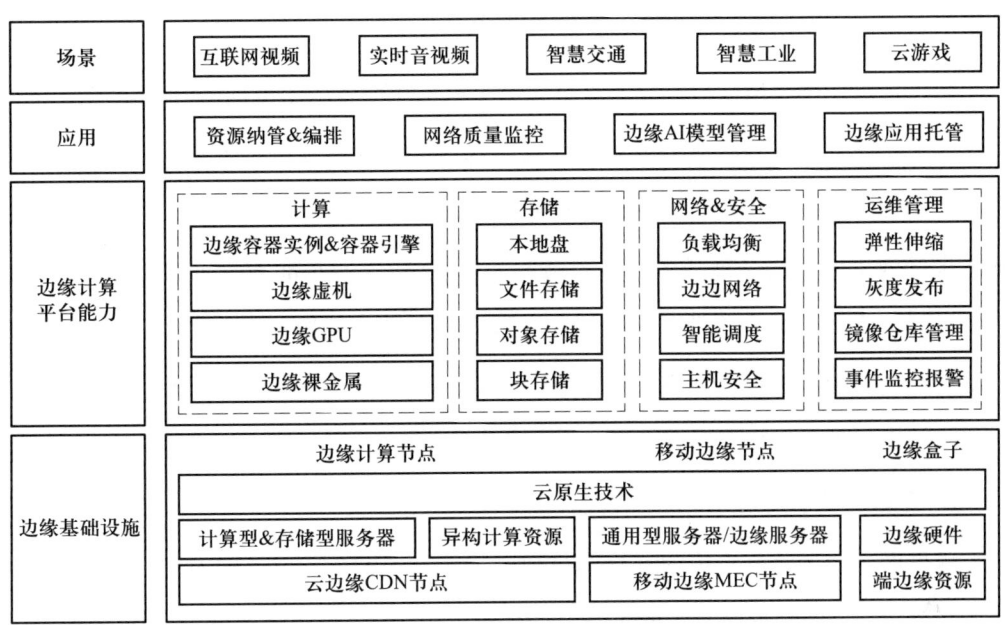

图 6-5　边缘计算系统架构

（2）边缘一体机。边缘一体机是集成边缘服务器节点、交换机、存储、电源分配单元 PDU（Power Distribution Unit）、配电、机架空调等多种设备的整机柜产品，以整机柜形式为最小产品颗粒度，在工厂集成业务所需机柜内设备，并预装客户应用软件，可实现 IT 设备快速边缘部署及业务快速上线，并能在无机房场景部署边缘应用。边缘一体机主要组成部分包括服务器、交换机、配电箱、PDU、UPS、电池包、机架式空调、应急风扇、监控显示屏、监控主机、动环侦测网关、烟感侦测器、温湿度侦测器、水浸侦测器、照明、前后门开关侦测器等。

边缘一体机具有模块化设计、体积小、可靠性高、可远程运维等技术特点，可应用于无机房环境、具有独立部署需求、现场部署难度大的应用场景。

（3）边缘网关。边缘网关又称便携式服务器，是部署在行业近场端的接入设备，主要提供数据采集、数据处理、网络交互和协议转换等功能，具有体型小巧、灵活性高、环境适应性强、计算生态平台开放、通信接入方式多样、支持多种供电方式、适配应用场景丰富等特点，搭载轻量级技术支持，为边端提供算力，实现敏捷、智能和可靠的万物互联。

（4）模块化边缘服务器。模块化边缘服务器架构设计核心是解耦服务器各个功能模块，通过模块化的设计和模块复用，以期降低成本、缩短开发周期等。

模块化设计可以从需求拆分、成本控制、灵活布局等多个方面展开。

（5）浸没式液冷边缘服务器系统。浸没式液冷边缘服务器系统是将边缘服务器放置在密闭的腔体再利用浸没冷却的方式将热导到腔体表面的鳍片进行整机散热，可大幅缩小部署空间并提升能源效率，系统具备IP65防尘防水能力、更强的恒温控制能力、更低的维护需求，此外采用环保介电液体还可减少环境污染。5G带动智慧城市、自动驾驶和智能制造等行业发展，边缘服务器的应用场景变得更加多元与苛刻，浸没式液冷边缘服务器系统需具有更强的场景适应力。

2. 边缘网络架构

边缘网络架构完成了边缘计算站点在网络拓扑上的定义，进而为用户提供就近的接入服务，主要包括移动网、固定网、固移融合及园区/厂区网等场景。

移动网是主要为移动业务提供的网络接入服务。将移动网接入边缘计算节点后，可在距离用户最近的位置提供业务本地化以及业务移动性能力，进一步缩短业务时延，提高业务分发并改善终端用户体验。

固网主要为固定电话、宽带和公共交换电话网络PSTN（Public Switched Telephone Network）等业务提供网络接入服务。通过将业务节点与固网专用设备部署在一起，可实现固网接入边缘计算节点，形成固网边缘计算网络。通过固网接入边缘计算节点的网络架构，计算能力节点可以部署在从端到边的各个环境中，为多个行业赋能，使业务在本地形成闭环，大幅度降低系统响应时延，缩减互联网数据中心IDC（Internet Data Center）带宽成本的消耗。

边缘计算应支持移动网和固定网同时接入，多种接入方式可以为垂直行业提供灵活的网络接入以及高带宽、低时延的无缝连接承载网络。通过利用现有固网资源优势，实现固定和移动网络的边缘融合。边缘计算管理平台可以根据服务类型或需求，灵活地将流量分配到不同的网络，从而通过多网络共享边缘计算资源提升用户体验，实现算力的智能分发。

园区/厂区网和运营商网络融合为边缘计算请求者提供最近的边缘节点服务，可以帮助园区/厂区提升网络运营效率，智能化升级安防能力，提高园区住户体验。

3. 边缘数据中心

边缘数据中心是部署在网络边缘侧的新型基础设施，在靠近用户的网络边缘侧构建业务平台，提供存储、计算、网络等资源，将部分关键业务应用下沉到网络边缘，以减少网络传输和多级转发带来的带宽与时延损耗。边缘数据中心在边缘计算架构的定位如图 6-6 所示。

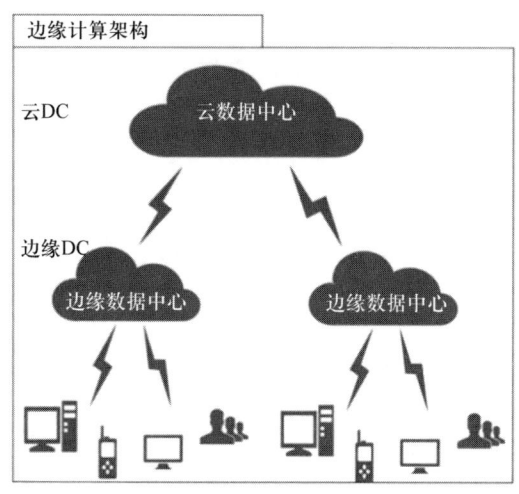

图 6-6　边缘计算架构

广义的边缘数据中心可以根据不同的位置进一步划分为云边缘数据中心和端边缘数据中心。端边缘数据中心基本距离用户数百到数千米，可以下沉到 5G 基站，甚至可以下沉到用户"身边"，端边缘数据中心的形态可以为一体柜设备形态。云边缘数据中心距离用户十几公里，可以下沉到接入网，其在形态上与传统小型数据中心类似。

（三）边缘计算服务与应用

边缘计算服务包括云计算服务、基于边云协同的边缘计算服务、AI 中台化服务、视频中台化服务、5G 边缘计算服务。边缘计算应用场景包括视频类场景和行业应用场景。其中视频类应用场景包含 AR/VR/XR、云游戏、高清视频直播等场景，行业场景包含智能制造、智慧园区、智慧安防、智慧交通、城市配送等场景。

四、云计算

（一）服务器

1. 服务器构成

（1）服务器硬件。服务器硬件主要包括处理器、内存、芯片组、I/O（RAID卡、网卡、HBA卡）、硬盘、机箱（电源、风扇）。在硬件的成本构成上，CPU及芯片组、内存、外部存储是大头。

（2）固件和OS（Operating System）操作系统。

BIOS（Basic Input Output System）：基本输入输出系统是服务器启动后最先运行的软件。它包括基本输入输出控制程序、上电自检程序、系统启动自检程序、系统设置信息。BIOS的进化版本是UEFI（统一的可扩展固定接口）。

BMC（Baseboard Management Controller）：基板管理控制器，主要是对服务器进行监控和管理。BMC可以在服务器未开机的状态下，对机器进行固件升级、查看机器设备等。

CMOS（Complementary Metal Oxide Semiconductor）：是电脑主机板上一块特殊的RAM芯片，是系统参数存放的地方。CMOS存储器用来存储BIOS设定后的相关参数。

OS（Operating System）：操作系统，对服务器软硬件及数据资源进行管理调度。OS主要分为32位和64位，OS的位数版本决定了计算机处理器在随机存取储存器RAM（Random Access Memory）处理信息的效率，64位版本比32位的可以处理更多的内存和应用程序。

2. 服务器型号

按照指令集类型，服务器可以分为复杂指令系统计算机（Complex Instruction Set Computer，CISC）服务器、精简指令集（Reduced Instruction Set Computing，RISC）服务器、EPIC服务器。其中CISC服务器又被称为X86服务器，RISC和EPIC服务器又被统称为非X86服务器（Non-X86服务器）。从服务器的产业趋势来看，目前正形成双强的局面，其中X86服务器以Intel/AMD处理器为主导，而非X86服务器以ARM架构处理器为主导。双方各有优劣势，将长期共存。

不同架构类型服务器的优劣势如图6-7所示。

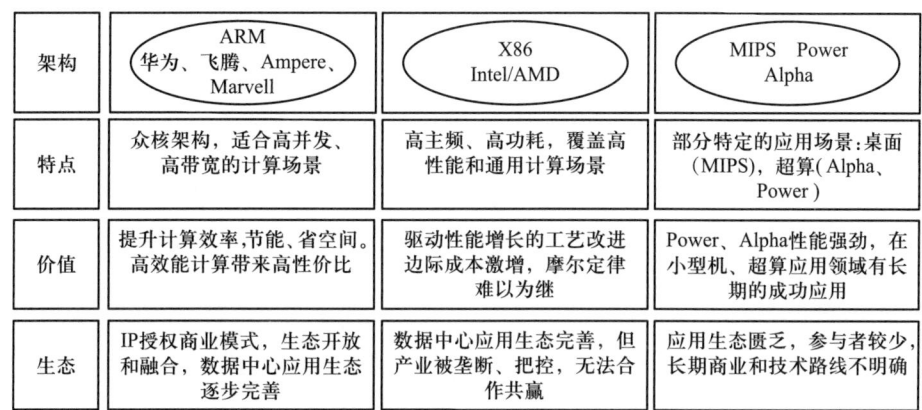

图6-7 不同架构服务器优劣势

3. 服务器分类

服务器的分类标准是多元化的,目前主要按产品形态、指令集架构、处理器数量、应用类型等对市场上的服务器进行分类,如图6-8所示。

图6-8 服务器分类

(二)GPU

在计算机视觉领域,目前主流的AI服务器为采用CPU为控制中心、GPU为加速卡的异构计算服务器。

图形处理器(Graphics Processing Unit,GPU)又被称为显示芯片,多用于个人电脑、游戏主机以及移动设备(智能手机、平板电脑、VR设备),是显卡的核心,承担图像处理和输出显示的任务,辅助CPU工作以提高整体运行速度。

其主要有两种分类方式,一是根据与CPU的关系,GPU分为独立GPU和集成GPU;二是根据应用端的不同,GPU可分为PC GPU、服务器GPU与移动GPU,具体分类如图6-9所示。

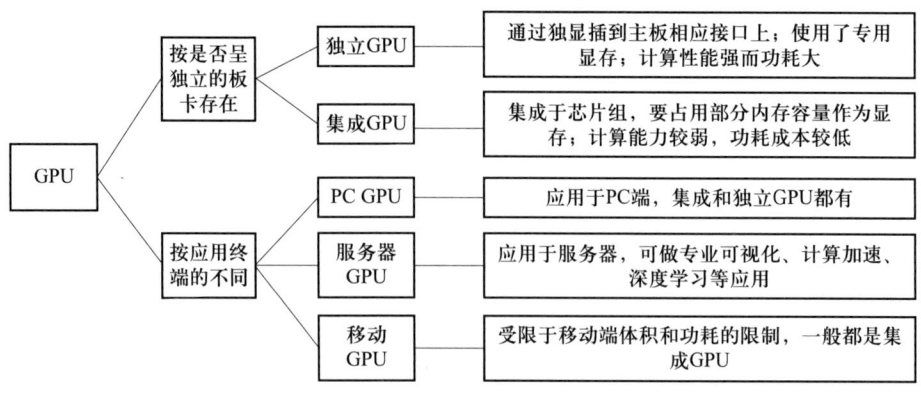

图 6-9　GPU 分类示意图

运算能力和功耗是评价 GPU 的两大重要指标。显卡厂商将 GPU 芯片、显存、散热器、显卡接口等包装成完整的一个独立显卡，因此独立显卡可从运算性能和功耗散热两方面来评价，其中运算能力、数据传输能力和数据存储能力共同决定了独立显卡的运算性能，而功耗和散热可以从散热设计功耗 TDP（Thermal Design Power）和散热设计两方面考察。独立显卡的评价指标见表 6-8。

表 6-8　独立显卡的评价方法

独立显卡	具体能力	性能指标	指标意义
性能方面	计算能力	核心数目	即流处理单元，是 GPU 主要的运算单元，数目越多，单位时间内可以执行的运算就越多
		时钟频率	核心频率是指显示核心的工作频率，它和单核单周期计算次数、核心数一起决定了单精度计算能力的峰值，单精度运算峰值 = 单核单周期计算次数 × 核心数 × 核心频率
	数据传输能力	显存位宽	显存位宽是显存在一个时钟周期内所能传送数据的位数，目前主要有 64 位、128 位和 256 位
		显存带宽	指 GPU 与显存之间的数据传输速率，是影响深度学习性能的最重要的因素，显存带宽 =（显存频率 × 显存位宽）/8，单位字节 / 秒
	数据存储能力	显存容量	类似于电脑内存，显存容量决定着 GPU 处理过或者即将提取的数据量的大小，大显存要匹配高速度才表现更好

续表

独立显卡	具体能力	性能指标	指标意义
功耗方面	功耗和散热	散热设计功耗	即TDP，是芯片在真实运行时所能散发的最大能量，TDP越大越费电
		散热设计	现有风冷和水冷散热两类，水冷散热效果好、噪声低、价格贵，风冷散热有普通风扇和涡轮风扇两类

第三节　计算机视觉产品的部署升级方法

考核知识点及能力要求：

- 了解计算机视觉硬件产品的部署升级方法；
- 了解计算机视觉软件产品的部署升级方法；
- 能按照计算机视觉产品部署手册对产品进行部署升级。

部署就是让开发出的产品能够在某一环境中运行起来。计算机视觉产品的部署，是将计算机视觉的硬件和软件产品进行配置，使其能够在特定的场景下运行和应用，从而实现该场景应用的目标。计算机视觉的硬件产品部署对象主要包括监控摄像头和服务器等，软件的部署内容为操作系统的部署、容器环境的部署、开源组件镜像的部署、自研组件的镜像部署等。计算机视觉技术的应用场景多种多样，例如人脸识别、人员比对、人车非识别、特殊事件识别等。不同应用场景下，对计算机视觉产品的部署具有不同的要求，在部署过程中需遵守相应的标准和规范。产品运维过程中，还需要对硬件和软件产品进行升级。部署和升级后，为保证产品稳定运营并实现功能，还需对产品进行调试和校验。详细操作流程及步骤如图6-10所示。

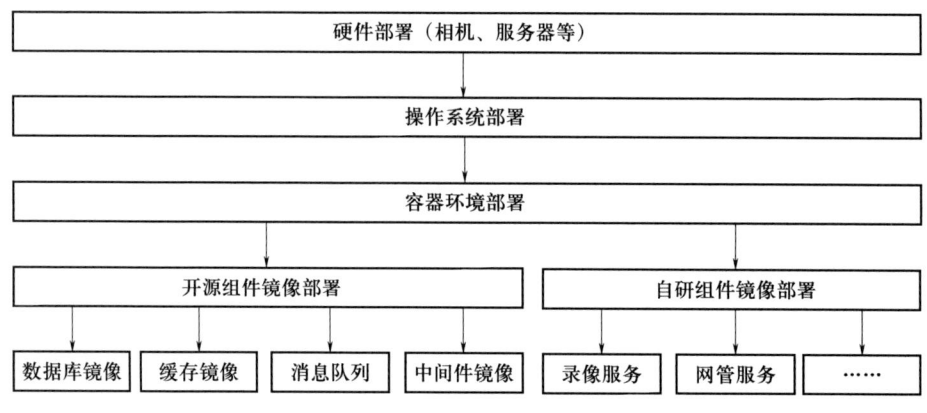

图6-10 计算机视觉产品部署流程图

一、硬件产品的部署

（一）相机的部署

计算机视觉（Computer Vision，CV）是使用计算机以及相关设备对生物视觉的一种模拟。它主要任务是通过对采集的图片或视频进行处理以获得相应场景的三维信息。计算机视觉，离不开眼睛，也就是相机，包括应用于各个场景的摄像头等。对网络相机进行部署，需要考虑视频选点、视频的像素、视频的大小等，同时也要考虑网络和存储的设计，考虑存储系统在网络架构中的位置，考虑各种带宽的占用等。

1. 监视目标及范围

在部署相机之前，首先需要明确监视需求及范围，这是前提。监视需求分宏观监视及微观监视两种，宏观监视一般是用来了解场景内目标的大概行为，微观监视是对场景内的目标进行识别，如人脸、ATM周围、车辆号码等；而范围主要指视频场景能够覆盖到的监视区域。监视需求及范围因素共同决定了网络摄像机的类型，如焦距、固定或PTZ、安装位置、百万像素等。

2. 安装环境因素

安装环境的考察是为了确定相机的灵敏度及防护罩的选用等。如室外无光源情况可能需要考虑辅助光源或采用日夜相机，室外灰尘污染的情况需要考虑防尘防护罩，室内无天花板的环境需要考虑支架辅助安装等。

3. 相机成像的质量

相机成像的质量对后期产品功能的实现有很大的影响。在实际工业运用中，如果实际采集图像的质量太差，与算法模型开发时使用的图像质量差距过大，则可能影响模型的实际效果。影响图像质量的因素大概有以下几类。

（1）光照影响。

过暗或过亮等非正常光照环境，会对模型的效果产生很大干扰。在摄像头部署过程中，需考虑光照变化给成像质量带来的影响。

（2）模糊。

模糊也是工业中经常遇到且令人十分头痛的问题。模糊可分为运动模糊、对焦模糊、低分辨率差值模糊、混合模糊等。模糊的问题可通过硬件和算法进行优化。

（3）其他。

影响图像质量的因素除了光照、模糊还有很多，如噪声、分辨率等问题，这些问题大多也是从算法和硬件上去优化，需要考虑到时间和成本的权衡。

4. 存储及带宽需求

视频的存储及带宽需求与多种因素有关，具体如下：

（1）摄像机数量及分布情况。

（2）摄像机录像方式，如实时录像、报警录像、时间表录像。

（3）录像的参数，如帧率、分辨率、图像质量等。

（4）视频场景的复杂情况，如繁忙、相对平静。

（5）视频录像计划保存时间。

（6）视频存储设备的分布情况。

（7）视频客户端、电视墙等终端的分布情况。

5. 人脸识别场景中相机部署的标准和要求

人脸识别场景中，对相机部署具有明确的标准和要求。《公共安全人脸识别应用图像技术要求》（GB/T 35678—2017）中，从采集环境、采集设备、采集图像等方面，对人脸识别的技术要求和测试方法分别做了详细的规定。采集环境方面，需考虑相机的安装位置（位置、高度、俯仰角度）和环境光照（光照强度、测光逆光、闪烁）；采集设备方面，需考虑摄像机或照相机的设置（像素数、快门调节、采样帧率、优选人脸检测功能）、镜头（光圈、距离、焦距）和接口（物理接口、指令接口）；采集图像方面，需考虑文件格式、图像质量和图像处理。

《安全防范　人脸识别应用　视频图像采集规范》（GA/T 1325—2017）中指出，影响人脸识别性能的重要因素是人脸图像质量，包括注册图像和识别图像，分别有不同的要求，其中注册对图像质量的要求更高。影响图像质量的因素包括图像格式、眼镜、遮挡、两眼间距、姿态、亮度和对比度、脸部区域等，标准中对各个影响因素均有具体的要求。

（二）视频图像信号的传输方式

1. 视频图像信号传输方式的选择

视频图像信号的传输方式宜符合下列规定：

（1）传输距离较近，可采用同轴电缆传输视频基带信号的视频传输方式。当传输的黑白电视基带信号在 5 MHz 点的不平坦度大于 3 dB 时，宜加电缆均衡器；当大于 6 dB 时，应加电缆均衡放大器。当传输的彩色电视基带信号在 5.5 MHz 点的不平坦度大于 3 dB 时，宜加电缆均衡器；当大于 5 dB 时，应加电缆均衡放大器。

（2）传输距离较远，监视点分布范围广或需进入有线电视网时，宜采用多路副载波复用的射频传输方式。

（3）当系统为数字信号传输时，可采用四对对绞电缆的 IP 网络进行传输。

（4）长距离传输或需避免强电磁场干扰的传输宜采用光缆传输方式。当有特殊要求时，宜采用无金属光缆。

2. 传输电、光缆的选择

传输电、光缆的选择应符合下列规定：

（1）同轴电缆在满足衰减、屏蔽、弯曲、防潮性能的要求下，宜选用线径较细的同轴电缆。

（2）四对对绞电缆在满足衰减、屏蔽、防潮等性能的要求下，宜选用不劣于五类线性能的对绞电缆。

（3）光缆的选择应满足衰减、带宽、温度特性、机械特性、防潮等要求。

（三）服务器的部署

服务器是计算机视觉产品的另一重要硬件组成。服务器的部署，是计算机视觉产品的重要工作。计算机视觉项目中，根据项目内容，可能同时需要多个服务器，分别部署不同的功能，包括数据库服务器、应用服务器、中心管理服务器、媒体服务器、网关服务器、存储服务器等。根据实际情况，不同的功能对所部署的服务器的硬件配置具有不同的要求，包括对 CPU、内存、硬盘和网络等组件均具有不同的要求，在部署时需要选择合适的硬件配置。

二、软件产品的部署升级

软件部署环节是指将软件项目本身，包括配置文件、用户手册、帮助文档等进行收集、打包、安装、配置、发布的过程。部署的过程主要是将可运行的软件包放到目标环境上，同时配置目标环境使得软件包能够运行起来。

计算机视觉软件的部署是项目建设过程中的重点工作。在部署的过程中，首先要部署服务器的操作系统，然后要部署服务器的容器环境，在容器环境下，再部署开源组件镜像和自研组件镜像，从而实现产品的功能。

（一）服务器操作系统

服务器操作系统一般指的是安装在大型计算机上的操作系统，比如 Web 服务器、应用服务器和数据库服务器等，是企业 IT 系统的基础架构平台，也是按应用领域划分的三类操作系统之一（另外两种分别是桌面操作系统和嵌入式操作系统）。同时，服务器操作系统也可以安装在个人电脑上。相比个人版操作系统，在一个具体的网络中，服务器操作系统要承担额外的管理、配置、稳定、安全等功能，处于每个网络中的心脏部位。

1. Windows Server

重要版本包括 Windows NT Server 4.0、Windows 2000 Server、Windows Server 2003、Windows Server 2003 R2、Windows Server 2008、Windows Server 2008 R2、Windows Server 2012。Windows 服务器操作系统应用，结合 .NET 开发环境，为微软企业用户提供了良

好的应用框架。

2. NetWare

在一些特定行业和事业单位中，NetWare 优秀的批处理功能和安全、稳定的系统性能也有很大的生存空间。NetWare 常用的版本有 Novell 的 3.11、3.12、4.10、5.0 等中英文版。

3. Unix

Unix 服务器操作系统由 AT&T 公司和 SCO 公司共同推出，主要支持大型的文件系统服务、数据服务等应用。市面上流传的主要有 SCO SVR、BSD Unix、SUN Solaris、IBM-AIX、HP-U、FreeBSDX 。

4. Linux

Linux 操作系统虽然与 UNIX 操作系统类似，但是它不是 UNIX 操作系统的变种。Torvald 从开始编写内核代码时就仿效 UNIX，几乎所有 UNIX 的工具与外壳都可以运行在 Linux 上。

（二）服务器的容器环境

容器是将软件打包成标准化单元，以用于开发、交付和部署。容器镜像是轻量的、可执行的独立软件包，包含软件运行所需的所有内容，即代码、运行时环境、系统工具、系统库和设置。容器化软件适用于基于 Linux 和 Windows 的应用，在任何环境中都能够始终如一地运行。容器赋予了软件独立性，使其免受外在环境差异（例如开发和预演环境的差异）的影响，从而有助于减少团队间在相同基础设施上运行不同软件时的冲突。用户可以方便地创建和使用容器，把自己的应用放入容器。容器还可以进行版本管理、复制、分享、修改，就像管理普通的代码一样。

1. Docker 的主要特征

Docker 是世界领先的软件容器平台。Docker 使用 Google 公司推出的 Go 语言进行开发实现，基于 Linux 内核的 Cgroup 和 Namespace，以及 AUFS 类的 UnionFS 等技术，对进程进行封装隔离，属于操作系统层面的虚拟化技术。由于隔离的进程独立于宿主和其他的隔离的进程，因此也称其为容器。Docker 最初实现是基于 LXC。Docker 能够自动执行重复性任务，例如搭建和配置开发环境，从而解放了开发人员。

作为一种新兴的虚拟化方式，Docker 跟传统的虚拟化方式相比具有众多的优势，主要包括以下几个方面：

（1）更快速交付和部署。Docker 在整个开发周期都可以完美的辅助实现快速交付。Docker 允许开发者在装有应用和服务的本地容器上做开发。可以直接集成到可持续开发流程中。

例如，开发者可以使用一个标准的镜像来构建一套开发容器，开发完成之后，运维人员可以直接使用这个容器来部署代码。Docker 可以快速创建容器，快速迭代应用程序，并让整个过程全程可见，使团队中的其他成员更容易理解应用程序是如何创建和工作的。Docker 容器很轻很快。容器的启动时间是秒级的，大量地节约开发、测试、部署的时间。

（2）高效部署和扩容。Docker 容器几乎可以在任意的平台上运行，包括物理机、虚拟机、公有云、私有云、个人计算机、服务器等。这种兼容性可以让用户把一个应用程序从一个平台直接迁移到另外一个。

Docker 的兼容性和轻量特性可以很轻松地实现负载的动态管理，可以快速扩容或方便地下线应用和服务，这种速度趋近实时。

（3）更高的资源利用率。Docker 对系统资源的利用率很高，一台主机上可以同时运行数千个 Docker 容器。容器除了运行其中应用外，基本不消耗额外的系统资源，使得应用的性能很高，同时系统的开销尽量小。传统虚拟机方式运行 10 个不同的应用就要启动 10 个虚拟机，而 Docker 只需要启动 10 个隔离的应用即可。

（4）更简单的进行管理。使用 Docker，只需要小小的修改，就可以替代以往大量的更新工作。所有的修改都以增量的方式被分发和更新，从而实现自动化并且高效的管理。

Docker 主要由以下几个部分组成：

（1）Docker 镜像（Images）。Docker 镜像是用于创建 Docker 容器的模板。

（2）Docker 容器（Container）。容器是独立运行的一个或一组应用。

（3）Docker 客户端（Client）。Docker 客户端通过命令行或者其他工具使用 Docker API（Application Programming Interface 应用程序接口）。

（4）Docker 主机（Host）。一个物理或者虚拟的机器用于执行 Docker 守护进程和容器。

（5）Docker 仓库（Registry）。Docker 仓库用来保存镜像，可以理解为代码控制中的代码仓库。

（6）Docker Hub。Docker Hub 提供了庞大的镜像集合以供使用。

（7）Docker Machine。Docker Machine 是一个简化 Docker 安装的命令行工具，通过一个简单的命令行即可在相应的平台上安装 Docker，如 VirtualBox、Digital Ocean、Microsoft Azure。

2. Kubernetes（k8s）的主要特征

Kubernetes 是 Google 的开源产品。Kubernetes 也叫 k8s。之所以叫 k8s 是因为 kubernetes 这个单词从开头的字母 k 到末尾的 s，中间刚好有 8 个字母，所以也叫 k8s。k8s 是一个开源系统，用于自动化容器化应用程序的部署、扩展和管理。它将组成应用程序的容器分组为逻辑单元，以便于管理和发现。k8s 主要有以下特征：

（1）自动化。k8s 有一套自动化机制。可以降低整个集群的运维成本和运维难度。通过 k8s 我们可以实现自动扩容、自动更新、自动部署、自动化管理资源等。

（2）以服务为中心。k8s 以服务为中心，可以让我们抛开系统环境和运行细节，有更多的精力去处理逻辑业务。构建在 k8s 上的系统，可以独立运行在物理机、虚拟机、私有云以及公有云。

（3）高可用。k8s 会定期进行检查应用实例，包括对这些实例的数量检查，实例健康状态检查等。k8s 如果发现有新的应用实例启动，会自动加入负载均衡中。k8s 如果发现有应用实例状态不可用，会自动干掉这个问题实例，并重新调度一个新实例。

（4）滚动更新。k8s 可以使整个集群平滑升级（Rolling-update）。就是说，kubernetes 可以在不停止对外服务的前提下完成应用的更新。在规模比较大的集群中，k8s 这一特性会非常实用。

3. Harbor 的主要特征

Harbor 是 VMware 中国研发团队开发并开源的企业级 Registry，对中文支持很友好。Harbor 是一个用于存储和分发 Docker 镜像的企业级 Registry 服务器。通过添加一些企业必需的功能特性，例如安全、标识和管理等，扩展了开源 Docker Distribution。作为一个企业级私有 Registry 服务器，Harbor 提供了更好的性能和安全。提升用户使用 Registry 构建和运行环境传输镜像的效率。

Harbor 具有如下特点：

（1）基于角色的访问控制——用户与 Docker 镜像仓库通过"项目"进行组织管理，一个用户可以对多个镜像仓库在同一命名空间（project）里有不同的权限。

（2）镜像复制——镜像可以在多个 Registry 实例中复制（同步）。尤其适合于负载均衡、高可用、混合云和多云的场景。

（3）图形化用户界面——用户可以通过浏览器来浏览，检索当前 Docker 镜像仓库，管理项目和命名空间。

（4）AD（Active Directory）/LDAP（轻量目录访问协议 Light weight Directory Access Protocol）支持——Harbor 可以集成企业内部已有的 AD/LDAP，用于鉴权认证管理。

（5）审计管理——所有针对镜像仓库的操作都可以被记录追溯，用于审计管理。

（6）国际化——已拥有英文、中文、德文、日文和俄文的本地化版本。更多的语言将会添加进来。

（7）RESTful API——RESTful API 提供给管理员对于 Harbor 更多的操控权限，使得与其他管理软件集成变得更容易。

（8）部署简单——提供在线和离线两种安装工具，也可以安装到 vSphere 平台（OVA 方式）虚拟设备。

（三）镜像部署

1. 数据库镜像部署

MySQL 是一个关系型数据库管理系统，由瑞典 MySQL AB 公司开发，属于 Oracle 旗下产品。MySQL 是最流行的关系型数据库管理系统之一，在 WEB 应用方面，MySQL 是最好的 RDBMS（Relational Database Management System，关系数据库管理系统）应用软件之一。

MySQL 是一种关系型数据库管理系统，关系数据库将数据保存在不同的表中，而不是将所有数据放在一个大仓库内，这样就增加了速度并提高了灵活性。

MySQL 数据库管理系统具有以下系统特性：

（1）使用 C 和 C++ 编写，并使用多种编译器进行测试，保证源代码的可移植性。

（2）支持 AIX、FreeBSD、HP-UX、Linux、Mac OS、NovellNetware、OpenBSD、OS/2 Wrap、Solaris、Windows 等多种操作系统。

（3）为多种编程语言提供了 API。这些编程语言包括 C、C++、Python、Java、Perl、PHP、Eiffel、Ruby 和 Tcl 等。

（4）支持多线程，充分利用 CPU 资源。

（5）优化的 SQL 查询算法，有效地提高查询速度。

（6）既能够作为一个单独的应用程序应用在客户端服务器网络环境中，也能够作为一个库嵌入其他的软件中。

（7）提供多语言支持，常见的编码如中文的 GB 2312、BIG 5，日文的 Shift_JIS 等都可以用作数据表名和数据列名。

（8）提供传输控制协议/网际协议（Transmission Control Protocol/Internet Protocol，TCP/IP）、开放数据库连接（Open Database Connectivity，ODBC）和数据库连接（Java Database connect Java，JDBC）等多种数据库连接途径。

（9）提供用于管理、检查、优化数据库操作的管理工具。

（10）支持大型的数据库。可以处理拥有上千万条记录的大型数据库。

（11）支持多种存储引擎。

2. 缓存镜像部署

Redis 是一个开源的使用 ANSIC 语言编写、支持网络、可基于内存亦可持久化的日志型的 key-value（分布式存储系统）缓存数据库，并提供多种语言的 API。

Redis 与其他 key-value 缓存产品有以下三个特点。

（1）Redis 支持数据的持久化，可以将内存中的数据保存在磁盘中，重启的时候可以再次加载进行使用。

（2）Redis 不仅支持简单的 key-value 类型的数据，同时还提供 list、set、zset、hash 等数据结构的存储。

（3）Redis 支持数据的备份，即 master-slave 模式的数据备份。

Redis 主要有以下几个优势：

（1）性能极高：Redis 能读的速度是 110 000 次/s，写的速度是 81 000 次/s。

（2）丰富的数据类型：Redis 支持二进制案例的 Strings、Lists、Hashes、Sets 及 Ordered Sets 数据类型操作。

（3）原子：Redis 的所有操作都是原子性的，同时 Redis 还支持对几个操作合并后的原子性执行。

（4）丰富的特性：Redis 还支持 publish/subscribe、通知、key 过期等特性。

3. 消息队列镜像部署

Kafka 是分布式发布—订阅消息系统。它最初由 LinkedIn（领英）公司开发，之后成为 Apache 项目的一部分。Kafka 是一个分布式的、可划分的、冗余备份的持久性的日志服务。它主要用于处理活跃的流式数据。在大数据系统中，常常会碰到一个问题，整个大数据是由各个子系统组成，数据需要在各个子系统中高性能、低延迟的不停流转。传统的企业消息系统并不是非常适合大规模的数据处理。为了同时搞定在线应用（消息）和离线应用（数据文件，日志），Kafka 就出现了。Kafka 可以起到两个作用，一是降低系统组网复杂度，二是降低编程复杂度，各个子系统不再是相互协商接口，各个子系统类似插口插在插座上，Kafka 承担高速数据总线的作用。

Kafka 的主要特点：

（1）同时为发布和订阅提供高吞吐量。据了解，Kafka 每秒可以生产约 25 万消息（50 MiB），每秒处理 55 万消息（110 MiB）。

（2）可进行持久化操作。将消息持久化到磁盘，因此可用于批量消费，例如 ETL，以及实时应用程序。通过将数据持久化到硬盘以及 replication 防止数据丢失。

（3）分布式系统，易于向外扩展。所有的 producer、broker 和 consumer 都会有多个，均为分布式的，无须停机即可扩展机器。

（4）消息被处理的状态是在 consumer 端维护，而不是在 server 端维护。当失败时能自动平衡。

4. 中间件镜像

中间件，英文名称为 Middleware，是一种应用于分布式系统的基础软件。从纵向层次来看，中间件位于各类应用/服务与操作系统/数据库系统以及其他系统软件之间，主要解决分布式环境下数据传输、数据访问、应用调度、系统构建和系统集成、流程管理等问题，是分布式环境下支撑应用开发、运行和集成的平台，能够实现系统之间的互联互通，帮助用户高效开发应用软件。

（四）软件产品的升级

软件升级指软件从低版本向高版本的更新。由于高版本常常修复低版本的部分缺陷，所以经历了软件升级，一般都会比原版本的性能更好，得到优化的效果，用户也能有更好的体验。对计算机视觉软件产品进行升级，一种是对算法进行升级，另一种则是对产品平台进行升级。算法升级目的是提升算法的准确率、精确率、召回率等基本性能，一般是在容器里更新一个识别文件或者配置文件。产品平台升级，则是为了扩增产品的功能，需要对底层的程序文件进行升级，还可能对数据库等进行升级。

第四节　计算机视觉产品的日常巡查规范

考核知识点及能力要求：

- 了解计算机视觉产品硬件产品的巡查；
- 了解计算机视觉产品软件产品的巡查；
- 能根据标准流程进行计算机视觉产品的日常巡查。

计算机视觉产品的日常巡查主要包括硬件产品和软件产品两大方向的巡查。其中硬件产品的巡查又分为前端设备运行状态的巡查和后端处理设备运行状态的巡查。软件产品的巡查主要涉及算法任务运行情况的查看等。

一、硬件产品

1. 工业相机运行状态巡查

(1)曝光时间、画面质量检查。曝光时间是为了将光投射到照相感光材料的感光面上,快门所要打开的时间,视照相感光材料的感光度和对感光面上的照度而定。曝光时间长则进的光就多,适合光线条件比较差的情况。曝光时间短则适合光线比较好的情况。

曝光分为几种,外场摄像机有自带补光灯的摄像机(晚间工作时会自动打开一束补光灯,相当于会提升其自身曝光度),有不带补光灯的摄像机,它们曝光率的值是不一样的,应用场景也不一样。晚间工作的相机一般会自带补光灯,有些相机是内置补光灯,夜间灯光暗度比较高,此时需要补光灯去照相。

相机支持的曝光时间范围可参见相机的技术指标。曝光控制支持手动、一次自动和连续自动三种模式。当设置为触发模式时,一次自动和连续自动模式失效。当模式设置为一次自动或者连续自动模式时,曝光时间受自动曝光时间下限(Auto Exposure Time Lower Limit)和自动曝光时间上限(Auto Exposure Time Upper Limit)的约束,只能在(自动曝光时间下限,自动曝光时间上限)的范围之间设置。

点击展开客户端软件的设备属性列表中的获得控制权(Acquisition Control),找到自动曝光时间下限和自动曝光时间上限,在数值栏输入合适参数即可完成自动曝光时间运行参数范围设置。如图6-11所示为海康威视网口工业面阵相机用户手册v1.0.1。

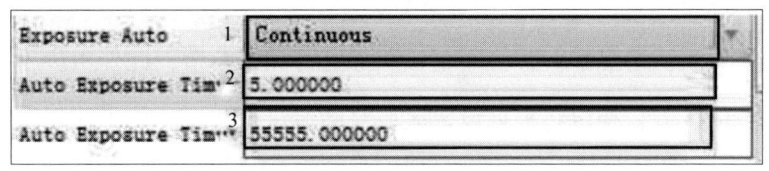

图 6-11 曝光控制

影响曝光的因素有:

1)光圈。光圈控制光线进入的通路的大小。光圈越大,则单位时间的光通量越大,光圈越小,则单位时间的光通量越小。

2）曝光时间。曝光时间也就是快门速度。在数码相机中，可以采用电子快门，也可以采用传统的机械快门。快门速度和光圈大小是互补的，比如，为了更多的光可以进来。

3）增益。经过双采样之后的模拟信号的放大增益。由于在对图像信号进行放大的过程中也会同时放大噪声信号，因此通常把放大器增益设为最小。工业相机在不同增益时图像的成像质量不一样，增益越小，噪点越小；增益越大，噪点越多，特别是在暗处。数码相机的 ISO 就是这里所说的增益，增大 ISO，是增加感光器件对光的灵敏度。高感光度对低光照灵敏，同时对噪杂信号也灵敏，信噪比小，所以高感光度噪点也多（可利用图片软件的降噪功能减轻或去除）。增益一般只是在信号弱，但不想增加曝光时间的情况下使用。一般相机增益都产生很大噪声，所以几乎不怎么用。

在不过曝的前提下，增加曝光时间可以增加信噪比，使图像清晰。当然，对于很弱的信号，曝光也不能无限增加，因为随着曝光时间的增加，噪声也会积累，曝光补偿就是增加拍摄时的曝光量。调节亮度增益说白了就是改变 ISO，改变 CMOS 传感器的感光性能，但是会影响到画质。调节曝光补偿则是为了改变快门速度，不改变 ISO 不会影响画质。

曝光和增益是直接控制传感器（CCD/CMOS）上读出来的数据，是要优先调节的，以调节曝光时间为主。在不过曝的前提下，增加曝光时间可以增加信噪比，使图像清晰。

自动曝光区域设置：相机在一定范围内自动调节曝光时间，以最大限度地达到用户期望的画质。默认情况下，相机对整幅图像进行亮度调节，此外用户还可以根据需要设定感兴趣的区域，相机将根据设定区域对图像进行调节，使得区域内的图像质量达到期望值，而区域之外的图像质量也会随之变化。

区域曝光一般用于一些背光或图像局部亮度差异较大的应用场合，用户还可以根据需要划定矩形区域，相机将根据设定区域进行曝光调节，保证最好的图像质量。

点击展开客户端软件的设备属性列表中的 Analog Control（模拟控制），找到 Auto Function AOI Selector，选择 AOI1 或者 AOI2，根据需要调整 Auto Function AOI Width 和

Auto Function AOI Height 值，即可完成设置，如图 6-12 所示。

图 6-12　AOI 设置

画面质量检查不仅与检查摄像机画面质量有关，还与实际算法有关。画面质量包括：

1）摄像头画面质量：

若发现画面比较花，可能是摄像机焦距或像素未达到要求；若发现摄像头接入后一半黑一半白、全黑屏幕或屏幕上有波纹，可能是摄像机本身硬件质量问题，此时应直接更换硬件设备。

2）算法画面质量：

Ⅰ 画面清晰度：画面全黑或者出现波纹、坏点都会导致无法满足算法画面质量要求。

Ⅱ 画面场景：画面算法通常有对应的场景。例如查询等待红绿灯车辆数目时，应当选择红绿灯路口作为画面场景。如果选取有车辆停泊的小区门口，那么画面质量无法满足算法需求。

（2）帧率检查。相机可达到的最大帧率取决于网络传输带宽、像素格式和输出感兴趣区域分辨率。ROI 大小与对应帧率如公式（6-6）、公式（6-7）、公式（6-8）所示。

$$\text{Fps1}=1/(\text{ROI height}\times T_1+\text{ROI OffsetY}\times T_2+T_3) \quad (6\text{-}6)$$

$$\text{Fps2}=1/\text{Exp Time} \quad (6\text{-}7)$$

$$\text{Fps3}=\text{Bandwidth}/\text{PayloadSize} \quad (6\text{-}8)$$

其中，帧率参数见表 6-9。

表 6-9　　　　　　　　　　ROI 帧率参数表

型号	T_1（μs）	T_2（μs）	T_3（μs）
MV-CA003-30GM/GC	31.33	0	1 410.15
MV-CA013-30GM/GC	18.69	0	691.66
MV-CA030-10GM/GC	25.83	4.31	2 273.33

相机最终的帧率由上面帧率最低的因素决定，通过计算，3 个公式中最低的帧率是相机的最终帧率（Resulting Frame Rate）。

点击展开客户端软件的设备属性列表 Acquisition Control，找到 Acquisition Frame Rate，在数据栏中输入合适的采集帧率，即可完成设置，如图 6-13 所示。

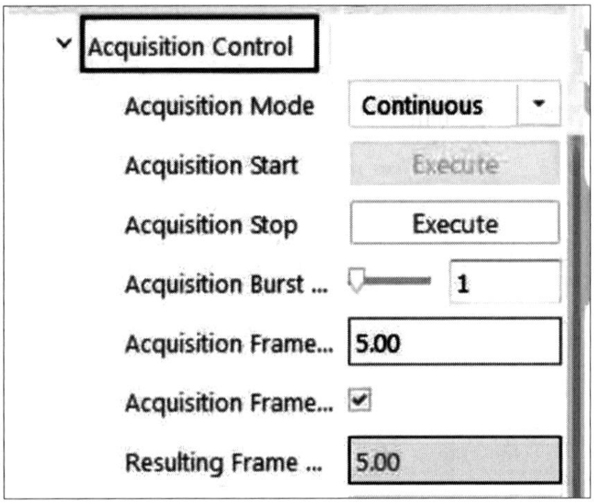

图 6-13　帧率设置

帧率检查即检查帧率是否正常，具体包括检查是否出现丢帧、跳帧、重复帧。每一个图片的场景都是分了很多帧以后抽取出来的，具体包括 I 帧、H 帧、主帧、关键帧、补帧。

检查帧率的方法包括：

1）通过日志查看。

2）打开视频并把视频连到 VRC，看视频是否每帧都正常播放，中间是否有断帧、黑影等情况，如果出现以上情况，则可能丢帧了。画面上如果出现抖动或少帧的情况，需要联系技术人员作进一步处理。

丢帧表现：

1）相机预览模式下，无法以满帧的速度传输图像。

2）触发拍照模式下，相机传输图像数量少于触发次数（触发频率应小于帧率）。

3）图像处理软件处理的图像数量小于预期。

对应的丢帧可能原因：

1）预览或触发模式下丢帧。

Ⅰ 系统防火墙未关闭，杀毒软件拦截；

Ⅱ 网络环境为非千兆网络（查看网口速度）；

Ⅲ 网卡未开启巨帧。

如果以上均确认后依旧存在问题：

Ⅰ 重新确定是否为相机丢帧；

Ⅱ 检查相机参数设置（传输包大小/缓存大小等信息）。

2）图像处理软件问题。

Ⅰ 软件处理速度＜采集速度；

Ⅱ SDK接口参数设置不合理。

3）检查画面是否偏色。

画面偏色的主要原因如下：

Ⅰ 色卡丢失：画面是由红绿蓝三原色组成的，若三原色中的某一种或者两种色卡丢失，则导致某些颜色无法组合得到或者出现偏差的现象。

Ⅱ 帧解析错误：帧通常以二进制数据流的形式传输，如果解析时出现错误，比如代表红色的001错误解析为011，则出现颜色异常。

Ⅲ 硬件问题：硬件自身出现故障，数据传输线连接有误或者接触不良。

Ⅳ 检查连续运行时间。

连续运行时间直接查看工业相机使用说明书即可，表6-10所示参数指标示例，可以清晰地查出工业相机正常工作时允许温度的范围。

表 6-10　MV-CA003-30GM/GC 参数指标

一般规范	
供电及功耗	<2.5 W@12 VDC，电压范围 5~15 V，支持 PoE
温度	工作温度 0~50 ℃，储藏温度 -30~70 ℃
尺寸	29 mm × 29 mm × 42 mm
重量	约 67 g
镜头接口	C-Mount
软件	MVS 或者第三方支持 GigE Vision 协议软件
操作系统	Windows XP/7/8 32/64 位
兼容	GigE Vision V1.2
认证	CE、FCC、RoHS

设备的设计和结构应当保证在按照其预定用途使用时，在正常工作条件下不会出现危险，但对下列危险要提供防护，根据中华人民共和国国家标准《音频、视频及类似电子设备安全要求》（GB 8898—2011）：

——通过人体的危险电流；

——过高温度；

——危险辐射；

——内爆和爆炸的影响；

——机械不稳定性；

——机械零部件引起的伤害；

——着火和火焰蔓延。

一般试验条件：

试验在下列正常工作条件下进行：

——环境温度为 15~35 ℃；

——相对湿度最大为 75%。

在不妨碍正常通风的条件下，设备处在预定使用时所处的任何位置。

在进行温度测量时，设备应当按制造厂商提供的使用说明书的规定放置，或者在没有说明时，设备应当放置在有前开口的木制试验箱中，位于距木箱前边缘 5 cm 处，而且沿侧面和顶面要有 1 cm 自由空间，在设备后面要有 5 cm 深度空间。

2. 后端处理设备运行状态巡查

（1）算法服务器的 GPU、CPU、内存、硬盘等使用资源查看。服务器是指网络中能对其他机器提供某些服务的计算机系统（如果一个 PC 对外提供 ftp 服务，也可以叫服务器）。狭义上，服务器是专指某些高性能计算机，能通过网络，对外提供服务。相对于普通 PC 来说，稳定性、安全性、性能等方面都要求更高，因此在 CPU、芯片组、内存、磁盘系统、网络等硬件和普通 PC 有所不同。它的高性能主要体现在高速度的运算能力、长时间的可靠运行、强大的外部数据吞吐能力等方面。

图形处理器 GPU（Graphics Processing Unit），又称显示核心、视觉处理器、显示芯片，是一种专门在个人计算机、工作站、游戏机和一些移动设备（如平板电脑、智能手机等）上做图像和图形相关运算工作的微处理器。

GPU 使显卡减少了对 CPU 的依赖，并进行部分原本 CPU 的工作，尤其是在 3D 图形处理时 GPU 所采用的核心技术有硬件 T&L（几何转换和光照处理）、立方环境材质贴图和顶点混合、纹理压缩和凹凸映射贴图、双重纹理四像素 256 位渲染引擎等，而硬件 T&L 技术可以说是 GPU 的标志。GPU 的生产商主要有 NVIDIA 和 ATI。

中央处理器（CPU），是电子计算机的主要设备之一，是电脑中的核心配件。其功能主要是解释计算机指令以及处理计算机软件中的数据。CPU 是计算机中负责读取指令，对指令译码并执行指令的核心部件。中央处理器主要包括两个部分，即控制器、运算器，其中还包括高速缓冲存储器及实现它们之间联系的数据、控制的总线。电子计算机三大核心部件就是 CPU、内部存储器、输入/输出设备。中央处理器的功效主要为处理指令、执行操作、控制时间、处理数据。

在计算机体系结构中，CPU 是对计算机的所有硬件资源（如存储器、输入输出单元）进行控制调配、执行通用运算的核心硬件单元。CPU 是计算机的运算和控制核心。计算机系统中所有软件层的操作，最终都将通过指令集映射为 CPU 的操作。

内存（Memory）是计算机的重要部件之一，也称内存储器和主存储器，它用于暂时存放 CPU 中的运算数据，与硬盘等外部存储器交换的数据。它是外存与 CPU 进行沟通的桥梁，计算机中所有程序的运行都在内存中进行，内存性能的强弱影响计算机整体发挥的水平。只要计算机开始运行，操作系统就会把需要运算的数据从内存调到CPU中进行运算，当运算完成，CPU将结果传送出来。内存的运行也决定计算机整体运行快慢的程度。内存条由内存芯片、电路板、金手指等部分组成。

服务器硬盘，顾名思义，就是服务器上使用的硬盘。如果说服务器是网络数据的核心，那么服务器硬盘就是这个核心的数据仓库，所有的软件和用户数据都存储在这里。储存在服务器上的硬盘数据是最宝贵的，因此硬盘的可靠性是非常重要的。

在算法运行的过程中，需要实时监测服务器的GPU、CPU、内存、硬盘占用率，一旦超过安全阈值，需要关闭部分算法任务或者清理部分数据，否则容易导致整个服务器系统的崩溃。

互联网存在有7×24小时的业务监控，监控指标主要包括CPU、内存和网络的波动。需要监控整体，如线上正有6个算法在运行，打开平台即可查看CPU等运行使用状态。

此处服务器的GPU、CPU、内存、硬盘等允许占用率主要取决于算法。例如跑一路算法需要用1 GiB的内存和1.5 GiB的GPU，但是同时跑多少路也是要考量的因素。由于需要长期跑，这些任务和算法需要设置一个固定的阀值。比如同时上了10个算法接了10路视频，平均应该是在60%这个标准，但是突然内存抖动，说明达到监控的指标，需要进行分析。主要有两种可能性，其一是算法跑得不稳定，说明服务器可能因多人登录造成内存抖动；其二是硬件损坏，硬件某个芯片损坏导致该指标突然提升。即通过监测可反推故障原因，检查硬件有问题还是软件有问题。

一般来说，算法运行对资源的占用存在一定的波动，因此接近满负荷的资源占用会导致系统不稳定。一旦系统资源在某个时刻无法承载算法的运行需求，则会导致系统崩溃以及算法运行的中断，因此在资源日常维护中需要确定一个合理的占用阈值。

为了确定资源占用阈值，可以将算法开到最大路数，监测所占GPU、CPU、内存、硬盘的比例，且确保算法运行稳定、正常。那么算法正常运行所支持的最大路数对应的资源占用情况就是资源占用阈值。一般情况下，GPU、CPU占用率通常需控制在90%以下，内存、硬盘占用率通常需控制在75%、90%以下，但也可以根据具体业务需要来调整该阈值。如果发现现有的资源难以满足算法的需求，则可以考虑对系统资源扩容或者限制算法运行的最大路数。

总体内存占用的查看指令：

1）命令：free。内存占用指令如图 6–14 所示。

```
[econtract@localhost ~]$ free
             total       used       free     shared    buffers     cached
Mem:      10128044    2346972    7781072        172     132868     603100
-/+ buffers/cache:    1611004    8517040
Swap:       950268      19008     931260
```

图 6–14　free 命令查看内存占用

Ⅰ free 命令默认是以 kb 为单位显示的，可以用 free–m，用 Mb 单位来显示。

Ⅱ mem 行：total = used ＋freep 其中 buffers 和 cached 虽然计算在 used 内。但其实为可用内存。

Ⅲ mem 下一行：used 为真实已占内存，free 为真实可用内存。

Ⅳ Swap：内存交换区的使用情况。

2）查看内存占用前五的进程：

命令：ps auxw | head –1；ps auxw|sort –rn –k4|head –5。

如图 6–15 所示，内存的单位是 kb，VSZ 是虚拟内存的占用，RSS 是真实的内存的占用。

```
[root@22-137 ~]#  ps auxw | head -1;ps auxw|sort -rn -k4|head -5
USER       PID %CPU %MEM    VSZ   RSS TTY      STAT START   TIME COMMAND
mysql      525  0.0  0.1 831236 75812 ?        Sl   Oct24  32:42 /usr/sbin/mysqld --
-log-error=/data2/mysql//22-137.err --pid-file=/data2/mysql//22-137.pid --socket=/dat
www        269  0.0  0.0 293276     0 ?        S    Oct24   0:00 php-fpm: pool www
www        268  0.0  0.0 293276     0 ?        S    Oct24   0:00 php-fpm: pool www
www        267  0.0  0.0 293276     0 ?        S    Oct24   0:00 php-fpm: pool www
www        266  0.0  0.0 293276     0 ?        S    Oct24   0:00 php-fpm: pool www
```

图 6–15　查看内存占用前 5 的进程

命令分解：

ps auxw 显示系统资源占用情况；

head –1 表示显示第一列，即标题列；

sort –r 表示反向排序，–n 表示按数字排序，–k4 表示列的第 4 个字符。

3）查看 CPU 占用前三的进程。

命令：ps auxw|head –1；ps auxw|sort –rn –k3|head –3。

如图 6–16 所示，该命令与图 6–15 相仿，只是选择的资源占用情况的第 3 列（cpu），用“–k3”表示。

```
[root@22-137 ~]# ps auxw|head -1;ps auxw|sort -rn -k3|head -3
USER       PID %CPU %MEM    VSZ   RSS TTY      STAT START   TIME COMMAND
www        269  0.0  0.0 293276     0 ?        S    Oct24   0:00 php-fpm: pool www

www        268  0.0  0.0 293276     0 ?        S    Oct24   0:00 php-fpm: pool www

www        267  0.0  0.0 293276     0 ?        S    Oct24   0:00 php-fpm: pool www
```

图 6–16　查看 cpu 占用前三的进程

4）查看系统整体的负载。

命令：top，命令及显示内容如图 6–17 所示。

```
[econtract@localhost ~]$ top
top - 12:02:39 up 32 days,  5:00,  2 users,  load average: 0.00, 0.01, 0.05
Tasks:  92 total,   1 running,  91 sleeping,   0 stopped,   0 zombie
Cpu(s):  0.0%us,  0.0%sy,  0.0%ni,100.0%id,  0.0%wa,  0.0%hi,  0.0%si,  0.0%st
Mem:  10128044k total,  2347796k used,  7780248k free,   132956k buffers
Swap:   950268k total,    19008k used,   931260k free,   603520k cached
```

图 6–17　top 显示系统整体负载

第一行：系统时间 + 系统运行时间 + 几个用户 + 1/5/15 分钟系统平均负载第二行：进程总数（total）+ 正在运行进程数（running）+ 睡眠进程数（sleeping）+ 停止的进程数（stopped）+ 僵尸进程数（zombie）。

第三行：用户空间 CPU 占比（us）+ 内核空间 CPU 占比（sy）+ CPU 空置率（id），命令及显示内容如图 6–18 所示。

```
PID USER      PR  NI  VIRT  RES  SHR S %CPU %MEM    TIME+  COMMAND
  1 root      20   0 19232  664  500 S  0.0  0.0   0:01.14 init
  2 root      20   0     0    0    0 S  0.0  0.0   0:00.00 kthreadd
  3 root      RT   0     0    0    0 S  0.0  0.0   0:00.00 migration/0
  4 root      20   0     0    0    0 S  0.0  0.0   0:08.91 ksoftirqd/0
  5 root      RT   0     0    0    0 S  0.0  0.0   0:00.00 stopper/0
  6 root      RT   0     0    0    0 S  0.0  0.0   0:05.95 watchdog/0
  7 root      20   0     0    0    0 S  0.0  0.0  17:09.83 events/0
  8 root      20   0     0    0    0 S  0.0  0.0   0:00.00 events/0
  9 root      20   0     0    0    0 S  0.0  0.0   0:00.00 events_long/0
 10 root      20   0     0    0    0 S  0.0  0.0   0:00.00 events_power_ef
 11 root      20   0     0    0    0 S  0.0  0.0   0:00.00 cgroup
 12 root      20   0     0    0    0 S  0.0  0.0   0:00.00 khelper
```

图 6–18　各个任务占用资源情况

（2）算法服务器连续运行时间。

除了服务器的资源占用情况之外，服务器的系统运行状态也需要进行日常巡查，具体包括服务器的网络状况、设备温度等。

关于硬件，查看说明书中的出厂标准即可，在额定功率下即可达到该标准。

日常巡查中监控设备上的指示灯，包括硬盘灯和机身上的状态灯。例如公司每天都要派专门的人员每天一遍或者三遍地去监控其服务器的网络灯、硬盘灯和状态灯，以确保硬件没有问题。用专门的日常维护的表每天记录灯的状态，并检查一些机房里防火、空调等的状态。

二、软件产品

算法任务运行情况查看如下文所述。

1. 正常运行、异常等

异常（Exception）是程序在运行时可能出现的会导致程序运行终止的错误。这种错误是不能通过编译系统检查出来的。常见的异常如下：

（1）系统资源不足。例如，内存不足，不可以动态申请内存空间；磁盘空间不足，不能打开新的输出文件等。

（2）用户操作错误导致运算关系不正确。例如，出现分母为0。数学运算溢出，数组越界，参数类型不能转换等。

异常处理是编程语言或计算机硬件里的一种机制，用于处理软件或信息系统中出现的异常状况（超出程序正常执行流程的某些特殊条件）。

各种编程语言在处理异常方面具有非常显著的不同点（错误检测与异常处理区别在于：错误检测是在正常的程序流中，处理不可预见问题的代码，例如一个调用操作未能成功结束）。某些编程语言有这样的函数：当输入存在非法数据时不能被安全地调用，或者返回值不能与异常进行有效的区别。例如，C语言中的atoi函数（ASCII串到整数的转换）在输入非法时可以返回0。在这种情况下编程者需要另外进行错误检测（可能通过某些辅助全局变量如C的errno），或进行输入检验（如通过正则表达式），或者共同使用这两种方法。

通过异常处理，我们可以对用户在程序中的非法输入进行控制和提示，以防程序崩溃。

从进程的视角，硬件中断相当于可恢复异常，虽然中断一般与程序流本身无关。

从子程序编程者的视角，异常是很有用的一种机制，用于通知外界该子程序不能正常执行。如输入的数据无效（例如除数是0），或所需资源不可用（例如文件丢失）。如果系统没有异常机制，则编程者需要用返回值来标示发生了哪些错误。

许多常见的程序设计语言，包括 Actionscript、Ada、BlitzMax、C++、C#、D、ECMAScript、Eiffel、Java、ML、Object Pascal（如 Delphi、Free Pascal 等）、Objective-C、Ocaml、PHP（version 5）、PL/1、Prolog、Python、REALbasic、Ruby、Visual Prolog 以及大多数 .NET 程序设计语言，内建的异常机制都是沿着函数调用栈的函数调用逆向搜索，直到遇到异常处理代码为止。一般在这个异常处理代码的搜索过程中逐级完成栈卷回（stack unwinding）。但 Common Lisp 是个例外，它不采取栈卷回，因此允许异常处理完后在抛出异常的代码处原地恢复执行。而 Visual Basic（尤其是在其早于 .net 的版本，例如 6.0 中）走得更远，on error 语句可轻易指定发生异常后是重试（resume）还是跳过（resume next）还是执行程序员定义的错误处理程序。

多数语言的异常机制的语法是类似的：用 throw 或 raise 抛出一个异常对象（Java 或 C++ 等）或一个特殊可扩展的枚举类型的值（如 Ada 语言）；异常处理代码的作用范围用标记子句（try 或 begin 开始的语言作用域）标示其起始，以第一个异常处理子句（catch、except、resuce 等）标示其结束；可连续出现若干个异常处理子句，每个处理特定类型的异常。某些语言允许 else 子句，用于无异常出现的情况。更多见的是 finally，ensure 子句，无论是否出现异常它都将执行，用于释放异常处理所需的一些资源。

C++ 异常处理是资源获取即初始化（resource-acquisition-is-initialization）的基础。

C 语言一般认为是不支持异常处理的。Perl 语言可选择支持结构化异常处理（structured exception handling）。

Python 语言对异常处理机制是非常普遍深入的，所以想写出不含 try，except 的程序非常困难。

故障恢复：

在系统重启后,想要做一些恢复动作来保持原子性,就必须在修改数据库之前,先写入一些信息来记录后面的修改,这种工作也叫作预埋。使用最为广泛的记录数据库修改的结构就是日志,日志是日志记录的序列,它记录数据库中的所有更新活动。

日志记录:

每次事务执行写操作时,必须在数据库修改前建立该次写操作的日志记录并把它加到日志中,而日志必须存放在稳定存储器中。这里需要注意的是,数据系统所在的磁盘属于非易失性存储,也容易发生各种物理故障,比如磁头和扇区损坏。而日志所在的存储需要更高的稳定性,稳定存储器中的信息永远不会丢失(接近100%可靠),一般就是采用RAID技术来尽可能地保证磁盘单点故障不会损坏到数据。

恢复算法:

(1)常规的事务回滚。

对于常规的事务回滚(非系统崩溃导致,如检测到死锁),过程如下:

从后往前扫描日志,对于发现的每一个形如<,, V_old, V_new>的日志记录(对应于数据更新操作):a. 值 V_old 被写入数据项中;b. 往日志中写一个特殊的只读日志记录 <,, V_old>(补偿日志记录)。

一旦发现了 <,, start> 日志记录,就停止从后往前的扫描,并往日志中写一个 <,, abort> 日志记录。

(2)系统崩溃后的恢复。

系统崩溃后的恢复分为两个阶段:

重做阶段,图中箭头向下的 Redo Pass;

撤销阶段,图中的 Undo pass。

重做阶段:

从最后一个 checkpoint 开始正向扫描日志来重做所有事务的更新,包括在系统崩溃前已经回滚的事务的日志记录。

将要回滚的事务的列表 undo-list 初始设定为 <checkpoint L> 日志记录中的 L 列表。

一旦遇到形如 <,, V_old, V_new> 或者 <,, V> 的日志记录,就重做这个操作。因为 <,, V> 是事务回滚时写入的,所以这里的重做就是把 V 值写入数据项。

一旦发现形如<,,start>的日志记录，表示事务在最后的checkpoint执行完以后开始的，就把这个事务加到undo-list中。

一旦发现形如<,,abort>或者<,,commit>的日志记录，表示事务在最后的checkpoint执行完以后完成了，就把该事务从undo-list中去掉。

在redo阶段的末尾，undo-list包括在系统崩溃之前尚未完成的所有事务：没有提交的事务或者没有完成回滚的事务。

撤销阶段：从尾端开始反向扫描日志回滚undo-list中的事务。

一旦发现属于undo-list中事务的日志记录，就执行undo操作，就如同前面事务失败时的常规回滚操作。

发现undo-list中事务的<,,start>日志记录，就往日志写入一个<,,abort>日志记录，表示该事务撤销完成，并把该事务从undo-list中移除。

一旦undo-list变为空表，表示系统已经找到了开始时位于undo-list中所有事务的<,,start>日志记录，撤销阶段结束。

当恢复过程的撤销阶段结束后，就可以重新开始正常的事务处理了。

（3）日志记录的约束。

恢复机制的高效实现需要尽可能减少向数据库和稳定存储器写出的数目。前面提到过，日志记录在开始可以保存在内存的日志缓冲区中，但是系统崩溃也会导致这些日志信息丢失，必须对恢复算法添加一些约束以保证事务的原子性。

在<,,commit>日志记录输出到稳定存储后，事务进入提交状态。

在<,,commit>日志记录输出到稳定存储器之前，与该事务相关的所有日志记录必须已经输出到稳定存储器中。对于一个事务，<,,commit>永远是该事务在日志中的最后一条记录。

在内存中的一个数据块输出到（磁盘中）数据库之前，与该块中的数据相关的所有日志记录必须已经输出到稳定存储器中，也称为先写日志（Write-Ahead Logging，WAL）规则。

推理平台提供了算法任务运行状况的巡查途径，通常采用k8s命令在该系统上查看任务的工作状况。对于普通、常规任务，只需要每天在固定的时间点作日常巡查；对于敏感、关键任务，则需要实时监测算法的运行状况。在巡查过程中，结果需要及时在表格中记录。如果遇到系统异常，则需要分析系统异常的原因并联系技术人员修复。

2. 算法连续运行情况，数据量，数据溢出情况

算法连续运行情况：

服务器上通常会有多个场景的算法在同时运行，不同算法对服务器资源的占用情况不相同；另外，算法在不同的运行阶段也会产生不同的服务器资源占用情况，这就导致了服务器资源的占用率是一个动态变化的过程，只有在长时间的运行中保持稳定，才能保障算法任务的成功运行。一般地，业界对算法连续运行的标准是 3×24 小时或 7×24 小时。

在算法运行之前，需要计算算法消耗的服务器资源，并设定合理的并行数使得资源占用不超出服务器资源占用率的合理阈值。如果算法应用的场景实时性较强，对最低并行数有较为严格的要求，则需要对服务器进行扩容以支撑算法的运行。

在算法运行的过程中，需要统计服务器的连续运行时间，并监测服务器的运行状态。

数据量，数据溢出情况：

可以直接查看日志以判断是否出现数据溢出情况，比如写程序的时候，内存溢出会显示超出使用容量。日志中的报错可以分几种，分别为内存溢出、GPU 使用溢出、数据未接收到。数据溢出很多时候是由于抽帧平台抽帧的时候数据出现了问题，此时查看抽帧日志即可。

三、案例分析

以某城市某区级明厨亮灶项目为例，项目共接入该区 10 所学校，共 50 路学校食堂后厨监控视频，对厨师着装规范事件进行自动检测识别，并向后台发送告警事件，充分发挥已有高清监控的作用，助力高效、低成本食品安全监管。

在该项目中，视频汇聚到中心服务器，经由推理调度平台进行算法解析，智能识别视频中厨师人员的着装不规范事件，对于检测到的事件进行展示并报警。项目中重点关注厨师人员着装不规范事件的召回率、精确率及准确率情况。

该项目中，使用到的计算机视觉硬件产品主要有：监控摄像头、GPU 服务器等，其中监控摄像头为某品牌 1080P 普通监控摄像头，GPU 服务器采用英伟达某型号 T4×4 卡服务器；软件产品采用 docker 镜像的方式进行部署，由推理平台进行调度，涉及的软件产品主要有 kafka、Redis 等。

该项目中，产品部署主要流程主要包括：

（1）服务器操作系统部署，主要包含基础环境部署、显卡驱动部署等；

（2）容器部署，主要包括 docker 环境部署等；

（3）开源组件镜像部署，主要包括数据库镜像、缓存镜像、消息队列、中间件镜像等；

（4）自研组件镜像部署，主要有录像服务、网管服务等。

该项目中，产品日常巡查内容主要为：

（1）视频监控，本项目中采用学校已建视频资源，视频监控部分的监控运维，主要包含视频质量监控，定期查看视频是否存在离线、花屏、黑屏等情况，如发现视频离线、视频质量差等现象及时上报；

（2）服务器运行情况监控，主要监控内容包括服务器的 GPU、CPU、内存、硬盘等资源使用情况，当出现 GPU、CPU、硬盘占用率超出 90% 或内存占用率超出 75% 时，需要记录并上报；

（3）算法运行情况监控，持续关注各算法运行情况与检出情况，当发现算法在一定时间内（该值为经验值，可结合项目具体情况进行设置）无事件检出时，认为可能存在异常，需要记录并上报。

计算机视觉产品交付后，为确保产品在项目现场持续稳定的运行，涉及大量的运维工作，主要包括计算机视觉产品的操作与运维、部署升级及日常巡查等工作内容。

本章分别从计算机视觉产品的操作与运维技术、计算机视觉产品的专有硬件知识、计算机视觉产品的部署升级方法、计算机视觉产品的日常巡查规范等方面进行了介绍，涵盖了计算机视觉产品运维的全流程。

通过本章的学习可以掌握使用计算机视觉产品操作命令；能在专有硬件上运维计算机视觉产品；能按照计算机视觉产品部署手册对产品进行部署升级；能根据标准流程进行计算机视觉产品的日常巡查。

思考题：

1. 摄像机的主要性能指标有哪些？具体的供电方式有几种？
2. 计算机视觉目标检测模型的性能度量指标怎么计算？
3. 容器的概念是什么？dockers 的主要功能有什么？
4. k8s 的作用是什么？
5. 消息队列的意义和优势什么？
6. 硬件的日常巡查内容？软件的日常巡查内容？

参考文献

[1] Krizhevsky A, Sutskever I, Hinton G E. Imagenet classification with deep convolutional neural networks [J]. Communications of the ACM, 2017, 60（6）: 84-90.

[2] Viola P, Jones M. Rapid object detection using a boosted cascade of simple features [C]//Proceedings of the 2001 IEEE computer society conference on computer vision and pattern recognition. CVPR 2001. Ieee, 2001, 1: I-I.

[3] Viola P, Jones M J. Robust real-time face detection [J]. International journal of computer vision, 2004, 57（2）: 137-154.

[4] Lu C, Krishna R, Bernstein M, et al. Visual relationship detection with language priors [C]//European conference on computer vision. Springer, Cham, 2016: 852-869.

[5] Girshick R, Donahue J, Darrell T, et al. Rich feature hierarchies for accurate object detection and semantic segmentation [C]//Proceedings of the IEEE conference on computer vision and pattern recognition. 2014: 580-587.

[6] Szegedy C, Zaremba W, Sutskever I, et al. Intriguing properties of neuralnetworks [C]//2nd International Conference on Learning Representations, ICLR 2014. 2014.

[7] Antol S, Agrawal A, Lu J, et al. Vqa: Visual question answering [C]/Proceedings of the IEEE international conference on computer vision. 2015: 2425-2433.

[8] 周志华. 机器学习 [M]. 北京: 清华大学出版社, 2016.

[9] 人脸识别安全技术规范: T/AII 001-2021 [S]. 深圳: 深圳市人工智能行业协

会，2021.

[10] Szeliski, Richard. Computer vision algorithms and applications [M]. 北京：清华大学出版社，2012.

[11] 徐宪平，张学颖. 新基建数字时代的新结构性力量 [M]. 北京：人民出版社，2020.

[12] ZHANG A, ZACHARY L C, MU L, et al. Alexander. Dive into Deep Learning [M]. 北京：人民邮电出版社，2019.

[13] Heaton, Jeff. Ian Goodfellow, Yoshua Bengio, and Aaron Courville: Deep learning [J]. Genetic Programming and Evolvable Machines，2017.

[14] 刘波. 计算机视觉研究综述 [J]. 数字通信世界，2019.

[15] 周文彬. 浅谈智能型工业相机的应用 [J]. 电子测试，2018.

[16] 石磊. 用软件方法实现ＧＣＣＳ８９γ相机计算机系统硬件功能的可行性研究 [C]. 全国计算机在科学技术中应用学术会议，1995.

[17] 吴纪国. 数字图像处理技术在几何量精密测量中的应用研究 [D]. 北京：中国工程物理研究院，2005.

[18] 顾智玮. 基于工业视觉的传送带控制系统设计与开发 [D]. 上海：华东理工大学，2014.

[19] 刘钊. 基于计算智能的计算机视觉及其应用研究 [D]. 武汉：武汉科技大学，2011.

[20] 陈英梅，段景汉，张家荣. 以太网供电（POE）的关键技术解析 [J]. 今日电子，2006.

[21] 孔英会，景美丽. 基于混淆矩阵和集成学习的分类方法研究 [J]. 计算机工程与科学，2012.

[22] 金美光，何伟宾，王鹏杰，等. 基于流媒体RTP/RTCP协议的视频数据传输 [J]. 电子技术（上海），2010.

后 记

在如今的社会环境中,人工智能成为重心,同时改善了数十亿人的生活,在诸多领域遍地开花,领域覆盖制造、交通、电力、金融、互联网等各行各业。人工智能产业规模增长迅速,但由于行业技术密集程度高、从业人员学历要求显著高于其他领域等原因,我国人工智能产业人才队伍还存在较大缺口。

《中华人民共和国国民经济和社会发展第十四个五年规划和2035年远景目标纲要》提出,发展算法推理训练场景,推动通用化和行业性人工智能开发平台建设。为深入实施人才强国战略,加强全国专业技术人才队伍建设,促进专业技术人才能力素质提升,根据国家"十四五"规划和2035年远景目标纲要,人力资源社会保障部、财政部、工业和信息化部、科技部、教育部、中国科学院联合发布《专业技术人才知识更新工程实施方案》,以进一步加强专业技术人才队伍建设,推进专业技术人才继续教育工作。

2019年4月,《人力资源社会保障部办公厅 市场监管总局办公厅 统计局办公室关于发布人工智能工程技术人员等职业信息的通知》(人社厅发〔2019〕48号)发布。

在人力资源社会保障部、工业和信息化部的部署和指导下,中国电子技术标准化研究院牵头开展《人工智能工程技术人员国家职业技术技能标准(2021年版)》(以下简称《标准》)的研制工作,北京航空航天大学、百度在线网络技术(北京)有限公司、上海依图网络科技有限公司、上海燧原科技有限公司、上海商汤智能科技有限公司、星云融创科技有限公司、北京旷视科技有限公司、科大讯飞股份有限公司、北京易华录信息技术股份有限公司、中国机械工程学会、第四范式（北京）技术有限公司、北京来也网络科技有限公司、青岛伟东云教育集团有限公司、中国国信信息总公司等单位共同编写。2021 年 9 月，《标准》由人力资源社会保障部、工业和信息化部联合发布（详见人社厅发〔2021〕70 号《人力资源社会保障部办公厅　工业和信息化部办公厅关于颁布集成电路工程技术人员等 7 个国家职业技术技能标准的通知》）。

为更好地指导人工智能从业人员开展技术技能培训和评价，补充人工智能人才缺口，根据《标准》，人力资源社会保障部专业技术人员管理司指导中国电子技术标准化研究院，组织有关专家开展了人工智能工程技术人员培训教程（以下简称教程）的编写工作，用于全国专业技术人员新职业培训。

人工智能工程技术人员是从事与人工智能相关算法、深度学习等多种技术的分析、研究、开发，并对人工智能系统进行设计、优化、运维、管理和应用的工程技术人员，共设三个等级，分别为初级、中级、高级。初级、中级、高级均设五个职业方向：人工智能芯片产品实现、人工智能平台产品实现、自然语言及语音处理产品实现、计算机视觉产品实现、人工智能应用产品集成实现。

与此相对应，教程也分为初级、中级、高级培训教程，分别对应其专业技术考核要求。此外，《人工智能工程技术人员基础知识》对应标准基本要求部分。《人工智能工程技术人员基础知识》教程是各等级培训教程的基础。

在使用本系列教程开展培训时，应当结合培训目标与受训人员的实际水平和专业方向，学习应掌握的内容。在人工智能工程技术人员各专业技术等级的培训中，《人工智能工程技术人员基础知识》是初级、中级、高级工程技术人员都需要掌握的；各职业方向培训过程中，可以根据培训方向与受训人员实际，选择掌握人工智能芯片产品实现、人工智能平台产品实现、自然语言及语音处理产品实现、计算机视觉产品实现、人工智能应用产品集成实现五个职业方向的相应内容。培训考核合格后，获得相应证书。

初级教程是《人工智能工程技术人员（初级）——人工智能芯片产品实现》《人工智能工程技术人员（初级）——人工智能平台产品实现》《人工智能工程技术人员（初级）——自然语言及语音处理产品实现》《人工智能工程技术人员（初级）——计算机

视觉产品实现》《人工智能工程技术人员（初级）——人工智能应用产品集成实现》。上述五册分别涵盖了《标准》中相应职业方向初级应具备的专业能力和相关知识要求。

本教程适用于大学专科学历（或高等职业学校毕业）及以上，电子信息类、自动化类、计算机类等工科专业学习背景，具有较强的学习能力、计算能力、表达能力和逻辑思维能力，参加全国专业技术人员新职业培训的人员。

人工智能工程技术人员需按照《标准》的职业要求参加有关培训课程，取得学时证明。初级 64 标准学时，中级 80 标准学时，高级 80 标准学时。

本教程是在人力资源社会保障部、工业和信息化部相关部门指导下，由中国电子技术标准化研究院组织编写，来自北京航空航天大学、西安交通大学、华南理工大学、江南大学、南京理工大学、华中科技大学、上海商汤智能科技有限公司、第四范式（北京）科技有限公司、北京数美时代科技有限公司、北京易华录信息技术股份有限公司、武汉船用机械有限责任公司、北京来也网络科技有限公司等高校及科研院所、企业的人工智能领域的核心专家参与了编写和审定，同时参考了多方面的文献，吸收了许多专家学者的研究成果，在此表示衷心感谢。

由于编者水平、经验与时间所限，本书的不足与疏漏之处在所难免，恳请广大读者批评与指正。

本书编委会

2022 年 11 月